JN001599

The SI Company
The Way Forward

業界歴40年のSEが
現役世代に託すバトン

SCSK株式会社 顧問
室脇慶彦

SI企業の進む道

日経BP

はじめに

早いもので、前著『IT負債　基幹系システム「2025年の崖」を飛び越えろ』（2019年、日経BP発行）を出版して3年がたつ。おかげさまで、日本経済新聞では推薦図書「この一冊」として取り上げられ、読売新聞などでも紹介された。様々な業界や団体から講演依頼があり、反響の大きさに驚いている。DX（デジタルトランスフォーメーション）を進めていく中で、「2025年の崖を乗り越えていくことが必須条件である」ことの証左ではないかと感じている。その後、DXはバズワードとなり、関連書物もたくさん出てきた。

2020年以降は、新型コロナウイルス感染症（以下、新型コロナ）の影響で日本国のデジタル技術の遅れが表面化した。新型コロナへの対応スピードは諸外国と大きな差がある。新型コロナに対するワクチン接種申請は今も紙が媒体となり、接種証明も紙が主流である。関連業務は徐々にデジタル化されつつあるが、接種証明書の入力は手入力であり、当然のことながらミスが前提となっている。欧米・中国・韓国などの国ではデジタル化され、迅速かつ抜け漏れなく、費用もかけずに実施されていた。我が国は、それぞれのシステムが連携されておらず、他国に比べて、ITシステムの品質・対応スピード・対応コストの差は目を覆うばかりである。

紙の印刷、郵送、事務処理も相変わらずマニュアルが中心となり、データ収集もリアルタイムからほど遠い状況である。コロナ患者の把握は、いまだにFAXなどが多用されており、まさに昭和の時代のITシステムである。給付金をクーポン化するために1000億円近くの費用がかかったというが、それに加えて自治体や、クーポンを利用できる個人商店の事務負荷を加えると、恐ろしいほどの無駄なコストがかかっている。とにかく日本は、コストと期間がかかるだけでなく、恐ろしく使い勝手の悪い仕組み（ITシステム）が乱立する国となっている。

他国とは先進国に限らない。2022年の8月現在、ウクライナの状況は世界に暗い影を落としているが、この国のデジタル技術は目を見張るものがある。例えば、世界中から雇い兵を募集するマルチ言語に対応したシステムを半月程度でリリースしたという。その他、あの混乱の中で、ロシア戦車の情報を共有する仕組みなどを構築している。リードするのは、副首相兼デジタル担当大臣。年齢は31歳（1991年生まれ）。国の重責を担い、自ら技術者として国の非常事態に対応している。SNSを駆使したデジタル情報戦も、ミサイル同様に重要な戦力になっている。

なぜ日本国では同様にできないのだろうか。理由の一つは、現状のITシステムの構造が恐ろしく古く、何をするにしても非常にコストがかかるから。一言で表現すれば「負債化」が進んでいることに尽きる。これは日本国政府のITシステムに限ったことではない。日本企業のITシステムの多くが同様の状況にある。念のために書いておくと、ここで問題視しているITシステムとは、AI（人工知能）やIoT（Internet of Things）などの新たなITシステムを指しているのではなく、各企業の基幹システムのことである。筆者は20年程度の遅れを実感しているが、日本の多くのIT技術者*は現状を正しく認識できていないように感じる。

＊ITシステムの設計・開発・運用に携わる技術者。「SE」「ITエンジニア」などとも呼ばれる。本書では「IT技術者」で統一する。

私は、今後の世界を変革する最大の担い手は「ソフトウエア」で、中でもディープラーニングなどのAI技術が特に重要だと確信している。AI技術を活用するための肝は、いかに「清流化された独自のデータ」を多く持つかである。「清流化されたデータ」とは、鮮度・精度・粒度の適切なデータを指す。また、「独自のデータ」とは、各企業や組織が持つ、他者が持っていない情報のことだ。例えば、長年にわたって収集した「顧客が・いつ・どこで・いくらで・何を購入し・いくら利益を出した」という実データである。これらは極めて重要なデータなのだが、それらは既存の基幹システムに埋もれている。

日本国のITシステムが古いからといって、それが原因ですぐさま国が滅んでいくとは考えにくい。だが、グローバル化がますます進む今日、日本企業は世界の企業と熾烈（しれつ）な競争をしている。そうした中、企業の根幹を支えるITシステムの負債化を放置すれば、確実に競争力を失い、結果として、国力の低下は避けられない。

もちろん、すべての企業が手をこまぬいているわけではない。企業によっては果敢にチャレンジしているが、変革はあまりうまくいっていない。例えば、みずほ銀行はシステムトラブルを発生させ、経営トップが責任を負うような事態が発生している。変革には必ずリスクが伴う。当然のことである。重要なことは、そのリスクをコントロールしながら挑戦を続けることである。従って、基幹システムへの抜本的な対応に日本企業が及び腰になることは、座して死を待つことに似ていると、私は感じている。

みずほ銀行の一連のシステムトラブルについて少し私見を述べると、既に確立された技術で新たなITシステムのアーキテクチャー（構造）を活用し、業務を大胆に全面的に見直すことで、リスクをコントロールできたのではないかと思われる。報道されているようなトラブル多発の原因を考えると、SIer*[1]が最善のデジタル技術とシステムの設計図（システムアーキテクチャー）をみずほ銀行に提供していたのか、大いに疑問が湧く。このように考えると、ユーザー企業*[2]サイドの問題だけで収まるわけもなく、自省を含めて、SIer自身の問題として考える必要があると思う。

＊1 システムインテグレーターの略。情報サービス産業の個別企業を指す。顧客向けITシステムの設計・開発・運用などを担う。なお、SIerが提供するサービス（システムの設計・開発・運用などを指す）を「SIサービス」と呼び、それをビジネスサイドで語るときは「SIビジネス」と呼ぶ。

＊2 ITシステムのオーナーであり利用する企業のこと。SIerからするとビジネス上の顧客になる。ビジネス的な意味では「顧客企業」、システムの利用企業という意味で「ユーザー企業」と表現する。

多くの日本企業では、ITシステムに関わる業務をSIerに委託している。分かりやすく言えば、ユーザー企業のIT機能をSIerに丸投げしているのである。これは世界的に見て極めて特殊な形態である。「SI（System Integration）」という言葉は、私の記憶だと1980年代に米国から伝わってきたが、「SIer」という言葉は日本独自の和製英語である。ユーザー企業とSIerとの契約は、ほぼ日本にしか存在しない受託契約（韓国は日本に近い）という特殊な形態をとる。

こうした背景があることから、ITシステムに関して正しい経営判断をできるユーザー企業の経営者はまれである。だからこそ、現状を打開するには、SIerが先頭に立ってユーザー企業を導くしか道は無いと私は考える。ただ、現状の受託契約では、変化の激しい企業ニーズに応えることはできない。本書で詳しく述べるが、日本風土に根差した強力なビジネスモデルである「SIビジネス」は、間もなく終わりを向かえる。SIerは、新たな道を模索するしかない。顧客*のためにも、自分のためにも、ビジネスモデルを大きく変革する、つまりSIer自身のDXを実行するしかないのだ。

＊ ユーザー企業のこと。なお、ユーザー企業にとっての顧客は「顧客」、ユーザー企業が提供しているITシステムの利用者を「エンドユーザー」や「最終顧客」という。

私は野村総合研究所（NRI）に長く勤めた後、SCSKの顧問になるとともに、2021年3月までは独立行政法人 情報処理推進機構（IPA）の参与として働いていた。IPAは主に経済産業省の政策執行機関であり、私はIPAでDX推進責任者を務め、「DX認定制度」の設立にも関わった。つまり、政府目線でこの国のDXを見ていた。本書を通して、政府から情報サービス産業（SIerの業界）はどのように見えていたのかをお話しできればと考えている。IPA退職後も、経産省の政策責任者とはITに関して毎月の情報交換を継続しており、提供できる情報は本書でもお話ししようと考えている。

最初に一言だけ言えば、日本が現在の状況に陥っていることに対して、大手SIerの責任は大きいだろう。現在私が在籍しているSCSKは大手SIerの一角を占める存在であり、誠実で優秀な技術者を多く抱えているが、現状の問題を放置してきた当事者でもある。

ユーザー企業がデジタル技術の経営的重要さに気づき、ITシステムの内製化を進めるのは重要だと考える。しかし、いきなりユーザー企業単独で内製化を実施するのは現実的ではない。これまでなぜSIerに任せてきたのか、その理由を理解したうえで、どのように内製化を進めていくべきかを考えなければ必ず失敗する。一部外資系のITコンサルティング企業では、米国的なやり方を是として進めているところもあると聞いているが、米国方式をそのまま日本に適応するのは極めて危険である。日本のいいところを台無しにする可能性が高い。

日本で独特の成長を遂げたSIサービスは、ユーザー企業にとって都合の良いサービスであった。だからSIerは大きく成長したのである。ユーザー企業にとってのSIサービスの利便性をよく理解したうえで、SIer・ユーザー企業のIT部門・同経営が一体となって、抜本的な変革を進めることが重要である。そのためにも、SIerは現状をもう一度確認し、改めるべきことは改め、謙虚に身に付けるべき技術を身に付け、本当の意味でのユーザー企業のDXパートナーとなるべく、自分自身のDXを進める必要がある。

DXとデジタル化の違いについてよく質問を受ける。その際、こう答えている。「経営が痛みを伴うか否か」。痛みを伴うのがDXである。変革とは、現状を抜本的に変えることである。成功するかどうかなど保証されていない新しい道を選択することになる。仕事の仕方も顧客も従業員に求めるスキルも役割も、すべて変わる。大きな投資も必要になる。従業員からの激しい反発もあるだろう。経営としての大きな覚悟が必要である。

本書は、SWOT分析手法を参考に、現状のSIerの強み・弱みを分析したうえで、私が考えるSIerが進むべき道をお示しする。DXの主体者であるユーザー企業に求められること、行政が進めていくべきことを踏まえたうえで、SIerの課題を整理し、SIerが顧客をリードしていく未来図を描く。本書の内容を踏まえてSCSK社内で討論会を実施したので、参加してくれたリーダーたちがどのように考えているかも紹介する（第9章参照）。

これまでの日本は「ハードウエア」で世界をリードし、多くの幸せを世界に提供してきた。これからは「ソフトウエア」で世界をリードし、多くの幸せを世界に提供していかなくてはならない。ソフトウエアはバーチャルであり、時間と空間を超え、人知を超えていく世界である。大きな利便性をもたらすが、同時に大きな危険をはらむと考えられる。サービスを提供する側には高い「信頼」と「透明性」（説明責任）が求められる。世界から最も「信頼」され、SIerの事業モデルが成立できる唯一の国日本が、「透明性」を担保しつつ、世界に新たな「信頼される最新のデジタル技術を活用した価値」を提供する責務があるのではないかと思う。そして日本が、あるいは日本を母体としたものが、世界を温かく照らしていく担い手となってほしい。

本書は、主にSIer、ソフトウエアをなりわいとしているすべての人に向けて書いている。もちろん、ユーザー企業の経営に関わる方・IT部門の方にも、ぜひとも読んでいただきたい。変革を実際に進めるのは個々のユーザー企業であり、それを成功に導くための大切なパートナーを選ぶためにも、SIerのことを正しく認識し、自らの課題を見つめ直すことは極めて重要である。

いずれにしても、ユーザー企業とSIerが、「信頼」と「透明性」を土台に新たな関係を再構築し、新たなパートナーとして共に変革を推進し、未来に大きく羽ばたくことを切に願う。

そのためには、SIerはこれまでと全く違ったビジネスモデルに変容し、日本を支えなくてはならない。日本をリードし、世界をもリードするSIer、いや「デジタルインテグレーター（DIer）」として大きく変貌し、日本企業と共に成長するグローバルプレーヤーを目指してほしい。

目次

第2部 SIerを取り巻く環境

序章　未来のSIerを考えるのに欠かせない「DX」の定義と解説

1 91

「DX」の言葉の定義

「Digital Transformation（デジタルトランスフォーメーション）」という言葉は欧米でも普通に使われているが、「DX」という表現は一般的ではない。ある意味日本で独自に発展しているように思う。昨今は、何でもかんでもDXと呼び、首をかしげざるを得ないDXも多くある。

「DX」の言葉の定義を確認しよう。経済産業省（経産省）では、「企業がビジネス環境の激しい変化に対応し、データとデジタル技術を活用して、顧客や社会のニーズを基に、製品やサービス、ビジネスモデルを変革するとともに、業務そのものや、組織、プロセス、企業文化・風土を変革し、競争上の優位性を確立すること」と定義している。経産省のDXレポートに直接関わってきた1人として、これは違和感のない定義である。

DXで重要なのは「D」より「X」である。「X」はトランスフォーメーションであり、変革のこと。もっと言えば、不連続な変化を示していると思う。まさに、幼虫がさなぎになり蝶に変態するかのごときである。脈々と同じDNAをもちながら、食料は葉っぱから花の蜜に変わり、移動手段はたくさんの足から空中を飛ぶことに変わり、見た目も（私の主観だが）美しい姿に大きく変わっている。まさに別の生き物である。あえて触れると、さなぎから蝶に変わるときはリスクを伴う。そうしたリスクを経て蝶に変身しているのである（**図表0-1**）。

私が思う「X」は、同一のDNA（現在自社が持っている本質的な強み）

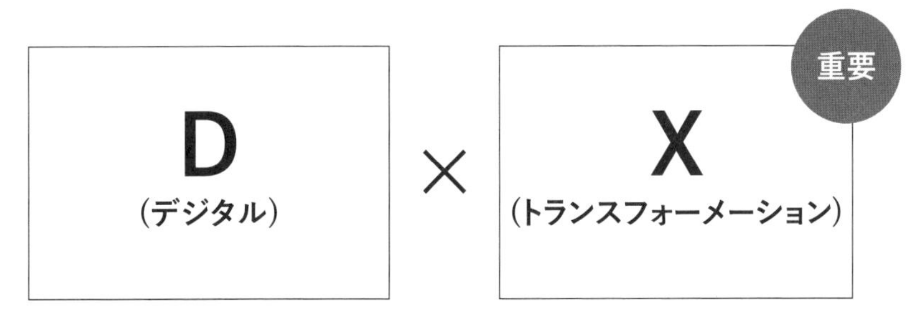

トランスフォーメーションとは

幼虫がさなぎを経て蝶になるような**不連続な変化**を指している

- 食べるものが葉っぱから花の蜜
- 足で移動していたのに羽で空中を飛んで移動
- 醜い幼虫から美しい蝶へ

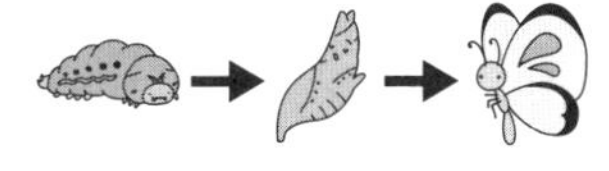

図表0-1
出所：著者

を堅持しつつ、顧客から見てより魅力的な新たなビジネスモデルへの変貌に向けて、リスクを恐れず果敢に挑戦し、諦めずに達成し、変革を継続していくことだと思う。

本章では、技術的あるいは思想的な「DX」について、少し踏み込んで私自身の考えを述べる。第1章以降は、この序章のDXの考えを基に様々な議論を展開しているので、最初に読んでいただきたい。

2 91

「ソフトウエア」の定義

経産省のDXの定義の中にある「データとデジタル技術」に注目してみる。というのも、「データとデジタル技術」がDXの中心となる技術変革と考えるからだ。「データとデジタル技術」を、「ハードウエア」と「ソフトウエア」の2つに分けて定義してみる。

「ハードウエア」は物理的な存在である。例えば、センサー、ネットワークの回線そのもの、PC・スマートフォン・プリンターなどの物理的な存在のことだ。最近では電化製品、自動車そのものなど、多くのコンピューターを内蔵している、あるいはコンピューターにつながっている物理的な存在もハードウエアと定義する。ハードウエアを動かすには、プログラムとデータが必要になる。両者とも、目に見えないバーチャルな存在である。いわゆる物理的な存在ではない。それを「ソフトウエア」と定義する。

般若心経では、五蘊（ごうん）すなわち「色（しき）」「受（じゅう）」「想（そう）」「行（ぎょう）」「識（しき）」の五つの要素で人間は構成すると定義されている。「色」は物理的な存在を表している。私の解釈では、色を付けることができる存在が、物理的な存在である。簡単に普段の私たちの行動の例に従って五蘊の説明をしよう。私たち人間は、「色」という肉体を持っている。例えば、熱いやかんに触れたときの行動を考えてみると、指（色）が、やかんに触れて神経（色）経由で刺激を受け（受）、脳で痛みと感じて、このままだと危険と思い（想）、脳からの指示で手を離す（行）、そしてやかんは熱いので触れてはいけないものだと学習し、それを知識（識）として脳に記憶する。このように人間は、あらゆる経験を積み重ね、人間として成長し、人間として存在するということである。

これをコンピューターシステムという側面で見てみると、指がセンサーそのもので、刺激信号を神経（ネットワーク）により脳（CPU）に知らせ、脳の判断ロジック（プログラムとデータで構成される）によって手を離す指示を出し、手を動かす（ハードウエアを動かす）。そして、知識・経験としてメモリーに蓄え、判断ロジック（データとプログラム）を最適化、すなわち学習していくのである。

こうして見ると、現在のコンピューターシステムは、ハードウエアの形態は大きく異なるが、根本的な原理は人間に極めて近い仕組みである。すなわち、「色」「ハードウエア」を前提（制約条件）として、「受」「想」

「行」「識」という「ソフトウエア」を最適化していく存在であり、素直に考えると、人間を超える可能性のある存在になるといえるのではないかと思う。いわゆるシンギュラリティー（技術的特異点）を超え、人間の脳の機能の一部はコンピューターシステムが圧倒的に凌駕（りょうが）することになると考える。

考えてみれば、脳以外のハードウエアは、既に他の生物を超えているわけであり、脳より優れたハードウエアを人間が手に入れることが特別なこととは思えない。ただ、どのような脳の機能を発達させるのか、制限をかけるかの問題ではないかと思う。その問題は、間もなく我々人類が迎える最大の問題なのかもしれない。

3 91

生物の進化と人類の進歩

生物の進化は、まずハードウエアを獲得し、そのハードウエアの制限を受けながらソフトウエアを最適化してきたと考えられる。ライオンは、強靭な足腰と顎と牙（ハードウエア）、そして最強の肉食動物たる思考（ソフトウエア）をもち、親ライオンに育てられながら訓練することで、ハードウエアの成長とソフトウエアの最適化をしている。そのソフトウエアは、脳（ハードウエア）に刻み込まれるのである。これはライオンのみならず、走る動物で最速のチーターでも同じであり、様々な環境で生き抜くために生物は進化し、学習しながらハードウエアとソフトウエアを獲得することができたと考えられる。ただし、基本的にはハードウエアの制約条件の下でソフトウエアが最適化し、そしてハードウエアの能力を引き出しており、あくまでハードウエア中心の進化だと思う。

人間という生物は、最強生物でも最速生物でもなく、空を飛べず、水中で活動できる能力も持っていない。すなわち、ハードウエア的に優れている生物ではない。しかしながら、様々な道具（ハードウエアとソフトウエアの両方）を発見・発明することで、たった数万年で人類は地球上の動物の頂点に君臨している。人類は、最強・最速（陸・海・空）など、あらゆる分野で最高の力（道具）を獲得したのである。

人類は、ハードウエアの進化はほとんどしていないと考えられる。つまり人類は、進化ではなく進歩をし続けたのである。最近の5000年での進歩は急激である。人類は長い生物の進化の中で、最も優れた「脳」というハードウエアを手にしたのである。

人類はその脳を活用し、まず「言葉」を発明し、言葉を記録するために「文字」を発明した。エジプトの古代文字は、当時の歴史を現代に伝えている。日本の歴史は、中国の後漢の時代に、中国の歴史書の中に記述されている。その時、中国の皇帝から「漢委奴国王」と記した印を贈られたとある。いずれにしても、詳しい歴史は文字を通じて伝われると同時に、各世代で新たに確立された発明と発見は、文字というソフトウエアとして人類の中に蓄積し、それを土台に次世代がさらなるソフトウエアを生み出してきたのである。そのソフトウエアの蓄積が、人類共通の「識」となり、人類の進歩を推し進めてきた源泉になったのだと考える。

ここで強調したいことは、生物進化の歴史は（諸説あるが）38億年くらいかかっているが、人類は「文字」を発明してわずか5000年で生物の進化を上回る「進歩」をしたということである。すなわち、ハードウエア主体の進化とソフトウエア主体の進歩は、次元が異なるスピードと変化であるということだ。

第一次産業革命以降、人類はハードウエアの革新を続けてきた。学校の授業で産業革命は「蒸気機関の発明」と教えられた。そのとき、産業革命に大きな社会変革のイメージを持っていた私は違和感を覚えたのを鮮明に記憶している。

産業革命により、蒸気機関という動力源を活用し、蒸気船、蒸気機関車、

日本も
「蒸気船　たった四杯
で夜も寝られず」
開国、明治政府へ

第一次産業革命で起こった事柄

人・馬などの力から新たな動力に変わり多くの労働者が職を無くした

人力車・籠、飛脚、人力大型船など交通手段が蒸気船、車などに置き換え

鉄道業、船舶業、運輸業、工場など新たな産業が勃興

大航海時代が到来し世界中の植民地化が進むなど社会が大変革した

図表0-2
出所：著者

機械類が生まれた。多くの労働者は職を失い、機械を壊すなどの労働争議が発生した。当然のことだが、輸送手段が大きく変わることで新たな会社が生まれると同時に、無くなっていく会社も多数発生した。また、蒸気船のおかげで、大英帝国を筆頭に大陸間を大勢の人が移動することが可能になり、多くの地域を植民地化した。日本も米国の黒船が来航することで開国がなされ、江戸幕府が滅び、明治政府が樹立された。江戸末期の「泰平の眠りを覚ます上喜撰（蒸気船）たった四杯で夜も寝られず」というしゃれにとんだ狂歌を読むと、当時の世相がうかがえる（**図表0-2**）。

明治維新は、それまでの封建制から、国が国民全員から税金を徴収する国家体制に変わる大変革であった。このような大きな社会変革の源になったのは、「蒸気機関の発明」に代表される技術変革だったと、今は考えている。つまり、社会変革を促す根幹には、常に技術革新があるということだ。

蒸気機関を皮切りに、動力源としては電気、エンジンが発明されるな

ど、様々なハードウエアが開発され、およそ200年で人類は圧倒的な進歩を達成したのである。それゆえ、第一次産業革命をハードウエア革命と私は定義する。現在、あらゆる産業で、規模の大小を問わず、ハードウエア無しには成り立たなくなっている。ハードウエア革命は、いま現在も加速度的に進んでいると私は思っている。

4 91

脳の構造

人類の「脳」は、他の生物に比較して明らかに進んでいるハードウエアである。脳というハードウエアを得たことこそが、人類の進歩の源であることは間違いない。そこで、脳について深掘りしてみたい。

私が大阪大学の学生時代、当時、大脳生理学をけん引する世界的な研究者であった故塚原仲晃先生の研究室に4年生の1年間所属していた（先生は、日航機の事故で若くして帰らぬ人となった。非常に私をかわいがってくれた素敵な先生であった。合掌）。当時の研究室では「脳の可塑性」についての研究が盛んで、私は少し違う「光刺激に対する瞳孔の脳内処理の解析」をテーマとした研究を一番下の学生として手伝っていた。「脳の可塑性」とは、脳が学習をすることによって、神経回路を変化させ最適化している活動を指す。脳は固定的ではなく柔軟に変化する構造を持っている。まさに、ハードウエアだけでなくソフトウエアの性質をもっているといえる。

当時の研究室では、世界で初めて古典的条件付け（パブロフの犬の実験）により、猫の脳にある特定の神経細胞に刺激をした後、腱反射（膝の下をたたくと足が蹴る動きをする反射）させる訓練を何度も行い、刺激を与えるだけで腱反射が起こるように学習させた。学習の前後で、神経細胞間での接続時間が減少することを発見し、神経回路に変化が起こったことを実験的に証明した。

神経細胞は、大きく樹状突起と軸索部分からなり、樹状突起には、他の神経細胞の軸索の突端にあるシナップスから伝達物質が放出され、それを受けるレセプター(受容体)が存在する。受容体が伝達物質を受けて、それにより電位が発生し、その電位の合計が軸索のある部分の閾値を超えると神経細胞が興奮し、軸索を通して、シナップス接続している他の神経細胞に伝達物質を放出する。従って、接続する神経細胞を興奮させる一つの方法としては、影響を与えたい神経細胞の樹状突起の接続部分を軸索に近づけ、軸索部分の電位上昇に貢献することで、興奮させる可能性が高くなる。このためには接続時間を短縮する接続回路の変更が必要となり、実際に神経細胞間で接続時間の変化が起こっていることで、脳に可塑性があることが証明されたのである。昨今のニューラルネットワークなどのAI技術は、まさに大脳の活動に極めて近いように私は思う。

時実利彦先生が書かれた岩波新書の『脳の話』では、脳を大きく3つに分けて説明されている。「脳幹部」と「大脳辺縁系」と「大脳新皮質系」である。脳幹部は「生きるため」の脳、辺縁系は「たくましく生きるため」の脳、新皮質系は「よく生きるため」の脳であると述べられている。

「生きるため」の脳では、消化器官の制御・心臓の制御・体温調整など、生物が生きていくために必要な制御を行っている。「たくましく生きるため」の脳では、食欲・性欲・集団欲など、生物が生き抜くために必要な行動をつかさどっている。俗に言う本能、爬虫(はちゅう)類脳である。「よく生きるため」の脳では、理性・愛情・権力・孤独を好むなど、いかにより良く生きていくかを考えている。「よく生きるため」の脳は、哺乳類から徐々に進化してきている。

生物は肉体のハードウエアを進化させるとともに、最適に肉体を制御し、より生き残る確率が大きくなるように脳というハードウエアとソフトウエアを進化させてきたのである。進化の中で、人類は大脳新皮質系、すなわち「よく生きるため」ための脳が特に発達し、ある閾値を超えるハードウエア（「ソフトウエア」を含む）、すなわち「人の脳」を手にしたと考えられる。

5 91

デジタル技術の革新の歴史

ジョン・フォン・ノイマンが考えたコンピューターシステムも時代とともに発展し、当初は単純な事務処理計算から始まって、ハードウエアの進化の中で、徐々に複雑な処理（ソフトウエア）を担うことができるようになった。コンピューターシステムは、ハードウエアの進歩度合いの制約条件の下、ソフトウエアを進歩させながら発達してきたのである。

日本で最初の商用コンピューターは、野村證券と東京証券取引所が同一日に納入したユニバック製のコンピューターである。長くNRIに保管されていたので、私は何度も実物を見た。高さ2メートル、幅1メートルくらいの大きな箱である。トランジスターがなかったので、なんと大量の真空管で作られたコンピューターである。価格は当時で1億円と言われており、その時の野村證券の資本金と同じと聞いているので、とてつもなく高価なものであったといえる。プログラムの代わりに、演算装置をワイヤーでつないで計算処理を行う。例えば、株式の売買計算を紙のカードで情報を読み込ませ、紙のカードに計算結果を印字するものであった。違う計算をするには、ワイヤーをその都度つなぎ変えるという非常に手間のかかる方式であった。

私が大学の時に購入したカシオの最上級の電卓は2万円くらい（当時学生の1カ月の生活費が6万円くらいだったので個人的には大きな買い物だった）で、実験で得られた二次元データから、一次方程式の近似値を計算するときに非常に重宝した。ただ、プログラムを記憶する機能がなかったため、新しい計算をするたびにプログラムを一から入れる必要があり、非常に手間がかかったことを覚えている。プログラムもアセンブリーと言われる低級言語である。これは、コンピューターが理解できる機械語と1対1で対応するもので、我々人間にとっては扱いづらい言語であった。しかし、真空管コンピューターと比較すると、およそ20年で驚くほどのコンピューター処理能力と価格が激変しているのがお分かりであろう。

実際、私が入社した当時の大型コンピューターの能力は、皆さんがお持ちのスマートフォンと比べると明らかに劣っている。価格もさることながら、物理的な大きさは雲泥の差がある。さらに、水冷式などの冷却装置も必要であり、維持するのに大変なコストがかかった。

約40年前、入社して早々の私は、日立製作所の大型コンピューター製造工場を見学させていただいた。その時に私が見たのは、コンピューターの裏側が細い黄色い配線で埋め尽くされ、それらを手作業ではんだ付けしてコンピューターが作られていたシーンであった。当然品質保証は大変で、壊れやすく保守をこまめにする必要があった。現在のスマートフォンは床に落としてもたいていは使い続けることができるが、そのような衝撃を当時のコンピューターに与えたら二度と復活しないような繊細な機械であった。

この目まぐるしい変化は、ムーアの法則として表されている。この法則によると、1.5年で2倍の価格性能比になるということである。だいたい10年で100倍程度になると考えられる。40年たつと100の4乗で、1億倍である。実際、入社4年目くらいに1メガバイトのICディスクが1億円程度したが、現在では数ギガバイトのメモリーが数千円で買える。同じように入社間もない頃の回線速度は、会社が使用する回線でも9.6Kbpsだったが、今や個人使用のPCでも平気でGbpsの世界になっており、ネットワーク性能の向上はすさまじいものがある。

私の入社した頃は、本格的なオンラインシステムが導入された時代であった。いわゆる第二次オンラインシステムの導入が金融機関で始まった世代である。当時のオンラインシステムは、データ収集をオンラインで行い、データベースの更新はバッチシステムで行う方式であった。コンピューターが非常に高価で、性能も不十分だったため、ソフトウエアの開発はアセンブリーがまだまだ多用され、非常に複雑なプログラム開発をせざるを得ない状況であった。私が入社したころは、このようなシステムがまだまだ多く、プログラムを理解すること自体が至難の業であった。この頃、ようやくCOBOLなどの高級言語が普通に使えるハードウエアになり、その後、随分とソフトウエアの品質と生産性が向上したものである。そうはいっても、オンラインで更新できる範囲はハードウエアの制約のため限定され、特に複雑な処理はバッチシステムでの対応が必要になった。メーカーごとに仕様が異なる大型コンピューターを活用する全盛の時期である。

その後、PCあるいはサーバーと言われる機器（ハードウエア）が圧倒的な性能向上を遂げ、メーカーを超えた標準化（UNIXという標準的な基本ソフトウエア活用とTCP/IPという標準的なネットワークの通信手順の一般化）が進み、いわゆるクライアント/サーバー方式（PC側のリソースを活用し、サーバーと機能分担する分散処理方式）に移行した。この方式によって、比較的低価格になったハードウエアを活用し、機能単位に独立したハードウエア群で開発できるようになった。これにより、それまでIT化できなかった分野のIT化が進み、デジタル化の拡張に大きく寄与した。

ただ、この方式にはいくつかの課題があった。一つは情報の管理である。機能分散によりPC側にデータが残されるケースがあり、個人情報の管理が叫ばれるようになると、重要な情報はデータセンターに置かざるを得なくなってきた。また、機能単位にITシステムのハードウエア群を導入したため、メーカーや導入時期が異なる機器が乱立し、管理が極めて複雑となり、そのためのコストが大きくなり、トラブルも多発するようになった。さらに、機能ごとのピークに合わせたハードウエアを購入する必要があり、結果的にハードウエアを必要以上にそろえる必要があり、コスト増と機器の導入増を招いた。

さらに標準化が進んでインターネットが活用されるようになると、クライアント/サーバー方式からWeb方式に変わっていく。この方式は世界中のコンピューターを簡単につなげることができるのだが、同時に、標準的な方式でつながっていることから攻撃にさらされる事態となり、セキュリティーが最重要項目に浮上した。

セキュリティーが問題になったことで、「重要処理・重要データは旧来型の方式がよい」となり、コンピューターは強固なデータセンターで一括して守られ、メーカー独自の処理方式で外部からの攻撃をほとんど受けない形態が残った。基本的な構造は第二次オンラインシステムと同様で、大きな負のソフトウエア資産（一般的には「技術的負債」、前著では「IT負債」とした）として現在に受け継がれている。

このような形態が推奨された当時、私は「問題の先送りだ。極めて不見識なシステムだ」と強い憤りを覚えたことを鮮明に記憶している。当時、そのような安易な選択肢を顧客に示していなければ、日本の状況は今よりは改善されたものとなっていたのではないかと思う。いずれにしても、コンピューターシステムは「ソフトウエア」が常に「ハードウエア」の制約条件の中で開発される歴史が続いてきたのである。

現在、ハードウエアもソフトウエアもクラウドベンダーがけん引している。クラウドベンダーは、巨大なサーバーを独自に開発し、巨大なネットワークを世界中に張り巡らしている。恐らくGoogle社は、世界最大のハードウエアベンダーであり、ネットワークベンダーであり、データセンターベンダーだと思われる。さらにGoogle社は、検索においても最多の利用者がいて、スマートフォンの基本ソフトウエアであるAndroidも提供している。Gmailなど多くのアプリケーションサービスを提供するSaaS（Software as a Service）ベンダーでもある。Google社は、サーバーの中核であるCPUも自社開発し、特にディープラーニングなどの処理で大きなパフォーマンスを発揮する「TPU」を開発している。CPUはIntel社が有名であり、ディープラーニングなどAI用のCPUはNVIDIA社のGPUが有名であるが、その分野もGoogle社は席巻している。

クラウド技術により、データはデータセンターに置いているが、利用者はあたかも自分のPCを利用するがごとく（仮想化技術）操作が可能となっている。PC側も個人情報などを扱う業務機能とは一線を画し、データセンター側と分離した画面にグラフなどを表示するような機能処理のみを行う方式になっている。いわゆる業務機能分担から業務機能のうちで共通的で処理が重くPC側で処理をしても問題の無い処理をPC側で行う処理分担が基本となった。これにより、個人情報などはデータセンターのサーバー側にあり、安全性が担保される。

コスト面でも、使用するコンピューターリソース（ネットワークも含む）も使用した量に応じた料金体系となり、費用の変動費化と適正化を実現している。個別の汎用サーバーから大型のサーバーを利用することで、規模のメリットにより、コスト自体も低減化されることになる。一般的には、コンピューターシステムが同じとしたならば、クラウド化により3割以上はコストダウンが図られるといわれている。

さらに、年間1兆円を超える巨大な投資をするクラウドベンダーが開発する新たなサービスを、世界同時に共有することもできるなど、様々なメリットがあり爆発的な拡大が続いている。

6 91

「ソフトウエア」革命とそれを担うSIer

これまでのコンピューターシステムは、「ソフトウエア」が常に「ハードウエア」の制約条件の中にいたが、ハードウエアは驚くべきスピードで進んでおり、ソフトウエアがハードウエアの制約から解放されつつあるといえる*。これはつまり、ソフトウエアが進歩の主体となる時代が到来したことを意味する。既に薬業界では、何年もかかっていた実験をAI技術の適応で大幅に削減し、薬の開発の短期化は目を見張るものがある。新型コロナのワクチン開発のスピードもデジタル技術の活用が支えているのは間違いない。

* 例えば、1980年代後半のAIブームの際、当時は圧倒的にハードウエアの性能不足であった。現在は、極めて複雑で処理負荷の重いAI関連のソフトウエアが十分に稼働できるレベルにハードウエアが進歩した。

前回の産業革命は蒸気機関の発明が革命を起こしたと考えられ、すなわちハードウエア革命と称することができる。今回のDXは、次世代産業革命、すなわちソフトウエア革命と呼ぶのがふさわしいと思う。人類は圧倒的なデジタル技術というハードウエアとソフトウエアを手にし、生物が進化を繰り返して人類の脳を生み出した瞬間と同様の変曲点にいる。ここから、指数関数的な「識」の獲得と進歩が始まる。

この変革で何が起こるのか、私の頭では想像できないが、社会そのものに大きなインパクトを与える大変革が起こると想定される。デジタル技術は物理的な距離を超える特性があり、「国境」という概念を無くすと考えられる。SONY（ソニーグループ）は日本の企業であるが、米国人の多くは米国の企業であると思っていると聞いたことがある。今後グローバル化が進むと企業と国の関係はますます曖昧となってくるのではないかと思う。日本に居ながら海外の企業に勤務する、あるいは、東京に住民票はあるが地方で生活をしながら東京の企業に勤めるなど、様々な活動がデジタル技術によって大きく変わっていくと考えられる。そうした変化によって、社会の根本的な仕組みが大きく変わることは間違いない。個人の情報を守る権利、あるいは個人の過去の情報を抹消する権利など、様々な新しい概念が生まれ、憲法さえも変える必要があるだろう。

身近なところでは、変化は既に起きている。私の住んでいる街（JRの快速も止まるそれなりの街である）では、長年利用していた銀行の支店が最近閉鎖された。駅前の一等地にある結構な広い店舗で、いつもお客さんであふれていたのに閉店した。JTBの支店も昨年閉鎖して隣駅に移管されたが、またそこも閉鎖された。新型コロナの影響と考えがちだが、本当の原因はそうではない。きっかけ、あるいは理由付けとして新型コロナが使われているだけである。インターネットが発達し、Webでの取引が拡大する中、銀行の手続きはほとんどネットで可能となり、そもそもネット銀行は支店などない。20年前、当時の営業店でのコストは100ベーシスといわれていた。これは、支店がもつ銀行口座の総残高の1％くらいのコストが毎年かかっているということである。当時より生産性は向上していると思うが、現状の低金利と貸出先不足の中では、支店の維持は厳しい。近年までは支店網の強さが競争力の源泉であったのがまさに真逆になって、支店網が足かせになっている。銀行では支店長ポストは激減し、支店業務をしていた人たちの有効活用が大きな課題になっていると推察される。

銀行はWeb取引に変わることにより、データ入力は顧客の作業となり、銀行でのデータ入力ミスは無くなり（このミスを無くすために2重チェックなどの労力をかけていた）、支店の家賃、業務処理、通帳や契約書などの紙が無くなる。顧客はいつでも好きな時間に自宅から待ち時間も無く銀行の手続きが可能となり、振込手数料などは、ネットを使うと安くなる。両者ともウィンウィンである。

ただ、銀行の窓口に来て、お年寄りが何だかんだとおおよそ銀行以前の問題を窓口の銀行の社員に問い合わせをしている姿（銀行の方は、それは丁寧に対応して大変だなぁと個人的には感じていた）を何度も見てきたので、ああいう人たちはどうしたのかなぁと漠然と思うばかりである。たぶんお金のある方には、十分な対応をしてくれるサービスが生まれ問題はないだろうが、年金暮らしのお年寄りは大変な時代になってきたと思う。いずれにしても、これまでの価値観や社会制度も含めた変革が既に発生しており、ソフトウエア革命の進行の萌芽が見え始めている。

この社会の大変革は、多くの企業にとってビジネスモデルを大きく変えざるを得なくなる。消えていく業種（フィルム・カメラ業界からKodakは消えてしまった）があれば、新たに起こる業種（eSports、ユーチューバーなど）が多数出てくると思う。世界を席巻するGAFAもわずか20年程度の企業がほとんどである。ビジネスモデルを変える根源がデジタル技術であり、特にソフトウエアの活用が大前提になる。これまでのITシステム開発も、新たなデジタル技術で大きく変わり、これまでの常識が非常識になりつつある。日本におけるソフトウエアの専門家はSIerに集中している。日本を変革し、輝きある国であり続けるためには、SIer自身の自己変革DXが求められる。厳しくリスクのある変革に果敢に挑戦する責務がSIerにはあると考える。ソフトウエアを現在支えているのはSIerを中心としたITベンダー側である。この事実は、当面の間変わることはない。デジタル技術の変化の度合いに比べて、人のスキル・社会制度などの変化は、後追いで、しかも急には変われないからである。

第1部

SIerの客観評価

第1章 SIerの強み

1-1 SIビジネスモデルの強み

7 91

ユーザー企業はSIerに依存している

SIビジネスモデルは、現在も非常に強力なビジネスモデルである。このことをまずは理解することが重要だと思う。昨今、「SIerはユーザー企業をだまして高いお金を取っている」などの悪評を聞くことがある。そのようなケースも全くないとは言えないが、ほとんどの場合は誤解である。なぜそのような誤解が生じるかといえば、ユーザー企業はSIerと長く付き合っており、ますますSIerに強く依存しているからである。それと同時に、ユーザー企業内でIT人材の質・量ともに弱体化し、SIerを正しく評価する能力が徐々に弱まってきた背景もある。当然、SIerが提示する見積もりが適切かどうかを判断するのは難しく、比較的価格の妥当性を経営などに説明しやすい人月単価中心で評価する悪習は今も変わらない。

人月単価を採用した場合、見積金額は工数と人月単価の積で決まるので、たとえ人月単価が説明しやすくても、工数の妥当性を見極められないと見積金額の妥当性を評価することはできない。そもそもこの方法は、SIer側の原価プラスαを成果物の価値に置き換える考え方であり、一般的な価格決定方法とは異なる。一般的には、成果物の価値で価格が決まり、価値創造のためにかけたコストは提供側の問題である。例えば、テレビの価格は他社製品の価値を比較して相対的に決まるのであり、メーカーが製品開発に要したコストでは決まらない。ソフトウエア開発の価格の決定自体が世間の常識から大きくずれている。

ユーザー企業のIT能力の弱体化により、本来ユーザー企業自身が責任をとるべきことを、SIerに責任を押し付ける風潮も生まれた。自分では責任がとれないから、下請け会社であるSIerに責任転嫁する。それはある意味で当然の帰結であるが、SIerからすればリスクの転嫁である。そのためSIerは、自らを守るためにリスク（SIer内では、バッファーという）を価格に含め、高めの料金設定をするのが常態化した。それでもSIerは、バッファー内にリスクを抑え込むために、リスクを最小化する必要を感じている。なぜならバッファーといっても、SIer自身の経験に基づいて、ユーザー企業の要求をある程度コントロールする前提で算出しているからである。うまくユーザー企業をマネジメントした場合、初めて追加の仕事量がバッファー内に収まるのが通常である。そういう意味では、プロの見積もりとは、適切なバッファーも含めた見積もりなのかもしれない（このような実態をユーザー企業は理解できていない）。ただし、SIerがリスク回避の行動に走ると、顧客と同意したことのみを行うようになり、顧客から見ると極めて硬直的で自分勝手な行動をとっているように見える。十分な相互認識がない状況下では、相互不信がお互いに発生し、まさに負の循環を招いてしまう。こうしたケースが散見される。

デジタル技術の活用が企業の生き残りに欠かせないと認知され始めているが、過度にSIerに依存している実態を、ユーザー企業の経営層は十分に理解していない。ITはただの道具であり、「下請け企業にえらい高い金額で発注している」ぐらいの認識でいる。簡単に言えば、IT部門をコスト部門としか見ていなく、「何でこんなにコストがかかるのか」「とにかくコストを下げろ」と指示している経営者もいた。ところがDXとなり、急に手のひら返しで「ITは重要な経営資源だから、内製化が重要」

と言い始めたのである。しかも手本は米国なので、おのずと日本のIT人材の70%以上がベンダー側に集中していることは問題視され始めた。

私は、内製化が問題だと主張しているのではない。なぜ過度にSIerに依存している状況が生まれたかを正しく理解したうえで、適切な内製化の方法を検討しなければいけない、と主張しているのである。

まずは、なぜ日本の多くの企業がITシステムの外部委託化、すなわちSIerへの丸投げを選択したのか、その事実を理解することが重要である。SIerに丸投げする側にも理由があり、その理由を理解せずに、米国の内製化を是として突き進むと大きな問題が発生するのは当然のことである。

8 91
ユーザー企業が丸投げを選択した理由

丸投げを選択せざるを得なくなった理由を理解するには、ITシステム開発において、時間とともに必要な人材がどう変化するかを認識する必要がある。**図表1-1**を参照していただきたい。この図は、ITシステム開発における人員数の時間経過に伴う変化を表している。大きな山となっ

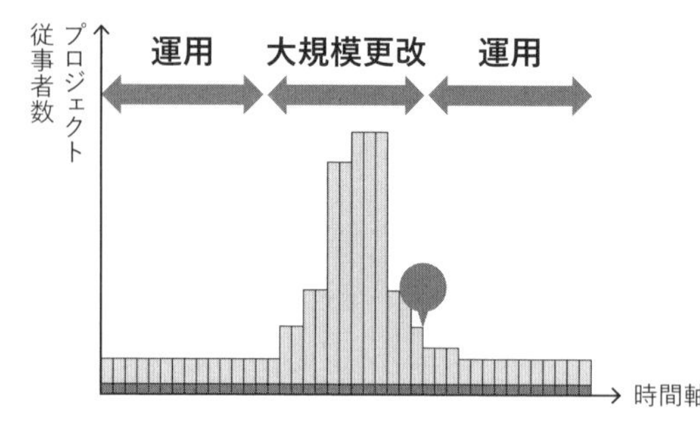

図表1-1
出所：経産省『DXレポート2』

ているのは、プログラムをすべて新たに作るために人員が多数必要だからである。

ITシステムを開発するには、どういうITシステムにするかを決める「概要設計」を実施する。この工程は、実際に利用するユーザー部門の人員も含めて、業務の流れ、すなわち業務フローなどを決める他、実際に使う画面の項目、デザイン、項目間のエラーチェックなども決める。例えば、業務フローを作成する場合は、作業の流れの中で、利用する画面を一つずつ丁寧に洗い上げ、どういう作業工程で業務が行われるかを明確化する。画面には画面名（作業内容が分かる名前を通常付ける。例えば発注を行う画面であれば発注画面と名付ける）と、主要な項目（発注画面であれば、発注する顧客番号、発注する商品番号など）を明確にするレベルまで定義する。あくまでどのように業務の中でITシステムを活用するかを明確にする。

次の工程は「外部設計」と呼ばれ、例えば画面ごとに、画面デザイン、すべての入力項目、入力項目のチェック（生年月日にありえない年月日が入力されるとエラーにするなどのチェック）など、詳細に至るまで定義する。

ITシステムの開発は、工程が進むごとに実際に作るアウトプットは精緻化し、定義すべき情報は増加していく。これを称して、段階的詳細化と言う。詳細になっていくので、ITシステム開発は工程が進むと作業量が増加し、順次投入する人員が増加していくことになる。プログラム開発時に開発体制のピークを迎え、その後は、すべてのプログラムの単体のテスト、機能単位に関連するプログラムを接続したテスト、すべてのプログラムを接続した最終テストを行ってリリースすることになる。このテスト工程を段階的抽象化と私は呼ぶ。テスト工程で実施するテストケースは、工程が進むほど減少傾向にあり、体制も徐々に少なくなっていく。リリース後は、業態や状況により異なるが、通常はピーク時の5%

程度の体制で保守維持活動が継続される。

ここで重要なのは、ピーク時の人材を、ユーザー企業がどのように調達するかである。この対応を行うのが、SIerである。この大きな人員の変動に対応する、いわば、顧客の人件費の流動費化をするのがSIerの重要な役割なのである。

米国企業の場合は、期間限定で契約してIT人材を調達する。これは普通のことであり、調達できる人材市場も存在する。ところが日本の場合、終身雇用制という日本独自の制度がまだまだ根強く残っており、その制度の下で大規模ITシステムを開発すると、ピーク時に必要となった人材の多くは開発終了時に不要な人材となる。だから、多くのIT人材をSIerに求め、外部委託で賄ってきたのである。

米国では責任をもって開発する人材がユーザー企業にいて、開発時に必要となる人材に限って期間限定契約をしている。その契約内容は日本の派遣契約に近く、労働時間よる清算であり、出来上がったものに対して責任を負わない。日本の場合は、ユーザー企業内に責任をもって開発する人材を制度上確保できないため、米国式の派遣契約で外部の人材を調達していると、期限通りに目標の品質を満たしたITシステムを構築することは不可能である。そのため、SIerとの間で受託契約という日本独自の契約が生まれたと私は思う。実際、ユーザー企業が責任を持って開発をマネジメントするには、ピーク時の15%程度の人員は最低でも必要だと私は思う。ところが、ピーク時のユーザー企業の体制は、必要とされる規模の3分の1未満であるのが実情である。すなわち、ユーザー企業にITシステム構築を完遂する能力が不足しているのである。そのため、完遂責任をもSIerに負わせている受託契約がある。日本のユーザー企業にとっては、非常にありがたい契約なのである。

ある意味建築業に近いかたちだが、建築業では詳細な設計が決定したうえでの受託責任であり、建築基準法を前提とした工法がある中での契約である。日本の場合、業務が明確になっていない要件定義フェーズ（概要設計工程・外部設計工程）から受託して見積金額を提示しており、SIerにとって非常にリスクの高い契約である。米国でこの話をしたとき、同業者からは「Unbelievable!」と言われたものである。

SIerは、ユーザー企業にデジタル技術とIT人材を提供しているだけでなく、ユーザー企業の人件費の流動費化と、ユーザー企業のITシステム開発完工責任までも提供している。SIerにIT技術者が偏在せざるを得ない大きな理由は、日本の終身雇用制を背景とした企業文化にあることをまず認識する必要がある。

さらに、このような契約・体制でITシステムを開発してきたユーザー企業は、自律的にITシステムを維持するケイパビリティーに欠け、ITシステムを構築すればするほど、SIerへの依存が高くなっていったのである。内製化比率が低いというのは、日本にあっては当然の帰結であり、SIerよりは、むしろユーザー企業にとって極めて都合がいい契約形態なのである。

9 91
SIビジネスモデルがもたらした多重請負構造

日本のSIerも終身雇用制を堅持しているので、当然のことながら、工程ごとのITシステム開発人員の増減をコントロールするのは極めて難しい。例えば最近のみずほ銀行のプロジェクトなどは、ピークは1万人を超える人員が動員されたと思われる。システム開発が終了すると、1万人規模で人員がリリースされることになる。これだけの人員の増減を、SIerはどのようにコントロールしているのだろうか。

実は、この人件費の流動費化に対応すべく、情報サービス業界全体で長年つくり上げた業界構造がある。それが「多重請負構造」だ。順に説明しよう。

まず、規模が非常に大きいシステム開発案件は、単独で受注せず、複数の大手SIerで分割して受注するのが一般的である。当然全体をコントロールする仕組みが必要で、その役割を中立的なコンサル企業に依頼するなど、各社工夫している。分割受注したとしても、大きい案件では1000人規模の増減が発生する。当然社内で工夫するが、吸収できない分は複数の中堅SIerに再委託する。再委託分に関しては、大手SIerが中堅SIerに対し受託責任を負わせることになる。その部分に関しての人員増減リスクを中堅SIerに肩代わりさせることで、人件費流動費化のリスクを分散することができる。大手SIerは難易度の高い部分は自社で開発し、また、中堅SIerの進捗および品質の妥当性を常にチェックして適切な対応をとるなど、プロジェクトマネジメントを通して顧客との契約を誠実に履行する義務を負うことになる。

プロジェクトを成功させるには、受託部分を分割して中堅SIerを活用し、コストの適正化を図るとともに人員の増減リスクを最小化している。大手SIerは、高い設計・開発技術とプロジェクトマネジメント力が必要となる。

中堅SIerは、最大100人規模の人員の増減リスクを負うことになる。この規模のリスクを中堅SIerが1社で負うのはなかなか難しい。そこで、いくつかの手段はあるが、最も一般的な方法は、さらに規模の小さいソフトウエア開発事業者（中小ソフトウエアハウス）に再委託する方式である。

ただ、中小ソフトウエアハウスと中堅SIerの契約は、一般的には受託契約ではなく委任契約（業界ではSESと呼ばれる）、あるいは派遣契約を結ぶ。つまり、中堅SIerは人員の増減リスクの低減化にはなるが、中小ソフトウエアハウスの製造責任は中堅SIerが負うことを意味する。中小ソフトウエアハウスは単なる人貸しビジネスであり、成果物の最終責任は負わないことになる。中堅SIerは、品質と進捗を十分チェックする技術が必要になり、不十分な場合は自らコストを負担するリスクがある。

ただ、中堅SIerの契約相手は大手SIerである。ITシステム開発の最大のリスクは、要件定義フェーズの出来不出来であるといえる（拙著『プロフェッショナルPMの神髄』の第2部第8章参照）。この難易度の高い要件定義フェーズを大手SIerが整理したうえで、中堅SIerと受託契約を結ぶため、リスクはあくまで、自ら担当分の設計開発に関するリスクに限定されることが多い。

中小ソフトウエアハウスは、開発リスクは低いものの、数人程度の人員の増減リスクは常に発生する。契約期間は比較的短く、人員調整は日々発生する。また、人員削減の最初のターゲットになるため、安定的なビジネスにするには、それなりのIT技術者を確保し、安定的な契約が継続するように努める必要がある。さらに重要なのは、複数の得意先をもち提供先のポートフォリオを確保し、人繰りを中期的な観点で回せるマネジメント力である。

このように、顧客の人件費を流動化するために情報サービス産業全体として、それぞれの階層で負うべきリスクを負いながらリスク分散を行っている。これが、多重請負構造が出来上がった本質的な意味合いである。よく多重請負構造で問題になるのは、下請けいじめである。すなわち、強い立場で価格の低減を強いたり、契約外の事項を飲み込ませたり、支払いを遅延したり、手形化するなどの行為であり、多重請負構造とは別の次元の問題である。そもそも下請け構造があるから下請法違反が発生するわけで、だからといって安易に「多重構造を改める」というのは、本業界の実態を把握していない証左といえるだろう*。

＊ JISA（情報サービス産業協会）の理事時代、下請法の順守に関して、業界の問題是正に取り組んだ経験から、多くのSIerは誠実に下請法順守に取り組んでいることが分かった。問題となるケースは派遣契約の場合に多く、下請法とは関係ないケースであった。

いずれにしても、大手のSIerにとって、力量のある中堅SIerの確保は非常に重要な経営課題である。私は大手SIerで、パートナー（取引先の中堅SIer）担当を担っていたことがあり、ピーク時で1万6000人程度の人員を全社で抱えていた。製造業では重要なパートナー企業を系列化するのは当たり前で、例えば日本電装の株の3分の1はトヨタ系で占められている。行使するかどうかは別にして、この比率は、実質的に経営権をトヨタがもつことが可能なレベルである。しかし私がパートナー担当の時、特に親しいパートナー企業が10社程度あったが、ほとんど出資はしていなかった。また、出資しても5％程度で、筆頭株主でもなかった。

これは、大手SIerが中堅SIerを抱えると、人員の増減リスクを分散する効果が得られないからである。大手SIerからすると、中堅SIerには適切な人材をタイミングよく提供してほしいが、契約終了時には人員調整をもお願いしたいのである。大手SIerが中堅SIerの人員を解放したときの受け皿は他の大手SIerである場合が多く、中堅SIerがどこの大手SIerと組むかをけん制するような大手SIerはいない。これは、中堅SIerと中小のソフトウエアハウスとの関係も同様である。ある意味持ちつ持たれつなのである。このような理由から、JISA（情報サービス産業協会）の集まりにおいて、大手も中堅も中小も分け隔てなくフランクなお付き合いができているのだと思う*。

＊ JISAは必ずしも大手中心で運営されているわけではない。2022年8月現在の協会の会長は中堅SIer出身であり、ここのところ大手SIerは会長を出しておらず、フラットな組織である。

私が大手SIerでパートナー担当だった頃、パートナー企業との関係で大きな問題が生じ、経営会議で激論を交わしたことがある。パートナー企業の言い分と当社の言い分が異なり、金額が折り合わないのである。その時、ある経営者から「室脇はどっちの味方なんだ！」と感情的な発言があった時、私はしれっと「パートナーさんですが、何か？」と応じた。会社の中でパートナー企業を大切にしようという基本的な理念を共有しているため、あえてパートナー担当は、パートナー企業の側に立って、彼らの主張を代弁するのである。それですんなり私の意見が通ったことは会社として正しい判断だと思っている。私は、現場では決してパートナーさんに甘い方ではなかったが、それぞれの責任を果たすことが重要であり、それがすべてであり、それがプロフェッショナル同士のいい緊張関係だと思っていた。安易な解決はパートナー企業の成長を阻害すると考え、常に正論で、パートナーさんと一緒に様々な課題を解決していくことが重要と信じていた。

情報サービス産業は多重請負構造ではあるものの、大手SIerが一方的に中堅SIerを搾取する関係ではない。これが私の認識である。

情報サービス産業は、ユーザー企業の人件費の流動費化に対応するために、長年の月日をかけて業界全体として仕組みをつくり、改善を続けてきたのである。現状のITシステム開発の方式が続く限り、SIビジネスモデルは、極めて強力なモデルであることに変わりはない。繰り返すが、現状のITシステムの開発方式が続く限りである。

10 91
日本でしか成り立たないSIビジネスモデル

日本のSIビジネスモデルは、なぜ欧米で発達しなかったのだろうか？

この疑問に私は随分長い間悩まされていた。この疑問について、私の尊敬する先輩から教わったことがある。それは、「日本は性善説であり、欧米のような性悪説では無いからだ」というものである。確かに道元があらわした「正法眼蔵」には「ことごとく仏性あり」と記されている。また、親鸞の（法然かも）悪人正機説すなわち「善人なをもて往生をとぐ、いはんや悪人をや」に見られるように、罪を犯さなければ生きられぬ悲しい人こそ、救われるべきという考え方は日本では多くの人が共感を覚えるだろう。日本では、他人に大切なものを預けたとしても、誠実にそれを守ってくれるという、何とも言えない素敵な文化がある。特にお客様から預かったものは、自分の物以上に大切に扱うのである。

ところが欧米のキリスト教の教えでは、アダムとイブの逸話からも分かるように人間は「罪深きものであり」、「原罪」を負うものである。そのため、欧米では契約がすべてであり、善意によるサービスを期待しない。日本では、東日本大震災の時に暴動も商店からの略奪も発生していない。それどころか、レストランで食事中に被災し、そのまま帰宅したお客さんが翌日にお代を払いに来るのである。財布の落とし物も高い確率で見つかるのも日本である。

いわゆる「おもてなし」の心というのが日本の強みだと私は考える。例えば、トヨタ自動車では車のバンパーの裏側まで磨くという。一見無駄な行為に見えるが、バンパーの裏まで細心の注意を払えば、当然、表に見える部分へのこだわりは極めて高くなり、車全体の品質を上げることができる。これこそが世界から信頼される「日本品質」だと思う。

ちょっと脱線するが、私は日本の古代史研究が趣味で、暇があればその手の本を読んでいる。その関係で、日本古来の宗教である神道や神社についても非常に興味を持っていて、引退したら全国神社巡りをしたいと考えている。神道の特徴は、具体的な教えが無いところだと思う。神道では、汚れを極端に嫌う。清らかであることを常に心掛けて実践することが求められる。実際、宮中三殿（皇居にある天照大御神をはじめとした神々を祭っているところ）に勤めている女官は、自分のお尻を触った手も不浄として水で清めている。その生活は、常に清い体を保つことが優先される。血を極端に嫌うことから、生理中はお勤めもできない。また、親族に不幸があっても喪が明けるまで同様である。神宮（伊勢神宮）でも厳しい掟の中、常に潔斎し、清い体と心で神への奉仕を求められる。それは、神が不浄を嫌い、天罰を与える恐ろしい存在と考えているからだと思う。

日本の神は、恵みを与えるだけでなく罰も与える。神は一般的に和魂（「にぎみたま」と読む。神の優しく平和的な側面であり、仁愛、謙遜などの妙用とされている）と、荒魂（「あらみたま」と読む。神の荒々しい側面、荒ぶる魂である。勇猛果断、義侠強忍などに関する妙用とされる）の2つの御魂からなると考えられている。神宮では、正宮と荒祭宮で天照大御神のそれぞれの御魂が祭られ、正宮では和魂が祭られ「日々無事に過ごしていることに感謝を捧げ」、荒祭宮では荒魂が祭られ「感謝とともに願い事とそれを実現するための自分のすべきことを宣言する」場と考えられている。

神道の奥底の考えは、縄文時代の思想が埋め込まれているように思う。この時代は1万年程度あったといわれるが、非常に穏やかな時代だったと思われる。神はまさに自然を祭るところから始まった。自然でも特に「太陽（天）」「山（地）」「海」の３つが重要な構成要素であると考えられる。

日本は島国でありながら、安定的に雨に恵まれ潤沢な水を天からいただいている。その雨が山に降り草木を満たし、太陽が草木、稲などの農作物、動物を育て、豊かな実りをもたらす。そして、枯れ葉や動物などの排斥物などの養分を十分に含んだ水が集まり川となり、海に注ぐ。海では、暖流と寒流の2つの海流がぶつかり多くの種類の魚をもたらす。さらに、川からの豊富な栄養分が、多くの魚たちを育て、豊かな海の恵みを我々にもたらす。海は、太陽の光を浴びて、雲をつくり、その雲は山とぶつかり雨を降らせ大量の水を山にもたらすのである。

「太陽」「山」「海」は、循環し支えあったエコシステムを形成している。まさに、神（和魂）の恩恵を日本に住む縄文人たちは大きな感謝をもちながら、生活していたのである。同時に、神（荒魂）がもたらす台風に、地震に、火山に、様々な自然の脅威に対応するためにお互いに助け合って生活をしてきた。昔も今も常に自然の脅威に悩まされている。天は、大きな災害とともに、新たな環境を提供する劇的な変化を、苦難とともに提供してきたのである。

自然の脅威にさらされ、時に天候不良は全国に及び、全国的な飢饉（ききん）を何度も経験してきた。あるいは、恵みと脅威に対応するため、互いに助け合って生き抜いてきた。それが日本人である。だから、自然がもたらす恵みに感謝し、そして、自然の脅威を恐れ、日々罰が当たらないように清い生活を送ろうと考えたのではないだろうか。自然への感謝と脅威に対し、常に清い行いを続けることで神様から祝福を受けるという考えを、日本人は魂の奥深くに刻み込んできたのではないかと思う。

私は子供の頃から「お天道様は、いつもあなたを見ているよ。悪いことをすると罰が当たるよ」といつも言われて育ってきた。この「お天道様は、いつも見ている。悪いことをすると罰が当たる」ことこそが、日本品質の根源だと思う。陰日なた無く、いつも正直にやるべきことを完遂する人の集合体だからこそ、日本の文化は、性善説なのだと思う。

だからこそ安心して重要な機能を他人に任せることができるのである。日本にSIビジネスモデルが成立した理由はここにあると、私は考えている。

ただし今後は、ユーザー企業自身が、企業の命運を握るITシステムを適切にコントロールすることになるのは間違いない。そのためには、一時的に人員を大量に導入する労働集約型生産体制から、安定的な人員で同様以上のソフトウエアを開発できるような近代的生産体制への移行が急務であると考える。ソフトウエア開発の抜本的な見直しがない限り、企業の内製化は絵に描いた餅でしかない。ただ、現状のIT部門の状況を踏まえたうえで、日本文化の強みでもあるSIerをうまく活用し、人員構成比を徐々にユーザー企業にシフトしながら日本なりの新たな内製化を目指すべきと考える。すなわち、実質的に企業が内製化を目指す部分と、現状のSIerをうまく活用し、主に非競争領域のITシステム部分を中心に、信頼を置ける外部リソースとして最大限活用する部分を明確化することが必要なのではないかと思う。

1-2 社会を支え続けているSIer

11 91

使命感・責任感をもつIT技術者が社会を支えている

若かりし頃、当時担当していたITシステムが夜間処理で異常終了し、「処理ができない」との一報を受けた。その時は「頭からつま先まで電撃が走るような感覚」を経験したのを覚えている。なぜなら、そのITシステムが止まると、翌日の1000億円程度の決済に影響が出るからである。報告を受けたのは夜の11時過ぎ、当時毎日帰宅が遅く夕食を食べていたところであった。私がリーダーだった担当ITシステムは、まだ引き継ぎを受けたばかりで、私自身は十分に詳細を把握していなかった。すぐさまチームのメンバーと最悪のケースを考え、前任のリーダーにも連絡をして会社に向かった。前任者も経験のないケースでのトラブルであった。制限時間は翌日の午前6時まで、処理時間を含めると午前5時までに何とかしないといけない。既に夜中の12時を回って日付が変わっていた。

真夏の暑い夜で冷房は停止し、集合した数人は汗だくになり、走りながら、必死に原因調査を行うべく、様々な情報を収集していた。全員男性だったのでいつの間にか下着姿になってうちわであおぎながらの必死の形相での対応である。第三者から見たらまさに異様な姿であったろう。結果的に、想定外のデータが紛れ込んでいるのが原因と判明し、そのデータを削除してぎりぎり何とか対応を終了させた。

このような間一髪のトラブルは、表面化していないものの、日本の至るところで日々発生していると思う。表面化するとITシステムのトラブルではなくなる。2022年に起きたみずほ銀行の例を見ると分かるだろう。適切な優先順位での顧客対応が求められ、対応を間違えるとトラブルの終息がより困難になる。無策はトラブルの影響を拡大する。また、時間が過ぎれば過ぎるほど対応は難しく、対応に長い時間を必要とする。さらに、顧客対応部門の人員からは、IT部門に対して「トラブルを起こしたのはIT部門だ」と罵声を浴びせられるのである。もちろん、最大の犠牲者は顧客である。顧客対応をしている現場は、顧客の罵声と、極めてまっとうな顧客の抗議を受け、対応を迫られるのである。顧客対応現場もITシステム対応現場も地獄のような状況に陥る。そのような現場にSIerのメンバーもいる。ユーザー企業のIT部門と一体となって必死に対応しているのである。

日本の社会はITシステムに厳しい社会である。米国出張中、航空会社のITシステムがトラブルを起こし、到着が半日遅れたことがあった。航空会社の窓口の人は謝ることもなく、まるで天変地異が発生したごとくの対応であった。飛行機に乗り込んでからも、何時間も待たされた。キャビンアテンダントにクレームを入れている顧客もいたが、キャビンアテンダントのただただ誠実に聞くという素晴らしいスキルのおかげで静かになった。そして、半日遅れで到着地に着陸した瞬間、なんと乗客から拍手が起こったのだ。「米国いいな」と初めて思った瞬間だった。日本ではこうはいかない。

トラブル対応をしている間、SIerの技術者は何を思って必死に対応しているのだろうか。そもそも原因が判明したとしてもSIerの責任になることはまずない。「24時間いつでも対応します」といった契約であるはずもない。私自身の経験で言えば、「ITシステムの最終顧客に迷惑をかけてはいけない。何とか最小限の影響に抑えなくてはならない」という純粋な気持ちだと思う。

日本の多くのITシステムは、多くの会社で格下に見られ続けるIT部門の非力さも手伝って、その場限りの部分最適を繰り返しながら、巨大で複雑なITシステムに膨れ上がっている。いわゆる「負債化」が進んでいる（拙著『IT負債』参照）。ITシステムが普通に稼働していること自体、IT部門とSIerの大変な努力があって実現しているのである。「負債化」の根本原因は、ユーザー企業の経営者にある。ITシステムが会社の存続を担う大切な経営資源であることを忘れ、ITシステムを理解せず放置し続けたことにあると私は思う。そのユーザー企業のITシステムを、「最終顧客に安心して利用してもらいたい」という純粋な気持ちをもつIT技術者が支えている。ユーザー企業・SIerといった壁を越えて協力することで、ITシステムが初めて稼働できており、SIerはユーザー企業にかけがえの無い価値をもたらしている。その事実をユーザー企業の経営層にしっかり理解してもらうことがまずは大切だと思う。

12 91

本当の意味で顧客システムを理解しているSIer

SIerは、ユーザー企業のITシステムだけでなく、ユーザー企業の業務自体を、ユーザー企業の担当者以上に把握している。それがどういうことなのかという話をしたい。

私が確定拠出年金の口座管理会社（通称「レコードキーパー」。確定拠出年金法では記録関連運営管理機関）の設立に関わった時のことをお話しする。詳しい説明は省くが、個々の金融機関で個別につくるのではなく、公共財と位置付け、多くの金融機関で共有する仕組みを目指した。これが大きな社会現象となり、日本では2つの大きな陣営で共同運営する会社となっている。その中で共通化の大きな柱は、ITシステムの共同構築・共同運営、さらにバックオフィス事務の共同化である。私は制度の中心となるレコードキーパーのITシステムのグランドデザインと、ITシステム構築の責任者として、該当企業に出向した。

確定拠出は企業型と個人型の2つの制度がある。法的には、個人型の運営管理機関は「国民年金基金連合会（NPFA）」が務めることになっている。個人型を活用する対象として自営業者が含まれていたからである。同じく、確定給付型の自営業向けの年金をサービスしているのもNPFAであり、資格要件などの事務も非常に近いからである。個人確定拠出年金型は、最近ではiDeCoと呼ばれている。NPFA、レコードキーパー、金融機関、資産管理会社などのITシステムの接続と、それに伴う事務処理を新たに実施する必要があった。監督官庁である厚生労働省も含め、NPFAとレコードキーパー各社が共同で検討会を立ち上げた。私は全体の世話人的な立場で、実質的にはNPFAも含めた全体の業務フローを作成する責任者となった。

驚いたことに、NPFAの実質的な業務責任者はSIerの人間であった。行政では、SIerが業務とITシステムの両方を押さえている。実際、業務検討のメンバーは私を含め、他のレコードキーパーもIT技術者が中心となって検討していたのである。私自身はレコードキーパーの大まかな業務設計と詳細業務フローのレビュアーとして参加し、その後も多くの企業で業務フローの作成支援を実施してきた。

何が言いたいかというと、これら作業はITシステム開発というより業務コンサルティングに近いということだ。そうした業務を担っているのは、実際はSIerの担当者なのである。業務フローをどういうふうに記述するかのところから支援しているケースが多い。

ユーザー企業の担当者は自分自身に関わるところの業務処理は認識しているが、自分たちの入力データや伝票類がどうやって作成されているかを知らないケースが多い。また、自分たちが作成したデータあるいは伝票類を次の組織がどう活用しているかも興味がない担当が多いのも事実である。複数の部署に分かれて業務を遂行する場合、実際にはITシステム側でデータを接続したり伝票を作成したりしているので、全体でどのようになっているかを整理しているのはSIerの技術者たちなのである。詳細にわたって矛盾なくITシステムを定義しないとITシステムは動かない。ITシステムというのは思ったようには動かず、作ったようにしか動かないのである。

SIerの技術者は、ユーザー企業の業務にも精通している。特にメインのSIerは多くのITシステムを担当しており、複数のITシステムを担当してきた技術者を抱えている。業務フローを整理する能力があるIT技術者が多いので、ユーザー企業全体の業務を整理するには、SIerの支援無しには成り立たないのである。

要件定義から担当するという日本独自の契約が、SIerの業務ノウハウの獲得に役立っている。形式論的には、業務を理解しているのはあくまでユーザー企業サイドであり、実業務の現場の話や使い勝手の話はユーザー企業の担当者にかなうはずはない。しかし、実際の現場のユーザー担当者は、それぞれの現場の役割が企業全体の中でどのように位置付けられているのかを理解していないことが多い。それを把握しているのはSIerのIT技術者である。全体感の中で個々の業務の役割を把握するといった視点で、ユーザー企業の業務を見ている唯一の立場であるのがIT技術者であることを認識してほしい。つまり、顧客業務もITシステムも双方とも理解しているのは、SIerのIT技術者なのである。このことは、SIerが生き残るためにも非常に重要な人的資産・知的資産になるからである。

13 91
様々な業種でのITシステム対応力

SIerは、ユーザー企業のITシステムだけでなく、ユーザー企業の業務自体を、ユーザー企業の担当者以上に把握していることを理解していただけたと思う。これはとても重要なことである。

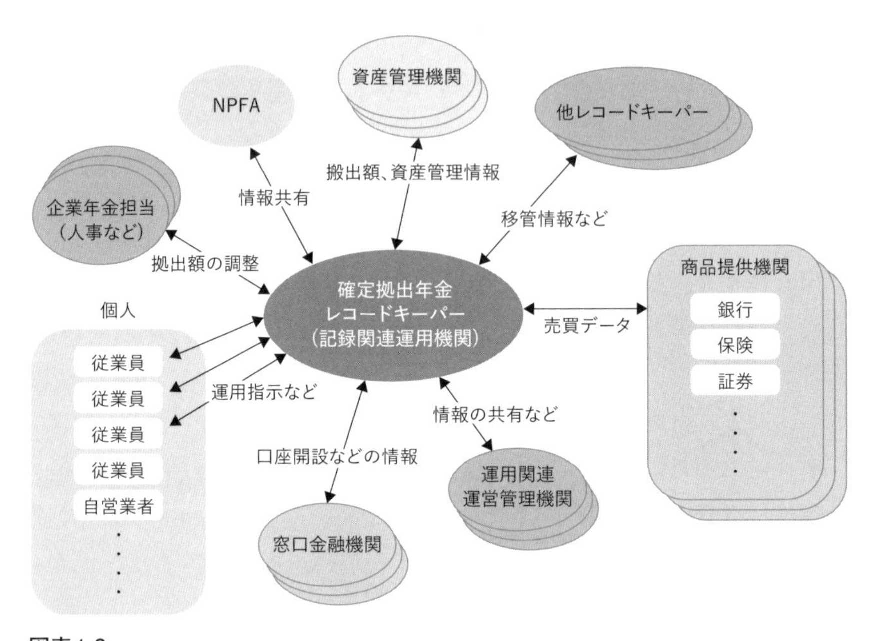

図表1-2
出所：著者

私の経験として、確定拠出年金の制度全体の中心になるレコードキーパーのITシステムデザインを行ったと述べた。**図表1-2**を見てほしい。レコードキーパーを中心に、企業の年金事務を行う部門、運用指示をする従業員個人、資産管理を行う信託銀行、商品選定あるいは従業員への教育・選定商品の情報提供を行う運用関連運営管理機関、実際に商品を提供する金融機関との接続が必要になる。個人型の場合はさらにNPFAとの接続、窓口金融機関との接続、他のレコードキーパーとの接続が必要となる。

一番の肝の部分は、企業事務と金融機関のやりとりをするITシステムであり、財形・持ち株などの職域系の金融システムのノウハウが必要となる。特に本ITシステムの構造は、持株会システムに全体の構造が極めて近い。従業員個人とのやりとりは、当時出始めたばかりのインターネット取引・コールセンターでの取引システムのノウハウが必要となる。

また、資産管理は信託財産管理システムの仕組みのノウハウ、商品提供を行う金融機関の口座管理システムの特に中心となる投資信託の口座管理システムのノウハウなどが必要になる。

私はたまたま財形・持ち株のシステム、投資信託の口座管理システム、コールセンターシステムのITシステム開発の経験があった。また、投資信託を製造するアセットマネジメント企業の投資信託計理システムを担当していたため、投信の実際の財産管理をしている信託銀行の資産管理システムがどのようなものなのかという概要は認識していた。もちろん、詳細な情報を社内の複数の該当技術者から情報提供を受けた。だからこそ、全体のシステムのデザインができたのだと思う。さらに、大規模なITプロジェクトのマネジメントを経験していたので、IT技術者としての必要な技術と経験が大いに役に立ったと考える。

SIerの内部には、様々な業界のITシステムと業務に深い造形を持つ人材がいる。これは今後、非常に大きなアドバンテージになると考える。

1-3 顧客の無理難題に誠意を持って応え続ける現場IT技術者

14 91

ITプロジェクトのトラブルは「要件定義」の品質不良

ITプロジェクトのトラブルに注目してみよう。ここで説明するトラブルは「稼働中のシステムが停止した」といったトラブルではなく、新たなITシステムを構築する際のトラブルである。発注側のユーザー企業サイドから見ると、トラブルは大きく3つに分類される。

第一は、期限通りにITシステムが稼働しないトラブルだ。例えば、新たな商品を販売するためのITシステムが期限内に動かないと、商品を販売できないという問題が発生する。新たなITシステムで既存作業が効率化されるような場合は、想定したコスト削減と業務拡大ができないという問題となる。さらに構築期間が延長されると、IT部門の人材が該当プロジェクトに拘束される期間が延長され、該当プロジェクトの予算を超過することになる。遅れの原因が発注側にある場合は追加コストが発生する。

第二は、コストが超過するトラブルだ。スケジュールは守っているが、想定していたコストをオーバーした場合である。この場合は、金銭的な問題以外は発生しないので、ITシステムのトラブルにはなっていない。どのようなケースかというと、要件定義では紙レベルの画面イメージ、あるいは実際の端末を使わず想像ベースでの要件となり、実際にテストフェーズで出来上がった実物を使ってみるといろいろなリクエストが追加で出てくるケースなどが想定される。また、ITシステムの再構築案件などでは、要件定義以降に法律・制度などが変更になり、新たな機能の作り込みが発生したケースなどがある。私が経験した、投資信託の販売システムを例に説明する。一言で言えば、国の制度が変更された。具体的には、顧客が投資信託を購入する際、必ず該当の商品説明（この場合は目論見書）を読まなくてはならないという制度に変更されたため、購入する前に必ず目論見書を表示し、顧客が確認してからでないと購入できないようにする必要があった。このように、ITシステムは常に変化が求められ、要件を固定化することは困難な場合が多い。それらに対して一般的には、追加開発を見込んだ予算（予算に余裕をもつ）にすると同時に、開発する機能を絞って、追加開発が発生しても期限調整が起こらないようにマネジメントすることで、トラブルになるのを防ぐ。このように先を読んだプロジェクトマネジメントのスキルがないと、ITプロジェクトを無事に成功させるのは難しい。

第三のトラブルは、品質不良でITシステムが動かない、あるいは使えないケースである。システムリリース後にトラブルが多発して大混乱が起こったり、システムダウンを起こしてシステム停止になったりする。何らかの理由（例えばどうしても期限までにITシステムを稼働させなくてはならないなど）で、テスト期間が短く、十分なテストができずに、プログラムにバグが残ったままリリースすると、こうした事態を招いてしまう。

この3つのケースは全く別に見えるが、その原因を探ると、「要件定義」の問題であるケースが非常に多い。実は、第一と第三のケースは、第二のケースの深刻な場合に発生する。第二のケースで要件の変更量が許容範囲を超えると、スケジュールの延期をせざるを得ない。すなわち、第一のケースになる。また、スケジュールが調整できない場合は、必然的に製造工程を短くすることになり、十分なレビュー時間がとれず、結果プログラムのバグが多く存在したままテスト工程に進むことになる。もちろんテスト工程の期間も不十分で、しかも想定より多いプログラムのバグを排除する必要があるため、十分な品質の確保が困難となる。例えば、かつてメガ銀行の合併などで大問題になったように、合併の日程をいまさら変えることもできず、不十分な状態でリリースをしてしまった例がある。IT部門が事業部門にものを言える雰囲気はなく、勇気を持って発言しても「何とかしろ」としか言われない。IT音痴の経営をしていると、このようなシーンが頻発する。

15 91
「現行機能保証」が要件定義を難しくしている

要件定義の重要性は、SIerなら骨身に染みているはずだ。私がSIerの品質執行責任者であった頃、一定規模以上のプロジェクトを定期的にすべてチェックしていた。中には赤字プロジェクトと言われるものがいくつかあり、その大半の原因が要件定義に関する不良であった。

ちょっと不思議に思う読者もいるだろう。「要件定義はユーザー側の責任ではないのか？」。その通りである。しかしながら多くの問題プロジェクトは、この要件定義の品質不良によるものなのである。具体的に説明しよう。まず、問題となるのは、「現行機能保証」という厄介な問題である（2-4で再度解説する）。

昨今のITプロジェクトでは、多くの既存のITシステムが存在する中でのITシステム開発になるため、多かれ少なかれ既存のITシステムを作り替える開発が存在する。その場合、ユーザー企業の担当者は、このように発言する。「この部分は、現行のITシステムと同じで」。この一言が、実はSIerを震え上がらせる。なぜなら、古いITシステムの場合、現状のITシステムの要件定義書は存在しない。存在したとしても、その後のメンテナンスを反映していない不正確な要件定義書である。そもそも要件定義書は、SIerのものではなく顧客のものである。SIerが権利を主張できるのは設計書とプログラムであり、要件定義書を常に正しく保持する責任はユーザー企業にある。だがそれができているシステムは極めて少ない。例えるなら、何度も改築した建物の、現状を反映した設計図がないということである。

そんな中で、ユーザー企業の担当は言うのである。「長年、保守をお願いしているのだから、お宅ならできるでしょ」。システムを設計・開発したのはSIerであり、その後も保守を担当してきたのである。しかし、当初設計した人は、もういない。会社に存在したとしても他の部署に異動し、しかも既に偉い人になっており、設計担当になれるはずもない。現在担当している人たちも、同じような機能追加を繰り返し行った経験しかない場合が多く、該当のITシステムの肝の部分を含め全体を十分に理解しているわけでもない。ユーザー企業はどうかというと、今の業務は理解していても、なぜこのような業務が必要かを理解しておらず、全体を語れる人は皆無といってもいい。これでは、業務要件の妥当性を確認できない。SIerの担当者が、「ここはこれでいいですか」と質問しても、答えは「現行と同じで」である。残念ながら、回答になっていない。

業務の目的を理解していない以上、業務変革を実行するのは極めて難しい。しかも、ユーザー企業が自らの業務を理解していないのが現実である。これが、今、内製化が叫ばれている本当の理由だと思う。しかしながら、この状態はなるべくしてなったのである。

これでは、時間ばかりがかかり、期限が近づく中で、不十分な要件で開発を進めることになる。開発できるボリュームを超え始めると、予算と期限が守れなくなる。ユーザー企業の担当も中身に自信がないので、のらりくらりでなかなか進まない。SIerの心無い上司は、「いつになったら要件定義を終われるのだ」と担当者を叱責する。そこで、SIerの担当者が、禁断の一言「後で何とかしますから、このあたりで承認してください」を言ってしまう。そして、ユーザー企業の担当者も禁断の一言「何とかしてくれるのなら承認しましょう」となるのである。この結末が、お互い不幸になる結果を招くのは、火を見るより明らかである。

新規の機能を作る場合も、問題は発生する。新たな機能を定義するには、事業部門あるいは実際にオペレーション部門の参加が必須なのは当然である。そもそもオーダーを出さなければITシステムなど作れるはずがない。ところが、事業部門・業務部門のキーとなる人材は、多忙を極める場合がほとんどである。従って、十分な参加ができず、代わりにIT部門の人材が事業も業務も十分に分からない中、要件定義をするというとんでもないことが日本では頻発する。当然出来上がりのITシステムは使いものにならず、要件変更が最後の最後で多発する。その責任はユーザー企業サイドにあるのだが、SIerにとっての交渉相手となるIT部門は、ユーザー企業内で立場が弱く、まともな予算処置あるいは十分なスケジュール調整ができるはずもない。結果、SIerに泣きつき、コストと無理なスケジュールをSIerも受けざるを得なくなり、結果、共倒れとなるケースに発展する。これまで世話になったIT部門の担当者が苦しんでいるから助けようとするのはよいのだが、ユーザー企業の経営に直接訴えるようなことは（下請け根性なのか）なかなかできず、結果的に火中の栗を拾うことになるのである。

現行保証を伴うプロジェクトのレビューをしていると、担当者は「要件定義変更が多発しています。スケジュールが延びる可能性が大きいです」と報告してくる。「本当に要件変更ならお客さんから追加のコストも含めスケジュール調整が可能だよね」と私が質問すると、下を向くのである。現行機能が十分に織り込まれていない要件変更（ユーザー企業はSIerの漏れと認識している）をしており、しかも「後から何とかする」とユーザー企業に約束しているケースが多いからである。そもそも現行のITシステムを担当しているSIerだからお願いしたのに、とユーザー企業側は思っているのである。

要件定義をうまく進めるには、SIerの奮闘が大前提となる。ユーザー企業の業務をユーザー企業以上に細部にわたって理解し、ユーザー企業を本来あるべき方向に誘導することが求められるのだ。事業部門・業務部門のキーパーソンを引っ張り出すために、契約時にユーザー企業側の体制などの前提条件を明確にし、粘り強く交渉する。また、キーパーソンの話を聞いて業務フローに描く作業は肩代わりするなど、負担を軽減し、要件定義を見える化し、誠実に対応することでキーパーソンの信頼を得て、協力を引き出していく。契約面と実務面の両サイドでユーザー企業を導きながら要件定義を進めるのである。SIerは、このような活動を当たり前のように行うことで、ほとんどのITプロジェクトはうまく稼働しているのである。

16 91

ソフトウエア品質向上に向けた活動

ここまで述べたように、SIerはリスクの高い仕事を請け負う宿命にある。そこでリスクをコントロールするために、設計・開発の共通化を進め、ソフトウエアの生産性と品質を上げる活動を行っている。SCSKではSE+センターという専門組織でその活動を展開している。様々なプロジェクトの実態を数値化して蓄積し、体系化することで、新たなITプロジェクトのリスクの測定と発生し得るリスク事象を予測する。これらの活動は、結果的に顧客のITシステムの品質向上とコスト低減に役立っている。

各現場でも、ユーザー企業の実務に合わせてチェック表などを作成し、同じようなトラブルが発生しないように工夫している。また、発生したトラブルの真の原因を追究し、同じような事象が発生しないかを常に確認し、事前にトラブルを防ぐ活動を行っている。

このような活動はNRIでも当然のことながら実施していた。SIerは様々なITプロジェクトの経験を蓄積し、そのノウハウを他のITプロジェクトにも生かすという活動を日々続けている。その内容を各社の教育プログラムに反映し、IT技術者の知識として注入し続けているのである。

また、米国の情報など先進の情報を常に補足し、必要な技術を見極め、自ら試験台になりながら技術習得し、日本の顧客に合わせてカスタマイズし、還元している。

日本と米国を比べた場合、日本のITシステムは米国のそれとは大きく異なり、非常に複雑な構造で、求められる品質も大きく異なる。そのため、日本独自の品質保証システムが発達している。なぜ複雑なのかというと、事業・業務を行っているユーザー企業サイドの業務分担が不明瞭だからである。これは日本の特徴で、米国の場合は、例えば証券会社のバックオフィス業務は基本どの証券会社も同一である。そのため、それぞれの担当者の役割分担も明確であり、人材の募集要項も明瞭であり、他社から来た人もその日から戦力になる。だからこそ人材の流動化がしやすいのである。別の見方をすれば、業務をする人の役割分担ごとに、使用するシステムがばらばらになっていることがある。例えば、7つのサービスを利用しているとすると、7つの異なる利用端末あるいはサービスがあることになるが、これで問題ない。その担当者が使うのは1つの端末・1つのサービスであるからだ。しかも、前職で使っていたのと同じサービスである場合も多く、異なっていたとしてもおおよそは近い機能である。

ところが、日本ではいわゆる総合職という職種となり、そもそも業務分担が十分にできていないし、業務範囲も人事異動などのたびにころころ変化していく。そのため、1つの端末からすべての業務ができなくてはならない。先の米国の例で言えば、7つのシステムが統合されたかたちで提供されるわけだ。機能の規模が大きくなれば処理の複雑度は指数関数的に増大する。社員も複雑なシステムを使わなくてはならないので、結果ベテラン社員が重宝されるのである。規模が大きな機能のITシステムは、結果的に同一業界同一規模の会社であっても、全く別のITシステムになる。だから、他の会社の人が新たな会社の即戦力にはならない。しかも、複雑であるからこそ、現状の業務を変えることに大きな抵抗を示すのである。それは、業務担当者のエゴなどと片付けられない。現状の業務を回すために長い年月と苦労をして得てきたものを一から学ぶ恐怖と、新たなITシステムで現状のパフォーマンスを維持することが不可能と感じている。それは、業務担当としての責任感からの抵抗である。上司は、日々そのベテラン社員のおかげで過ごしていることを理解しているが故に、統制が利かないのである。

米国では、銀行残高を週1回更新するといういいかげんなシステムが少なくない。この場合、ATMでお金を下ろしても残高が減らない。結果的に残高以上のお金を下ろしたら銀行に借金をしたことになる。「銀行の残高以上に下ろしたことは、本人は分かっているでしょ」ということである。自己責任だよねってことなのだ。

中国のATMでは、100元紙幣しか出金できないし、入金も100元紙幣しかできない。20元紙幣も1元紙幣もあるにもかかわらずだ。日本のATMでは、めったに目にしない2000円札に対応する他、コインにまで対応している。中国は100元紙幣だけなので補充も回収も簡単で、もちろんITシステムもシンプルである。日本でもATMが1万円札しか対応しなかったら、どのくらい不便になるのだろうか。個人的な意見だが、日本のITシステムは手取り足取り、使い側に立脚したITシステムだと思う。前述した米国の航空会社のシステムトラブルも同様である。ITシステムに対する許容度を世界比較すると、日本ほど厳しい国はないと思う。

日本のITシステムは機能的に複雑であり、規模も大きくなるうえに、品質に対しては非常に厳しい条件を満たすことが求められている。そのため、非常に難易度の高いITプロジェクトになる。日本のIT技術者は高い技術力を身に付けざるを得ず、SIerは日々精進を積み重ねているのである。

より使いやすい、より信頼性が高いというのは、競争力の根源である。これは永遠の真実であり、その力をSIerは無意識のうちに取得していることを理解しておきたい。ただし、ITシステムに関しては過剰な面があると思う。それは日本のITシステムに携わる人なら感じているのではないだろうか。世界の市場を見据えれば、本当に必要な品質と無駄な品質（過剰品質という）を見極める技術が重要になると思う。

1-4 ソフトウエア開発技術者の人材採用と人材育成

17 91
ソフトウエア開発技術者の採用への取り組みと実績

現状のSIerの顧客はあくまで法人であり、個人を相手にしているわけではない。今後は分からないが、少なくとも現状はそうである。従って、テレビCMなどはなじまないのだが、最近は多くのSIerがテレビCMにお金をかけている。SCSKもテレビCMに積極的である。理由は会社のイメージアップにある。つまり、人材採用のためだ。学生が就職先を探すときの選択肢に入ることは非常に重要である。学生だけでなく親の世代にも訴求する必要がある。

ここから少しの間、私の話をさせていただく。私が就職先を決めて父に電話で伝えた時、最初の反応は「他に無いのか？」だった。「野村コンピューターシステム」（NCC）という会社は聞いたことがなかったからだと思う。親としては、それなりの大学まで出したのだから、多くの同級生が選んだ大手電機メーカーとか大手製薬会社とか大手機器メーカーなどを期待していたのだと思う。NCCを例に出したが、現所属SCSKの前身であるCSKなども同様であったと思う。当時、ソフトウエア技術者は「35歳定年説」などと言われ、激務による使い捨てのような評価を受けていた。親身になってくれる大学の先輩からも他の企業を紹介しようかと真顔で言われたりもした。

実はNCCを選んだ背景には、大学のときの先生の助言があった。先生に就職先を相談した時、「どんな企業に行きたいの」と聞かれ、「大きくなくて潰れない会社がいいです」と答えたのである。大企業の歯車になるのに拒否感があると同時に安心して働きたかったからである。それに対して、「室脇君にちょうどいいところがある」といって紹介されたのがNCCであった。実は、先輩が楽しく生き生きと仕事をしており、野村證券がバックなので安心だということであった。実際の研究室でもコンピューターを活用し、分析するプログラムを自ら開発していたのを先生は知っていたのである。その言葉を信じ、この業界のお世話になりIT技術者を生涯の仕事としたのである。

先生が評価したポイントは、卒業生が非常にやりがいを持って働いているということである。私も卒業後しばらくは定期的に大学に出張で訪問し、会社の状況などを先生に説明した。人事だけが採用をしているのではなく、全社が協力する体制が出来上がっていた。このような地味な活動を長年続けてきたからこそ、大学との信頼関係をつくり上げることができたと思う。

何よりも重要なのは、人を大切に育てる文化があることだ。それがあるからこそ、大学の先生の信頼を得ることができたと思う。大学の先生も学生はかわいい存在である。卒業後、先生のところにお邪魔した時、いつも満面の笑みで、私の話を楽しそうに聞いてくださった。

情報サービス産業は「3K」といわれた時代もあったが、今はその頃からすると隔世の感がある。日本の全産業の中でも働き方改革は進めている方である。SCSKも業界の先頭に立って、残業の削減、有給休暇の取得推進など、生真面目に取り組んでいる。休日の谷間などは、有給取得を会社として奨励しており、働きやすい環境の構築に努めている。

その結果、SIer各社は、人材面でも大きく成長している。SIer大手は、1万人を超える人員をそろえており、IT技術者の供給元として、どんどん大きくなるソフトウエア開発需要に応えてきているのである。

18 91

ソフトウエア開発技術者の育成への取り組み

IT技術者は最近まで人気の高い業種ではなかった。実際私がSIerに入社した当時、残業は多く、非常に強いプレッシャーを受ける仕事であった。ただ、まだソフトウエア技術者は若い人材が中心であり、年齢の近い先輩たちから手取り足取り兄貴のように教えていただいた。IT技術者は1人で黙々と仕事に取り組むイメージがあるが、実は違う。それぞれのプログラムを開発するときは1人でも、それらのプログラムを集めてITシステムとして機能させるにはチーム全員が協力しないといけない。

私が新人のとき、基本的な技術を直接教える勉強会が開かれ、毎朝いろんな先輩が教えてくれた。先輩たちの教えを聞きながら技術を習得していくだけでなく、遊びにも連れて行ってもらいごちそうしてもらうこともあった。非常にアットホームな職場であった。実際の仕事場には新人一人ひとりにインストラクターが付き、実際のITシステム開発を1対1でたたき込まれた。

当時も入社前から通信教育を受講させられ、毎月プログラム演習を提出させられた。さらに、入社直後新人研修が1カ月以上あり、みっちり基礎を教えられている。その後も、全社の委員会活動などに参加して業務と直接関係のないソフトウエア技術の研究などをさせてもらった。技術探求だけでなく、社内のいろいろな人と知り合える場を会社は提供してくれた。入社5年目には、委員会活動の一環で、米国出張にも参加し、当時の最先端技術に触れたものだ。

ここで何を言いたいかというと、SIerは、長期間継続的に、人材育成に積極的に取り組んできていたということだ。ソフトウエア開発の品質と生産性は、それに携わる人材の品質に大きく左右されることをよく理解しているからである。良い人材を集め、入社後も確実に成長するための機会を与えることが大切。適切な人事異動で様々な経験を積ませることも必要である。

ITシステムは、様々な能力をもつ技術者が結集して力を発揮することで、初めて完成させることができる。そのためには、それぞれの社員に合った様々なキャリアを、上司と共に形成していくことが求められる。例えば、IPAが提供している情報処理試験には様々な技術者試験があり、それ以外にもクラウドベンダーなどの各企業が提供している資格試験もある。それらすべてを1人の人間が取得するのは困難である。私が入社した頃からしばらくは、情報処理試験は、二種、一種、特種の三種類しかなく、特種を持てば卒業であった。その後、システムアナリスト、プロジェクトマネジャー、システム監査、データベース、ネットワークなどたくさんの資格試験が生まれた。IT技術者の技術は、時代とともに多様化してきたのである。

昨今では、AI技術者、データサイエンティスト、Webデザイナーなどがあり、ますます技術領域は広がっている。ソフトウエア開発技術も、COBOL言語やJava言語などの多くの言語が存在し、クラウド、あるいはサーバーなどソフトウエアが稼働する環境も多く存在し、その単位に技術の習得を求められている。ITシステムが広がりを見せる中で、様々な関連システムとの調整、ITプロジェクトマネジメント、アジャイルなどマネジメント系の技術も高度化している。

ITシステムを構築するには、そのITシステムの特性に合ったIT技術者の体制をつくることが重要である。そのためには様々な領域で、優秀なIT技術者の育成を常に継続し、かつ目標に向かってIT技術者同士が協力し合う文化を形成する必要がある。

ここで言いたいことは、SIer各社は、学生に人気のない時代から人材を育成して活躍する場を与え、様々な技術に対応する人材を育て、高度な育成プログラムを工夫して築いてきたということである。私自身も管理職になった頃、人材開発部に約3年在籍し、目標管理システムを導入し、様々な研修プログラムを開発した。当時開発した研修プログラムの一部はいまだに残っているようだ。目標管理システムは、ただ目標を設定して確認するだけでなく、社員一人ひとりの業務遂行で身に付けるスキルを上司と社員の間で合意して進めることを優先している。

研修による新たな技術の習得と、現場での実務を通じた育成をバランスよく行うことが肝要である。様々な技術の習得と人材の育成、新技術が次々と生まれる中での人材育成と人材ポートフォリオの見直し、このような様々な仕組みをSIerは、長い年月をかけてつくり上げてきた。

また、働き方改革を進め、IT技術者が働きやすく技術を学び続ける環境を提供していることもSIerの大きな強みである。IT技術者は、待遇面だけではなく技術面での成長ができることも同時に望んでいる。自分の良いところをアピールするようなIT技術者はなかなかいない。まだまだ不十分と思うからこそ、IT技術者は精進し、学び続けるのである。だからと言って、正当に評価されないことに関しては不満をもつのも当然である。評価する側の力量も問われるのである。

SIerはこうした取り組みを長年続けてきた。ユーザー企業が内製化を考える際、こうしたことを理解しないといけない。

ユーザー企業の内製化の重要性は変わるものではない。それどころか、今後のユーザー企業にとって死活問題であると思う。しかし、IT技術者の特性を全く無視しているユーザー企業の採用・育成・評価システムでは、お金による短期的なIT技術者の獲得はできても、継続的な体制維持は不可能であることを認識したうえで対応を考えていく必要がある。

1-5 ユーザー企業のCIOが頼りにするSIer

19 91

ユーザー企業にとっての“先生”であるSIer

これまで述べてきたように、SIerはITシステムにとどまらず、利用する業務そのものに関しても深い知識を有している。ユーザー企業の担当者からすると、業務とITシステムの両方を把握している先生である。

NRIに勤めていた時、当時のCSKがメイン担当のプロジェクトに参加した。そのプロジェクトは、NRIとしては経験のない業界であったので、業務設計支援を通じて業務理解をすることから始めた。全体をいくつかの業務単位に分け、ユーザー企業のメンバーとNRIメンバーが1対1のチームをつくって業務整理を進めた。

先の「要件定義」のパートで説明したように、ユーザー企業のメンバーはそれぞれの業務内容は知っているが、他業務とのつながりや、なぜそのような業務のやり方をしているのか、分からないケースが頻発した。業務内容を理解するには「何をやっているか」より、「何のためにやっているか」を知ることがより重要である。その時、CSKにユーザー企業の業務の全体とITシステムを理解しているキーパーソンがいた（現在、たまたまSCSKで一緒に働いている堀江さんである）。NRIのメンバーは彼のところに日参して業務内容、その目的、なぜそのようなITシステムになったかを聞きに行ったものである。彼にはある意味敵方のメンバーの質問に対して、丁寧に親身に対応していただいた*。

＊ IT技術者は、目先の利害を超え、純粋に頭を下げて教えを請う、同業のIT技術者に寛容だと思う。IT技術者の本質は、真実に真摯に向き合い、ユーザー企業が喜ぶものを作ることだと思う。余談であるが、該当プロジェクトのメンバーは、会社の枠を超えて、毎年幹事会社を引き継ぎながら20年以上年1回の懇親会を続けている。今はコロナ禍で中断しているが、復活に向けて幹事会社のIBMのメンバーが活動している。このような話は特殊なケースではないと思う。

ユーザー企業で稼働するITシステムの本当の理解者は、SIerに多く存在している。ユーザー企業の担当者からすると、業務とITシステムの両方を把握している先生である。私自身、野村証券の仕事をしていた頃、野村證券に入ってきた新人に、業務のこと、ITシステムのことなど、多くのことを教えた。そういうメンバーは、その後も会社を超えてよき先輩・後輩である。

状況はそれぞれ異なると思うが、SIerに頼らないと日々の業務が成り立たない。ユーザー企業のCIOは、そのことをよく理解されていると思う。

20 91
SIerがユーザー企業に提供している価値

ここまで説明してきたように、ユーザー企業のITシステムと業務を実質的に押さえているのはSIerのIT技術者である。SIerは、そのことを認識しているようで正しく理解していないと思う。

SIerのIT技術者は、単にお客様のためにできる限りのことを粛々と提供している。ユーザー企業にとって非常に付加価値の高い仕事であっても、見積金額は必要コストに利益率を上乗せした金額である。それで満足なのである。ユーザー企業から、SIerの提示する人月単価が「高い」と言われることは少なくない。ユーザー企業のCIOは高いと思っていなくても、他部署にIT費用を説明する際、他企業の人月単価と比較されて高い・安いといった話になる。CIOは何とか説明を試みるが社内で理解を得ることは難しい。SIerが提供している価値をCIOは認識しているが、ちゃんとした理屈で、正しい価格で示す慣習がない。結果として、IT技術者の所得水準は米国に比較すると半分しかない。

SIerがユーザー企業にどのような価値を提供しているか、お互いに冷静に評価することが重要である。そして、SIer内のどのメンバーが実質的にITシステムを支えているかを認識する必要がある。そのメンバーはSIerにとっても重要なメンバーであり、次のステージに育てるためにも、現業務から離脱させる圧力が働くはずである。重要な役割を果たしているIT技術者を適切に評価し、そして育てていく。巣立っていくメンバーの次のメンバーを育てていくことは、ユーザー企業・SIer双方にとって重要なことである。

DXを本格的に進め、事業を抜本的に見直すには、ユーザー企業のITシステムと業務をよく理解し、ユーザー企業のために懸命に仕事をするIT技術者を確保することは何をおいても重要である。そうした人材はSIerにいる。

ユーザー企業とSIerは、まずは現実の関係を冷静に見極めることだ。それをしてこそ、次に何をしていくべきかが見えてくる。理想をもつことは重要だが、事実を無視して理想に突き進んでも理想は実現できない。SIerがユーザー企業にどのような価値をもたらしているのか、その価値を具体的に見えるようにしていくことが重要であり、実は、その説明責任を負っているのはSIer自身である。自分の価値を具体的に説明し、適正な価格として示し、その価値を提供し続けることは、SIerの使命である。

第2章 SIerの弱み

2-1 SIer自身のDXが進んでいない

21 91

軽視されるSIer自身のDX

SIer各社が出しているDX戦略は、ユーザー企業のDXに何を提供できるかに注力している。ユーザー企業はデジタル技術を核とした抜本的な事業の見直しが必要だと熱く語り、それを提供できるのは我々SIerだと言っている。経営戦略からITシステムの設計・開発・導入そして、ITシステムの運用まで、全部まとめてパートナーとして任せてくださいというのである。また、SIerにとって、比較的弱い経営戦略のコンサルティングの力量を高めるための買収、あるいはアライアンス戦略を掲げているところが多い。コンサルティング機能が強いSIerが、DX対応能力が高いと評価されていることが背景にあるのだろう。

こうした戦略をすべて否定する気はないが、かなりの違和感を覚える。SIビジネスが今後も続くことにSIer自身が疑問に思っていながら、顧客のDX戦略と共に、自らのSIビジネスを拡大しようとしている。すべての企業がDXの洗礼を受ける。もちろん、SIer自身もDXの影響を受ける。しかも変化の中心であるソフトウエアをなりわいにしているが故に、SIerは抜本的なビジネスの見直しを迫られるはず。にもかかわらず、DXの影響でSIerの事業モデルをどう変革するのか、顧客の状況を分析して方向性を示し、新たな価値を顧客に訴求するようなメッセージを発しているようには見えない。

つまり、「自分自身のDXはどうした」と声を大にして言いたいのである。「紺屋の白ばかま」とはよく言ったものだ。

これまでのITシステムの開発は、「高い（高価）・遅い・柔軟性がない」が当たり前であった。みずほ銀行のようなトラブルを目の当たりにして、やっぱりITシステムはコストより安全と品質を一番で考えないといけないと声高に叫ばれている。

それは本当なのだろうか？　顧客が求めていることは「安全と品質を保持したうえで、早く柔軟に安く」ではないだろうか？　現状の課題を見つめ、これまでの前提条件をデジタル技術の活用で打ち砕き、新たな価値を顧客に示すのがSIerのDXではないだろうか？　SIerこそ、これまでの当たり前を見直すべきだ。デジタル技術を活用し、事業モデルの抜本的な見直しが必要だと私は思う。

そもそも、ユーザー企業の事業モデルの抜本的な見直しなど、SIerあるいはコンサルティングファームにできるはずがない。SIerあるいはコンサルファームができることは、ユーザー企業の経営が必要とする様々な情報（デジタル技術を活用した新しいビジネスモデルの他社事例、重要と思われるIT技術の情報と活用事例、同一業界の他社のDX動向など）の提供である。もちろん、どういう情報を提供するのがユーザー企業にとって有用であるかを考えることが重要である。SIerはITシステムを通してユーザー企業を見てきており、ユーザー企業にとって何が有用な情報なのかを考えることができる。そして、ユーザー企業のITシステムを知り、かつ、IT技術の専門家として、ユーザー企業の経営層との議論に参加する。それがSIerに求められることではないだろうか。

ユーザー企業のDXは、ユーザー企業の経営層が考え抜き、新たな事業モデルを創出する他ない。SIerは情報提供に加え、新たな事業を実行するために必要なデジタル技術を提案する。技術的に難しい場合は、業務の仕方を変え、事業目的を損なわないレベルで実現できる代替案を提案する。その他、新たな事業に向けて既存ITシステムの変革について提案するなど、やるべき活動は目白押しである。論点整理や優先順位付けなど、議論を見える化し、新たな事業モデルの創造に必要な技術支援、IT技術者の提供などを継続的にしていく。これがSIerに求められていること、SIerができることだ。

蛇足ではあるが、私もコンサルティング部門に所属していたことがあり、コンサルティングにとって何が重要なのかは身も持って経験している。ユーザー企業のコンサルティングを実施する際、一番重要なのは、優秀で志の高い、ユーザー企業の役職員を何人か見つけ出すことだ。そのような社員とディスカッションを繰り返しながら、彼ら・彼女らが発言していることをロジカルに分かりやすく整理すると、それはユーザー企業が進むべき方向を示している。答えは顧客の中にある。彼ら・彼女らの議論に専門家として質問を繰り返し、思っていることを引き出していく。それを経営者視点でまとめ、顧客の経営層に訴求していく。コンサルティングとはそんな活動である。もちろん、顧客の属しているマーケットおよび顧客自身の情報を、あらかじめきちんと整理し研究したうえでのことである。

SIerの立場でコンサルタントと一緒に仕事をしたとき、ユーザー企業のITシステムを知り、ユーザー企業の業務をしっかりと理解していることが私の大きな強みであることを認識した。ITシステムはユーザー企業を映し出す鏡であり、マーケットや企業の理念が極めて色濃く刷り込まれている。ユーザー企業の様々な活動がITシステムに反映されているので、ITシステムがなければユーザー企業は仕事ができないのである。

ここで言いたいことは、DXのパートナーに必要なことは、経営コンサルティング機能より、ITシステムを通じてユーザー企業のマーケットやユーザー企業自身を深く理解していることである。IT技術と現状のITシステムを通して、ユーザー企業の今後のあるべき姿をユーザー企業と対等に議論していく。まさに、これからのCIOが担っていくべき機能を支援していくことが肝要だと思うし、そういう役割をユーザー企業はSIerに望んでいるのではないだろうか。

Amazon.com社では、事業責任者、業務担当者、IT技術者の3者が、それぞれの役割を十分認識したうえで、三位一体となって事業開発を行っている。マーケットの中で生き残りをかけて、日夜、事業とそれを実現する業務とITシステムを見直して最適化している。マーケットに見放されれば事業は淘汰されていく。マーケットから支持された事業は発展していくつかの新たな事業を創造し、発展的に分かれていく。そのためには、マーケットニーズに、早く柔軟に対応していくことが求められる。「早く」とは、少なくとも週単位でITシステムを稼働させることであり、可能なら翌日にはITシステムを柔軟に変更して実際に動作できるようにすることだ。このようなソフトウエア開発ができる技術を提供することが、SIerにとって、より本質的な対応ではないだろうか。これまでの日本のソフトウエア開発の常識を一から見直すことが必要だと思う。

ユーザー企業がデジタル技術を自らの競争力の源泉とするならば、自立的に自己責任でITシステムを構築できるようになる必要がある。デジタル人材とデジタル技術の内製化である。これは、従来のSIerが行ってきた受託開発の真逆の考え方だ。少なくともSIerは、これまでのソフトウエア開発での常識を覆す方法を提供する必要がある。ITシステムの丸投げを前提とするのではなく、本当に必要な部分はユーザー企業が内製化することを前提として、ユーザー企業を支援できるようになることが必要だと思う。

はっきり言えば、現状のSIビジネスモデルの否定である。新たなソフトウエア開発技術への変革こそが、SIerのDXの一丁目一番地ではないかと思う。だからこそ、SIerに対して「自分自身のDXはどうした」と言いたいのである。

22 91

SIerのIT部門・経営戦略は非力

SIerのDXを語るなら、SIerのIT部門やCIOを語らねばならないが、彼らの立場はユーザー企業のIT部門・CIO以上に非力である。かつて私がSIerに所属していた際、社内システムの使い勝手が悪い（複数画面で同一項目を入力するのにメニューが違うなどユーザーインターフェースがばらばらだった）とクレームを入れたことがある。担当責任者の回答は「そういうことがちゃんとできるメンバーなら、現場で稼ぎますよ」であった。なるほどである。SIerの社内システムを開発するIT部門は大変である。自分よりできるIT技術者が利用者なのだから。

やや話がそれたが、いったい、SIerのDXは誰が責任を負うのだろうか。私が見る限り、DX戦略の責任者ははっきりしていない。SIerはユーザー企業に対して、「DX戦略には責任者を置くことが極めて重要」と主張している。自己矛盾である。

SIerは法人顧客中心なので、そもそも大規模なITシステムをもっていない。会計・人事・契約管理・取引先管理・派遣社員管理などの一般的なパッケージ活用でかなりの部分は対応できる。SIのビジネスモデルは極めて優れていたため、長い間、SIerの経営戦略はいかに顧客を増やすかを中心に考えられてきた。経営戦略はある意味、マーケット単位につくられた部門の拡大戦略を基本とし、そのサマリーとして策定されていった。もちろん強化すべきマーケットを選定して施策も講じてきている。そのうえで、経営として改めて目標を設定し、各部門に下ろして調整していた。そういう意味では、SIビジネスモデルを前提として経営戦略が考えられてきたといえる。

以下では、SIerの新たな経営戦略を考えるうえで、デジタル技術変革を前提にいくつかの観点で問いを投げかけたい。

①マーケットの観点で考えてみると、これまでは比較的規模の大きな企業を顧客として想定していたが、中小企業や個人を想定しなくていいのか？
②エリアという観点で見ると、これまでは基本的に東京中心（一部大阪などの地方都市もある）の顧客戦略であったが、それでいいのか？
③国という観点で見ると、日本企業の顧客を中心として対応してきたが、日本企業の定義自体が大きく変わる中、日本に閉じた戦略でいいのか？
④コンペティターは大手SIerと考えていたが、昨今の競合会社は大きく変わっていないか、狭い視野での戦略でいいのか。新たな本当の競合は誰か？
⑤ハードウエアベンダーが総崩れの中、顧客のITシステムを構成しているサーバー、ストレージなどの安定的な供給は保証されているのか？
⑥様々なサービスが今後提供されると想定する中、非競争領域を自前のサービスで独自でコストをかけて開発している意味が顧客にあるのか？
⑦米国・欧州・日本の新たなIT企業が、圧倒的なスピードと生産性でソフトウエアを開発していることを目の当たりにして、ソフトウエア製造技術戦略の大幅な見直しが必要ではないのか？
⑧内製化の必要性が叫ばれている中で、SIerは顧客のために何を訴求するべきか？
⑨ITシステムが社会を支えているインフラになる中、人の生命と財産を預かる覚悟が求められている。にもかかわらず、自らの技術の問題を認識せず、バグがあるのは当たり前などというスタンスでいいのか？

SIerの周りでは様々な変化が起きており、それらの問題を整理し、自らの進むべき姿を明確化し、新たな経営戦略を策定し、大変革（DX）を断行する必要がある。断行できる経営戦略を含めた組織を一から見直す必要がある。

2-2 説明責任を果たさない姿勢

23 91

下請け気質と顧客経営との会話の欠如

本節では、SIerの姿勢について触れたい。現在、ユーザー企業の経営者はデジタル技術の重要性を認識しているものの、知識も経験も無く、頼りになる相談相手を求めていることが考えられ、その筆頭候補は自社のITシステムも業務もよく知るSIerである。しかし当のSIerにはそうした姿勢が見られない。デジタル技術の専門家として、ユーザー企業の経営トップと直接コミュニケーションをとっていない。そうした姿勢が大きな問題である。

なぜコミュニケーションをとらないのだろうか。一言で表現すれば「SIerの下請け気質」であるが、もう一つ、ユーザー企業のCIOという存在も大きいと思う。CIOはITシステムを担当する役員であることが多く、CIOの扱われ方を見れば、その企業におけるIT部門の位置付けが分かる。多くのユーザー企業では、CIOは大した権限を持っていない。CIOがITシステムに関わる案件の決裁をもらうのに苦労しているのが実情である。

昔の話になるが、私がSIerに在籍していたとき、ユーザー企業のCIOと来季の契約について合意したにもかかわらず、契約が進まないことがあった。恐らく、経営会議を通すのに躊躇（ちゅうちょ）し、後回しにしているのだろうと予想できた。そこで、在籍していたSIerの社長からユーザー企業の経営トップに訪問アポを入れてもらった。ユーザー企業のトップは個人的にSIerの社長に恩義を感じている方であった。するとCIOから「室脇さん、御社の社長が来るまでに契約をまとめるということですか？」と質問を受けた。「そういう話があるのですね？　そうかもしれませんね」と知らないふりをしたが、その後、契約手続きが進み始めたのである。CIOは重要な立場にいるのだが、これまでは大した権限をもたされず、結果的にIT部門は他の部門から下に見られていた。そのIT部門の取引先であるSIerが、ユーザー企業の中で重要なパートナーと見られるはずもない。SIer自身はそうした立場を把握しており、「SIerの下請け気質」を助長してきた面がある。

だが、時代は変わった。デジタル技術の活用が、ユーザー企業の運命を大きく左右する時代である。SIerからするとユーザー企業は大事な顧客である。顧客が生き残らなければ、重要な顧客資産を失うことになる。顧客がいるから今のSIerは存在している。それも長いお付き合いである。さらに、顧客だけでは既存ITシステム変革するのは困難で、新たなビジネスモデルの構築は難しいことを、SIerはよく理解している。

一方のCIOも、現在のITシステムに大きな課題があることを認識している。デジタル技術を活用するには、現状のIT部門の立場では困難であり、人材も権限も予算も足りないことも理解している。デジタル変革をするとなると、SIer頼みでないと実現できないことは、誰よりも分かっている。

このように書けば誰もが気づくだろう。「SIerにとっては大きなチャンスが来た」と。しかし当のSIerは「下請け気質」が抜けない。本来ならデジタル技術の専門家として、ユーザー企業の経営トップと直接コミュニケーションをとるべきだが、そうしようとはしない。直接コミュニケーションとは世間話ではない、デジタル活用経営に対する悩みを聞き、現状のITシステムを踏まえて今後の方向性について議論することである。当然ユーザー企業から宿題をもらうことになるが、同時にユーザー企業にも宿題を与える、そのようなイコールな関係を構築することが必要なのではないかと思う。

24 91

顧客のITシステム課題を整理する責任を放棄するSIer

ユーザー企業の経営層とイコールな関係を築くには、どうしたらいいのだろうか。この点を掘り下げてみよう。

SIビジネスのモデルは、受託する側にリスクが高いことは既に述べた。それ故に、受託したITプロジェクトのリスクをいかに下げるか、結果的に言えば、いかに顧客にリスクを負わせるかにきゅうきゅうとしてきた。確かに、顧客に負わせるリスクは、本来的には顧客が負うべきリスクに違いない。しかし、このリスクヘッジのスタンスが、下請け根性をつくり上げてきたといえないだろうか。

そろそろ考え方を変えるべきではないだろうか。SIerは、ユーザー企業の大切なITシステムを預かっている。その自覚を持って行動してはどうだろうか。具体的には、SIerが預かっている顧客の現状のITシステムの問題・課題を整理する。そのうえで、顧客のITシステム全体を整理し、当然他のSIer（大企業では複数のSIerが担当しているのが一般的）の協力を得ながら、課題を明らかにしていくことが必要である。ITの専門家として、CIOと共に顧客の経営層に直接説明することが必要だと考える。ユーザー企業の経営を正しく導く説明責任がSIerには求められる。SIerが預かる既存のITシステムの問題・課題をユーザー企業の経営層に分かるように説明し、あるべき姿を共有する。そうした活動をすることで、初めて真のパートナーとして認められるのではないだろうか。

既存ITシステムの維持管理に、ITコストの8割かかっていることを厳粛に受け止める必要がある。そのコストがSIerの安定的な収益になっている。だからといって、既存ITシステムの変革が、自らの売り上げを中長期的に減らすことにつながるという短期的な思考は、ユーザー企業の今後を考えるとSIerのエゴイズムと言わざるを得ない。現状の既存ITシステムを維持するためのコストが、本来ユーザー企業が許容できる範囲を大きく上回っていると考える方が妥当である。あるべき水準に一刻も早く戻すとともに、早く柔軟に安全に安くITサービスを提供できるようにすべきだと思う。

いずれにしても、割高なコストを払っていると思われている限り、真のパートナーになれるはずもない。現状の高いコストの理由を明確に示すとともに、対応策と今後の目指すべき明るい未来を顧客と共につくっていくことが求められている。SIerがユーザー企業に対して説明責任を果たし、事実を共有し、SIerとユーザー企業の双方の問題を明らかにすることが必要である。

2-3 SIビジネスモデルの崩壊

25 91

労働集約型ビジネスの弱み1　部品化の実情

SIビジネスモデルは、日本の文化・風習に根差した非常に優れたビジネスモデルである。この無敵ともいえるビジネスモデルは、半世紀の間に育まれ、SIerの社員全員に骨の髄まで染み込んでいる。そのビジネス

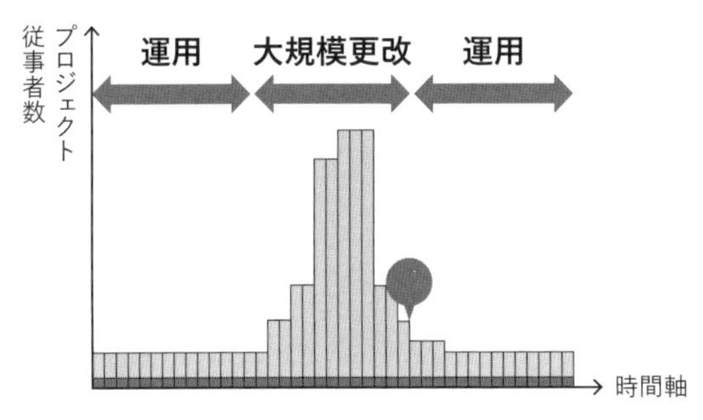

図表2-1
出所：経産省「DXレポート2」

モデルが曲がり角に来ており、強みが弱みに変わろうとしている。

ITシステムの開発が進むと多くのIT技術者が必要になり、プログラム開発時にピークを迎え、徐々に減少していく（**図表2-1**）。このIT技術者数の変化に対応するのが非常に難しい。逆に言うと、このIT技術者数の増減幅を小さくすることができれば、ユーザー企業はSIerに頼らなくてもよくなる。必要とされるIT技術者数が平準化できるなら、ユーザー企業はIT技術者を直接雇用し、人件費を流動費化する必要もなく、ITシステムの内製化もできる。そうなれば、ITシステムを細部にわたって内容を理解することも可能となる。

どうすればIT技術者数の増減幅を小さくできるかはこの後触れるとして、そうなったときのSIerがどうなるのかを説明しよう。ユーザー企業がSIerに求めるのは、新たな技術の提供あるいは自社に足りない技術の提供が主となる（それらの技術も必要と判断すれば、自社でできるように自社のIT技術者を育成していくことになる）。はっきり言えば、高度なIT技術者だけ必要になる。SIerのビジネスは、大量のプログラム開発技術者を提供することで生まれる費用が大きければ大きいほどもうかる仕組みなので、高度なIT技術者だけの提供では、ビジネスとしては成り立たなくなる。

分かりやすく言えば、SIビジネスモデルは、労働集約型の手工業ビジネスを前提としているのである。その労働集約型の手工業ビジネスは、他産業では、近代化の過程でことごとく変革されビジネスモデルの変更を余儀なくされている。例えば、建築業界では、かつて、様々な力仕事を請け負う日雇い労働者を大量に投入して土木建築を進めていた。しかし、様々な活動プロセスが標準化され、その活動プロセスに合わせた様々な重機あるいは個別作業の機器類が開発され、いわゆる力作業はすべて機械に置き換わっている。土木・建築現場は、非常に少ない人数（重機のオペレーターなどの技術を習得した職人しかいない）で実施されている。

ちょうど、私の部屋から大規模ビルの構築プロジェクトが見える。元あった建造物の破壊から区画整備、そして、新たなビルの基礎工事まで、日々観察している。ある日のこと、初めて見る重機が投入され、利用され、回収されていた。恐らくその重機は様々な現場で使い回されていると思われる。当然、重機にまつわる段取りや作業は標準化されているはずだ。そうでないと、様々な現場で重機を使い回すことはできない。標準化していなければ特注品となり、そんな特注品重機を開発していてはとてもじゃないが採算が取れなくなる。重機だけでなく、柱や壁などのあらゆる部位が標準化した部品として使われている。標準化されれば工場で生産でき、品質も安定し、建築現場での工期も短縮される。当然、同一部品を大量に作ることになるのでコストも削減される。部品の標準化が進むことで、コストと品質が飛躍的に向上し、同時に作業工程も標準化されて組み立てる重機も標準化されて供給されるようになる。この活動を進化させていくことが、いわゆる「カイゼン」活動でありQC活動である。

そう、IT技術者数の増減幅を小さくするには、ソフトウエア開発技術にまつわる多くのことを標準化すればいい。開発プロセスやソフトウエア部品を標準化すれば、ITシステムの開発に既存のソフトウエア部品を利用できるようになり、新たに開発するプログラムを大幅に削減できる。もちろん既存ソフトウエア部品だけでITシステムが構築できるわけではなく、不足部分は手作りする必要はあるが、開発量を極小化できるので、IT技術者の増減を緩やかにすることが可能となる。そのようなソフトウエア開発技術を基本としたITシステムの開発になれば、ユーザー企業はITシステムの中身を十分に手の内にでき、結果SIerに責任転嫁することなく自らの責任でITシステムを開発できることになる。

例えば自動車産業では、ねじのオスメスの標準化にはじまり、多くの部品を標準化することで、それらを統合してエンジンそのものも部品化している。最終的な組立工場では、各部品工場から納品された部品の組み立てを行い、部品間の接続パターンごとにテストし、品質確認したうえで、出荷している。当然のことながら部品間の接続パターンはすべてチェックされるが、部品自体の品質チェックは、ベーシックな機能以外は行わない。部品の品質保証は、あくまで各部品工場側が責任をもつことになる。部品の機能統合が進めば、組立工程も減少し、製造ラインが短縮され、部品の接続パターンも減少し、検収の負荷が減少する。従って、作業工程そのものが減少するため、結果的に品質も向上し、納期も短くなり、結果コストも減少する。さらに多くの自動車で部品を共有すること（部品の標準化）ができれば、部品の大量生産が可能となり、コストがさらに削減される。

これは製造業の話だが、ソフトウエアも同じである。部品化が進む前提として標準化が必要である。ソフトウエア開発の近代化（労働集約型の手工業からの脱出）を進めるカギは、標準化、そして部品化にある。

部品化について考えてみよう。まず、部品化するための前提条件は、入力情報と出力情報と部品の仕様が標準化されることである。ねじを例として説明すると、ねじ穴とねじが一致しないと意味がない。ねじというアウトプットとそれを入力するねじ穴が標準化されていることが必要である。また、ねじはドライバーでねじを締めることができる。そのためには、ドライバーの先がねじ穴と一致していないと締めることができない。すなわち、ねじの入力情報の標準化が必要だということである。さらに、ねじの強度も重要である。ねじを使う部分にかかる強度の仕様がないと、その部品が適格かどうかを判断できない。

ソフトウエアの部品化はそれなりに進めてきている。日本の一般的な開発方式（旧来型開発方式という）においても、サブルーチンと言われるソフトウエア部品としてたくさん提供されてきた。例えば、利息計算サブルーチンは、購入日と利率、利息応当日などのパラメーターを計算が必要なプログラムから引数（計算に必要な数値）をもらって、利息計算結果を（サブルーチンを利用した）プログラムに戻す機能をもつ。このような演算処理の共通化がサブルーチンと呼ばれるソフトウエア部品である。また、カレンダールーチンと呼ばれるサブルーチンは、例えば給料支払日が25日の場合、カレンダールーチンに2022年9月25日をセットし、休日であれば前営業日を返すパターンを指定すると2022年9月22日を返してくれる。このように年1回（秋分の日、春分の日、あるいは新たな休日が制定されるなど休日は毎年変化する）カレンダーを更新すれば、対応できる機能もサブルーチンが利用されている。

26 91
労働集約型ビジネスの弱み2
部品化できない理由はデータベース

しかしながら旧来型開発方式では、部品化の範囲が限定的と言わざるを得ない。例えば、インターネットの会員登録画面を考えてみよう。読者の皆さんもいろいろな会員になるときに経験していると思うが、入力項目はほとんど同じで、郵便番号から住所を自動表示するとか、生年月日がありえない日にち（2月30日）であればエラーにするなどのチェック機能もほぼ同じである。ほぼ同じにもかかわらず、基本的には部品は使わず、すべて一からプログラムを手作りしている。もちろん、類似プログラムをコピーして修正するなどの方法を採用していると思うが、新たに作ったプログラムである以上、念入りなテストが必要になる。非常に似ている機能なのにいろんなところでIT技術者が手作りしている。ある意味無駄な作業であり、だから大量のIT技術者が必要になるともいえる。

似ている機能を一から作り直すという作業は、ソフトウエア開発の現場では山ほど起こっている。いわゆるモディファイ新規と言われるものである。このモディファイが恐ろしい。確かに早く作れるメリットがある。似たプログラムを今回の機能に合わせるように修正して作るからである。ところが、元のプログラムには今回と関係のない機能が多く含まれている。それら関係ない機能はきれいに削除するべきであるが、手間がかかるので、そのまま残される。その機能を使うようなデータは来ないので、当面は問題になることはない。こうして、意味不明の無駄な部位を持ったプログラムが出来上がる。そのプログラムを作った人であっても、どのようにプログラムを作ったかを年月がたつと忘れてしまう。そのプログラムを後から見た人は無駄な部位なのか必要な部位なのか分からない。このような積み重ねによってITシステムのスパゲティ化が進み、負債となるのである。

では、なぜこのような無駄な作業をソフトウエア開発では行っているかを考えてみよう。入力した情報はデータベースに格納する。出力する情報もデータベースから取り出す。つまり、データベースが共通であれば部品化が可能となる。しかし残念ながら、データベースはユーザー企業（あるいはユーザー企業の中でもITシステムによっても）ごとにばら

A社入力画面

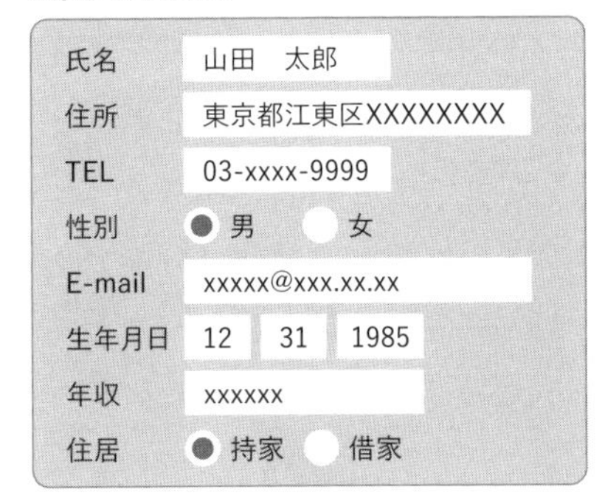

B社入力画面

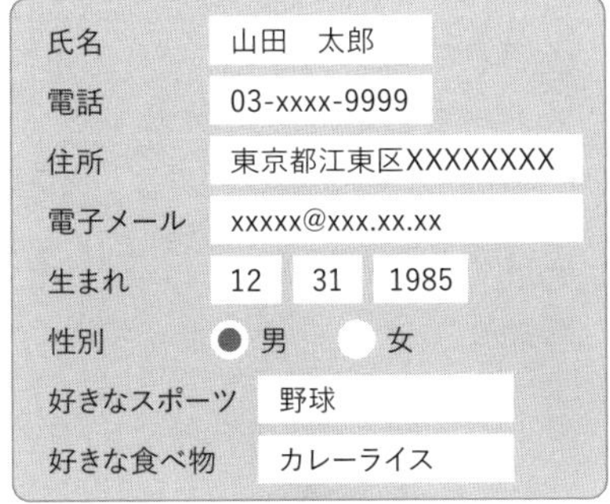

確認画面

確認画面

図表2-2
出所：著者

ばらである。データベースが同一であるというのは、同じデータベースサービスを使うという意味ではない。氏名、住所、電話番号、生年月日などのすべてのデータ項目の順番、データ項目の長さ、データ項目の名前などが一致するということだ。

実際はばらばらで、例えば「氏名」の場合、姓と名を一括して1つの項目に入れている場合があれば、姓と名を別々の項目にしている場合もある。また、項目名も「ナマエ」「氏名」「名前」「ネーム」などいろいろで、さらにアルファベット、ハングルなどの海外の名前に対応しているケースではデータベースの構造も異なり、項目の順番あるいは長さなどについては、全く異なっている。加えてデータベースには、例えばスポーツクラブの会員管理ではスポーツの経験の有無など、業種ごとの独自のデータ項目も同じデータベースに存在する（**図表2-2**）。

これでは、データベースで管理しているデータを使う処理は部品化できないことになり、実際、プログラムの多くは、データベースのデータを直接参照・更新している。では、ソフトウエアを部品化することは夢のまた夢かというと、そうではない。ソフトウエアの部品化は可能である。

部品化できない理由は、現状のデータベースを前提にしているからである。現状のデータベースは、たくさんのデータ項目を一元的に管理している。それを変えればいい。そもそも、たくさんのデータ項目を一元的に管理する必要性はほとんどないのである。

「何を言い出すのか」と感じている方も多いと思うが、冷静に考えてみてほしい。例えば、氏名と住所は一元的に管理する必要があるのか。氏名が変わっても住所は変わらないケースは普通である。結婚してパートナーの名字が変わったとしても、パートナーの住まいで結婚生活を始めればパートナーの住所は変わらない。その場合当人は、氏名は変わらないが住所は変更される。氏名と住所はそもそも独立事象であり、必ずしも一元的に管理して整合性をとる必要はない。電話番号や性別など、必要なデータ項目のほとんどは独立事象であり一元的に管理する必要は必ずしもない。

実際、バルト三国のエストニアでは、住所・氏名・電話番号などを国民ごとに別々にデータ管理している。また、民間に必要なデータ項目あるいは必要なデータ項目の一部を提供している。例えば、エストニアの首都タリンでは、タリン市民であれば、公共交通機関が無料である。バスに乗車するとき、IDカードをかざすと国のITシステムに接続され、住所のデータを提供するのではなく、タリン市民か否かを提供している。つまり、国が管理しているデータの中から必要な最低限の情報のみを提供している。データベースも、データ項目を最小限に必要なデータ項目に分離しているので、標準化されソフトウエアの部品化も進んでいる。

個人的な話であるが、最近、30年住んでいた一戸建て（三階建て）から、セキュリティーがしっかりして暖かく涼しい駅近マンション（ワンフロアーだからとても楽）に引っ越した。生活は随分楽になったが、住所変更は非常に骨が折れた。特に厳密な管理をする金融機関などは大変である。ネットでできればいいのだが、いまだに紙の変更届を要求されるケースもあった。ひどいところは、住所変更中はネットからの取引ができないなど想像を絶する事態に直面した。30近い変更処理をしながらも、かかりつけの歯医者さんから電話がつながらないと診察時に指摘され、住所変更漏れが新たに判明したりしている。公的手続きも、住民票を移し、新たな住民票を作成してもらい、地元の警察に行って免許証の住所変更手続きをする必要があった。写真入りの身分証明書は運転免許証なので、様々な手続きに運転免許証の表裏のコピーが必要である。まだまだ道半ばである。こんな作業が日本の国の生産性を落としているのである。エストニアであれば、国が管理している住所をオンラインで変更すれば、すべてが変わる。住所管理の仕組みは、国に一つしかない。共通の部品を通り越して、共通のサービス、いわゆるエコシステムとなっている。郵便番号の変更あるいは町名の変更など住所に関する様々な修正は、このエコシステムだけを直せばいいのである。日本であれば、住所を管理しているすべての組織（国だけでも、年金、住民台帳、免許証などたくさんある。さらに金融機関など民間企業にも個別管理している台帳があふれている）が対応を迫られるのである。

長々と説明したが、ソフトウエアの部品化を進めるには、巨大なデータベースを前提としないソフトウエア開発に変革すれば可能になる。これが私の結論である。そうすれば、部品化が可能になり、無駄なITシステムと無駄な作業を劇的に無くしてくれるのである。「巨大データベースこそが諸悪の根源」なのである。

27 91

労働集約型ビジネスの弱み3 巨大データベースを前提としている理由

ではなぜ、巨大なデータベースを前提としたITシステム開発をこれまで、あるいは現在も続けているかを考えてみたい。そもそも私が入社した当時、データベースという考え方が世の中に出始めた頃であった。ちょうど金融機関は第二次オンラインシステムのリリースが始まった頃であった。当時、データベースを格納するディスク装置の容量が大きくなり、価格も実装できるレベルにハードウエアが進歩したのである。それまで、大量のデータを扱うのは磁気テープであった。例えば、銀行の顧客の預金残高を知るには、磁気テープを読んで、紙に出して届ける（あるいはファックスで送信する）業務処理であった。また、コンピューターの処理能力も低く、例えば金融機関のITシステムでは、顧客口座情報の新規登録、住所変更などの顧客口座の情報変更処理、入金処理などの様々な顧客処理を、1日1回一括して行っていた。いわゆるバッチ処理である。情報の更新はせいぜい翌日で、翌週、翌月に更新されるものもあった。

バッチ処理からオンライン処理に移行したのは、ハードウエアの大きな進歩があったからだが、ディスク装置を活用するにも制約条件があった。ディスク装置は、簡単に言えばレコード盤が複数枚縦に並んで円筒形になっている。レコード盤単位にデータを読み書きする針が付いている。レコード盤が高速に回転し、針をレコード盤に接触させてそこに格納されたデータを読んだり書いたりしているのである。お分かりのように、格納されたデータを読むには、データの格納されているレコード盤を特定し、そのレコードのデータ格納領域に針を移動させる必要がある。この時間をシークタイムという。

つまり、ディスク装置にデータを読み込んだり、書き込んだりするには、コンピューターの計算装置と比較すると非常に時間がかかる。そのため、データベースの数とアクセス数をとにかく絞り込む必要がある。ということは、データ項目を物理的に分けると、1つの処理を行うのに何度もディスク装置にアクセスすることになり、1つのデータ処理に物理的に時間がかかることになる。オンライン処理では一般的に、入力して処理を完結するまでの時間は3秒程度といわれる。この3秒の待ち時間であれば、利用者がストレスなくITシステムを利用できるのである。ここまで説明するとお分かりかと思うが、ハードウエアの制約のために巨大データベースを真ん中に据え、その巨大なデータベースから大量のデータ項目を読み込み、一括して様々な機能（本来は別々に処理できる機能）が稼働しているのである。アクセス数を最小化するためである。

現在はメモリーも巨大化（インメモリーデータベース）し、ディスク装置もメモリーの活用により高速化が進んでいる。さらに、ネットワークも携帯電話で動画を鑑賞するレベルになっている。これは、飛躍的な伝送容量の拡大を示しており、外部サービスの活用に何のストレスも感じることなく活用できるようになっている。要するに、巨大なデータベースにこだわる理由は既に無くなっている。

ただ、この事実は、既存のIT技術者には衝撃的である。なぜならITシステムの設計の基本はデータベース設計にあるからだ。データベースを否定すると、どうやってITシステムのアーキテクチャー（ITシステムの構造設計とでもいえる）を決定するのか途方に暮れるIT技術者が多いと思う。ITシステムの構造そのものが大きく変わる局面に今直面していると認識すべきなのである。既に欧米・中国・東南アジアの多くの国が、新たなアーキテクチャーに基づくITシステムに移行している。あるいは、移行し始めている。日本でも、メルカリ、freee、マネーフォワードなどの企業は、全面的に新たなアーキテクチャーを前提にITシステムを設計・開発している。その他一部先進企業でも、新たなアーキテクチャーへの挑戦が始まっている。

データベースが標準化されれば、ソフトウエアの部品化は可能になる。技術的には十分可能な状況になっている。

ソフトウエア部品の活用により、新たに開発するプログラム量は劇的に減少することになる。さらに、ハードウエアと違い部品の製造コストは発生せず、部品の品質も保証され、在庫も抱える必要がないため、部品化の効果は、ハードウエアと比較すると雲泥の差となる。結果、IT技術者の大量投入の必要もなく、安定的で計画的に、ユーザー企業においてITシステムの開発が可能となる。これは、SIビジネスモデルの最も強力な強みであるユーザー企業の人件費の流動費化と、ユーザー企業のITプロジェクトの完遂責任の肩代わりの機能が必要なくなることを示している。残るIT技術の提供だけでは、SIビジネスモデルのうまみである大量IT技術者投入は必要なくなりビジネスとしても成り立たなくなる。

強力なSIビジネスモデルは、着実に確実に失われることになる。さて、どうするSIer。「すべての日本の企業が変われるわけがない。多くの企業は今のままだ。我々は安泰だ」。そんな声が聞こえる。それが、良識あるIT技術者の本音だろうか。途方に暮れて立ち止まって思考停止に陥っているだけではないのか。

いずれにしても、ソフトウエア開発技術の抜本的改革を進めない企業は、非常に高いコストと使い勝手の悪いITシステムを使い続けることになり、デジタル技術の活用もできず、競争力を失っていく。それこそ崖から落ちることになり、企業の命運は尽きる。その時、顧客と共にSIerが継続的に得ていた収入も一気に消滅する。いくつかの優良な顧客が少しずつ崖から落ちていくと、太い手綱で結ばれたSIerは、急に加速度的に崖から転がり落ちていくことになる。

28 91

個別企業へのオーダーメード提供ビジネスの極小化

大企業のITシステムは、オーダーメードのITシステムで、同一業界であってもITシステムは別ものである。なぜオーダーメードなのかといえば、手作業で行われていた業務をITシステム化することによる業務効率の効果は絶大だったので、それ以前の業務のままITシステム化することに何の疑いも持たなかったからである。しかも様々な業務をITシステムに置き換えて業務効率を図ることが差別化の源泉となっていたので、個別にITシステム化を進め、競争力を高めていった。これらは基幹系と呼ばれるITシステムである。ところが今は、各企業が一通りの業務をITシステム化してしまい、既存業務をITシステムに置き換えるビジネスはほとんど無くなったといっていいだろう。

そのため、基幹系システムは競争力の源泉から非競争領域に大きく変わってしまった。ならば各社の基幹系システムを共通化すればいいという意見もある。それは簡単ではないが、非競争領域のITシステムの共通化は避けては通れない道である。実際、会計領域などは、SAPなどのサービスの活用が製造業を中心に広がっている。会計処理ルール自体が国際的に統一する方向である今日、この領域の共通化は進まざるを得ない。そしてSAPは、会計処理はあらゆる業務との接続が発生する領域であることを活用し、他の業務領域の親和性を強調し、会計処理以外の業務領域にも触手を伸ばしている。SAP対応は、SIerに短期的な収益をもたらすが、最終的にはSAPの担当領域の保守事業あるいはクラウド化に伴うITシステムの運用領域も失うことになる。

SIerの人のよさには驚きを禁じ得ないが、確実に担当領域を失っている。共通領域が拡大することは、合併で言うところの担当ITシステムを失うことと同じである。合併では2分の1の確率で生き残れるが、共通化で生き残れるのは業界ごとにせいぜい2から3程度であろう。確率的には、失う方が圧倒的に高い。

サービス提供競争に勝ち抜くとマーケットの大半を押さえることになるが、生き残るには、コスト・スピード・対応力のすべての観点で他社を上回る必要がある。さらに、強みである業務を含めたITシステムの提供という新しいポジション（言われたものを作るのではなく、業務を含めて何を作るかから責任を負うことになる）での対応が必須になる。コストを自ら負担し、先行投資で共通領域のサービス型ビジネスに対応する能力も必要となる。

いずれにしても、非競争領域のサービス化への取り組み遅れが取り返しのつかない弱点となると想定される。この競争に負けることは、自分たちの顧客からの安定的な売り上げを丸々失うことになるからである。

29 91
うまくいかないシステム統合

既にあるITシステムを共通化するということは、ある意味ITシステムを統合することである。システム統合すれば大幅なコスト削減が図れるのだが、どれか1つを選ぶのは難しいし、各システムのいいところ取りなどをしているといつまでたっても仕様を統一できず失敗する。それは過去のシステム統合事例を見ればよく分かる。

関連する話として、ITシステムの統合について説明する。システム統合がうまくいくかいかないかは、ITシステムの先進性や機能性とは関係がない。これはシステム統合に限らず、基幹系システムの全面移管の際にも参考なるので、ここで話しておきたい。

三菱銀行とUFJ銀行、住友銀行と三井銀行は、システム統合を成功させた。JALとJASも成功した。これらの案件には重要な共通点がある。

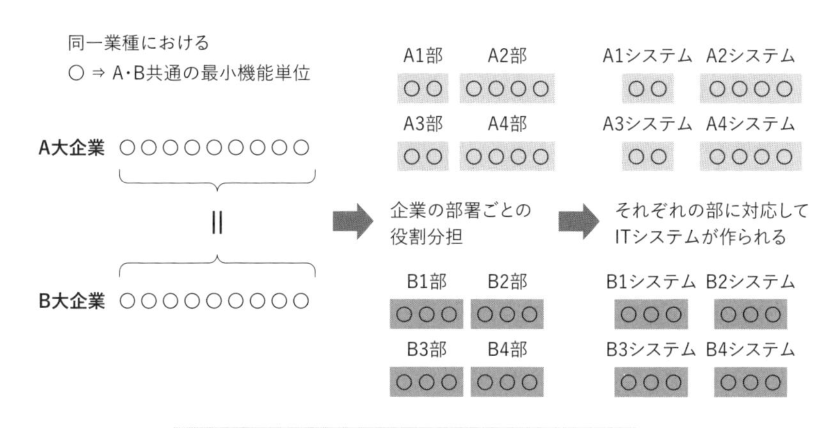

図表2-3
出所：著者

それは、片寄せ方式。すなわち、一方のITシステムに合わせる方法である。

三菱とUFJのケースの場合、プロの見立てでは、ITシステムはUFJの方が進んでいるとの話をよく耳にしていたし、外部から見ていた私の個人的な印象もそのように感じていた。だが、三菱のITシステムに片寄せしたのは正解だったと思う。

図表2-3を参照していただきたい。このように大企業は、同じ業界であっても組織構成が異なり、組織に最適化したITシステムが機能分割される。そのため、それぞれの分割されたITシステムを比較すると、全く異なるITシステムになる。当然のことながら、従業員レベルでの役割分担も大きく異なり、業務フローも全く異なったものになる。

分かりやすい例を示そう。損保業界では、自動車事故の対応を行う業務が非常に重要である。その対応方式に、専任者で対応を基本とする会社とチームでの対応を基本とする会社がある。これは会社の文化の違いである。専任者対応方式は、事故を起こした顧客に担当者を設定し、すべての処理が終了するまでその担当者が親身になって対応する方式である。ただ、担当者と顧客の相性の問題（顧客が精神的に弱っているため表面化しやすい）や担当者が休暇の場合の対応など課題は残る。チームで対応する場合は、基本的な情報はチームで共有され、いつでも変わらないレベルのサービスを提供できるが、顧客からは、自分自身を理解してもらっているなどの深いレベルでの情報の共有は難しいと感じる。一長一短なのである。

この2つ方式のITシステムは大きく異なる。チーム対応の場合、情報共有の仕組みが重要になってくる。どのような情報を共有すべきかの議論が非常に重要な話になる。顧客の状態をチーム全体で把握し、対応方法の共有も必要になる。個別型の場合は、顧客からの情報については、個々のケースにおいてかなり異なるため、情報の登録は自由度が高いものが求められる。また、顧客の対応状況については、直属のマネジャーと共有できれば十分である。個々の担当者の対応能力は、責任がはっきりしているため計測もしやすくマネジメントもしやすい。

このように、ITシステムの仕様は大きく異なるだけでなく、企業規模が大きくなれば組織が分離し、業務処理も組織ごとに分割され業務処理も変わっていくので、ITシステムも変化していかざるを得ないのである。まさにエントロピーは増大するのである。規模が大きくなればなるほどITシステム・業務処理が乱雑（ばらばら）になるのは、宇宙の原理原則なのである。

統合の時に重要になるのは、ITシステムのばらばらより、業務処理のばらばらである。業務処理がばらばらということは、ITシステムを利用する人は、教育をしっかりしない限り、他方のITシステムを利用することは不可能であるということになる。利用するには、大変な時間をかけて教育する必要がある。規模の大きなITシステムの操作マニュアルは膨大なものになる。マニュアル何冊にもなる業務を全員が業務に使えるレベルにまで理解するのは大変な労力と時間が必要になる。現業務を抱えたままこの教育をすることは不可能である。

だから片寄せなのだ。半数以上の従業員は業務が変わらないので、教育の必要はない。また、新たな業務になる支店に、業務の変わらない支店から業務のベテランを何人か派遣すれば、実業務の中で業務指導できるので1週間もすれば自立できるようになる。ITシステム側から見ると、社員のITシステムリリース時のトラブルの問い合わせで、業務処理の問題かITシステムの問題かを切り分けるのは大変な仕事になるが、ベテラン社員がいれば、業務の問題は支店側で対応ができる。ITシステムの問題だけが問い合わせとしてIT部門に伝達されることになり、対応が非常にしやすくなる。

ITシステムの統合は、業務処理の統合でもある。ここがキーポイントである。ITシステムの移行より、人の移行の方が難しい。ITシステムの移行要件は一律に決まるが、人の移行のレベルを合わせるのは不可能なのである。

全く新しいITシステムに移行する場合、ITシステムの移行だけでなく、ITシステムを利用する人のスキル移行が極めて重要である。一度に全面的に新たなITシステムに移行すると大きな問題を起こす。従って、数カ所の支店を先行的にリリースし、IT技術者そして本社の業務担当者を支店に派遣し、その場で問い合わせ対応を行い、ITシステムの問題点を吸い上げる。数カ所の支店なので、10件20件の問題が出たとしても対応が可能である。全社一斉リリースであればその100倍の対応が物理的に発生する。現状のITシステムの作り方だと必ずバグが発生する。そして、バグ対応は当然だが、業務上の問い合わせが多い事項は、業務マニュアルの見直し、リリース時での注意事項として、次回リリース時に間に合うような対応をする必要がある。この後も10から20の支店を対象に、リリースを行うなど、難易度に合わせた段階的なリリースが必要になる。

統合処理のように全面的に移行せざるを得ない場合は、片寄せをするのが大原則である。せっかく新たなITシステムを構築するのだからといって、様々な機能を付加すると、正解を知らない人しかいないので現場が大混乱を起こし、オペレーションミスが頻発して想定外の事態を招くことになる。

片寄せ以外の方法としては、いいとこ取りをするように新たな業務仕様を決めることになる。だがこの場合、統合方針がなかなか決まらず、仕様を統一するのに長い時間を要する。合併日時が決定していれば、要件不十分な状況での見切り発車につながり、他業務との連携部分などに齟齬（そご）が発生し、トラブルを招くことになる。そもそも、大企業は横の連携がうまくいかないのが普通である。大規模ITシステムの各機能を矛盾なく定義することは、双方の意見が対立するような状況では不可能である。片寄せの要件定義は簡単である。基本極力合わせるという方針を掲げればいいのである。この場合、合わせてもらう方が基本的に立場も強く、意見を通しやすい。また、既存仕様なので大規模であっても、そもそも機能間の矛盾はない。

片寄せしない統合は、特に他業務との接続で致命的な問題が発生し、正しく開発したITシステムの部分も業務が混乱し、業務部門もIT部門も双方が大混乱となる致命的なトラブルとなる。このトラブルの真の責任者は、実はIT部門の責任者ではない。そもそも間違った仕様のITシステムを開発していることが問題である。それは、会社のことより自分の業務を変えたくない様々な現場社員が抵抗勢力になり、要件を両社の最大公約数的にしかも不十分に定義したことにある。もっと言えば、統合に関しての基本方針を明確にしない経営の問題であり、統合を成功させるために顧客に正しく進言しないSIerの罪も大きいと思う。この時SIer自身も生き残りをかけた戦いになる。統合すればITシステムが1

つになるわけであるから、SIer同士の椅子取りゲームが繰り広げられるのである。SIer自身のビジネスを優先して顧客に対して適切な助言をするという基本的なスタンスを忘れていたのではないだろうか。

ただし、片寄せをすれば統合が成功するわけではない。片寄せは統合の必要条件の一つである。

2-4 成長のジレンマ

30 91

既存ITシステムの改革を避けるSIerの本音

ランザビジネスがIT費用全体に占める割合はおよそ80%を占めている（**図表2-4**）。特に基幹系システムの負担が大きい。基幹系システムは企業の命を支えているITシステムなので、一切手を抜くことができない。米国ではランザビジネス費用が60%を超え始めると技術的負債と呼び、改善を始めている。もう5年も前の話である。日本は80%だが改善する兆しがない。これはコストだけの問題ではなく、ITの対応力（スピードと柔軟性）と信頼性に関わる重大な課題である。

この話をSIerの視点で語るとこうなる。SIerの売り上げの80%は、顧客のランザビジネス対応の売り上げとして保証されている。さらに、バリューアップビジネスを行うには、既存のITシステムの改修も必要になる。つまり、バリューアップビジネスのIT費用のそれなりの金額を既存システムが占めることになる。そう考えると、少なくとも90%程度の売り上げが保証されていることになる。バリューアップビジネスのそれなりの部分は、業務をよく知っている安心感のあるSIerに回ってくるとの期待もある。

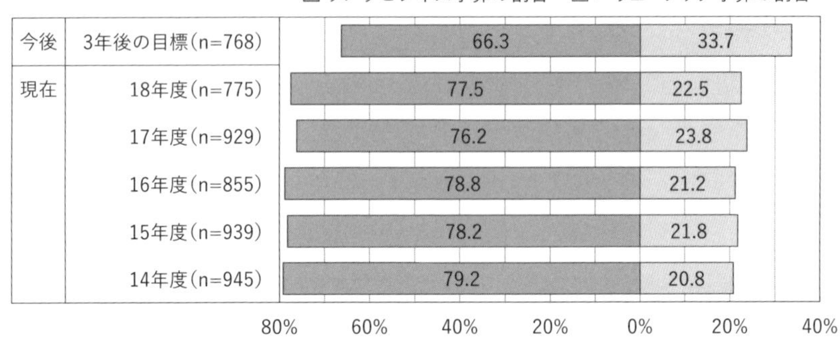

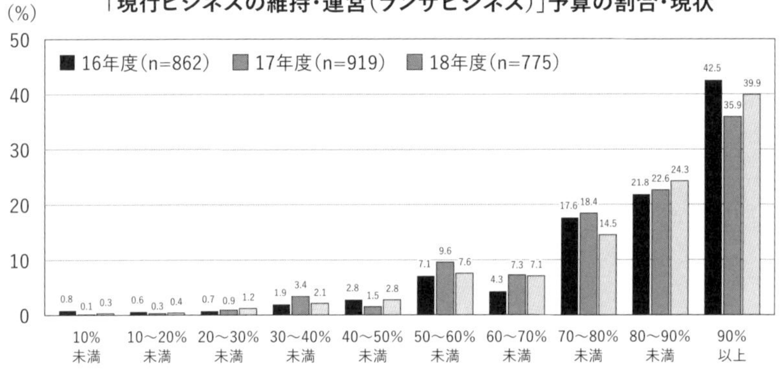

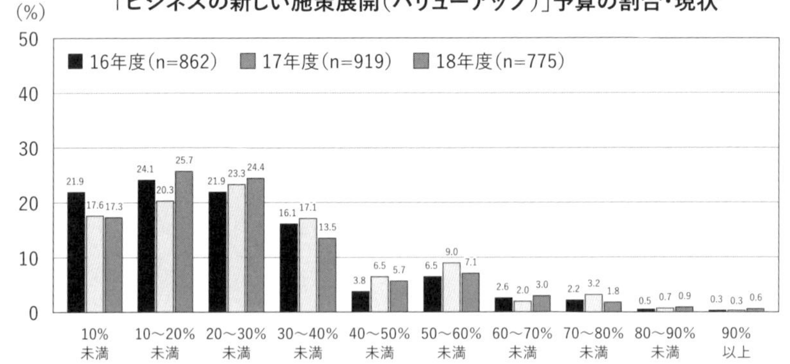

図表2-4
出所：『企業IT動向調査報告書 2019』

IT費用は、デジタル化を進めていくうえで重要な経営指標であるため、全体としては基本順調に増加している。事実としてランザビジネスの割合は80%が継続しているわけであるから、ランザビジネスの売り上げも順調に伸びていることになる。

何が言いたいかというと、何もしなくてもSIerの売り上げは順調に増加していくのである。こんなうまい話が長く続くと思えないが、この30年以上基本的に右肩上がりなのである。

顧客の人件費の流動費化への対応で苦しんできたこの業界は、常に人不足の状態が生じる確率が高くなるように本能的に活動している。なぜなら余剰人員のコストはそのまま利益を押し下げるからである。そのため、人の採用に関しては、保守的になりがちである。従って、新しい仕事は、競争の中ではあるが、必然的にその時点で開発能力に余裕のあるところに回るという構造がこの業界にはある。

SIerのビジネス面からすると、ランザビジネス80%は大いに結構なのである。これが、SIerの幹部が、ほぼ無意識のうちに既存ITシステムの改革、既存ITシステムの共通化を避けている非常に大きな理由なのではないかと私は思っている。SIerは何のために存在しているのか、誰のために存在しているのか。顧客のためにも自分のためにも、この根源的な問いをいま一度自分自身に問いかける必要があると思う。

31 91
既存ITシステム改革への恐怖

既存ITシステムの問題をユーザー企業以上に理解しているのはSIerである。ところが、その問題をユーザー企業に説明し、対策をとろうとはしない。ではなぜ、SIerのIT技術者たちは口を閉ざしているのだろうか。その答えはこうだ。問題を説明した後に「では、どうすればいい」

と問われても答えられないからである。つまり、既存ITシステムの変革をどのように行えばいいのか分からないのだ。

IPAが平成29年に出したレポート「システム再構築を成功に導くユーザガイド」には、既存ITシステムの再構築はコスト負担が大きく、リスクも高いことが明記されている。ケーススタディーとして、オンラインシステム部分は再構築し、バッチシステム部分は異なるプログラム言語に変換して作り直す（リライト）ケースを説明している。

リライトとは、プログラムをそのまま違う言語で作り直すことを指す。例えば、COBOL言語で作られたITシステムをJava言語でそのまま作り直すような場合である。Javaはオブジェクト指向言語であり、COBOLのような手続き型とはまるで異なる言語である。それなのにあえて、JavaをCOBOLのように利用するのである。COBOL自体のサポートが無くなるとか、COBOL技術者がいなくなるケースで行われる。こうしたことを実現するために、バッチシステムを前提にしていないJavaでバッチシステムを作れるような技術研究をしているのである。

だが、これは本末転倒である。Javaを使ってCOBOLのようにプログラミングすると、Javaの本来の利点を失うだけでなく、本来バッチ処理に適しているCOBOLで開発するより複雑で生産性も悪い。何のための再構築なのだろうか。そもそもリライトは、プログラムをそのまま違う言語で作り直すのでスパゲティの解消にはならないし、構造はそのままだと、むしろ深刻なスパゲティ状態になる。

残念ながら、企業規模が大きい場合、既存ITシステムの問題を抜本的に解決しているケースはほとんどない。既存ITシステムの問題を叫んでも、具体的な問題解決方法がないので、SIerのIT技術者たちは口を閉ざしてしまうのだ。対応する技術を開発すればいいと思うかもしれないが、例えばJavaでバッチ処理ができる方式など、私からすれば百害あって一利なしの技術である。また、COBOLからJavaへの自動変換ツール

図表2-5
出所：『PMの哲学』（室脇慶彦著、日経BP、2018年）

の開発など、IT技術者としての良識を疑う。

ではなぜ、既存ITシステムの再構築は難しいのだろうか。**図表2-5**を見てほしい。ウオーターフォールモデルで開発した場合、工程が進むごとに情報がどう変化するかを模式的に描いた図である。

この図のポイントは、要件定義（概要設計工程と外部設計工程）→設計（内部設計工程と詳細設計）→開発（プログラミング工程と単体テスト）と進むにつれて、情報の絶対量は多くなり、失われていく情報も多いということである。これは新規開発のときを示しているが、ITシステムは稼働後の機能追加を頻繁に行う。その際も、情報はどんどん失われていく。

例えば概要設計書は、新規開発時にはしっかり作成していても、その後の機能追加時には差分のみの簡易の概要設計書を作成するにとどまる。ITシステムが稼働して10年20年それ以上になると、もともとの概要設計書も、途中の差分の概要設計も紛失してしまうことは珍しくない。つまり、現状のITシステムを表した概要設計書は存在しないのだ。

そもそも概要設計書は標準化されていないため、成果物はばらばらである。これは欧米でも近い状況である。概要設計に該当するものは「ユースケース」と呼ばれているが、「ユースケース」に何を情報として整理するべきか明確化されておらずケースバイケースで異なる。これでは、定義した感じになっているだけで、何も定義していないのと変わらない。

現状のITシステムを正しく表した設計書がないという意味では、外部設計書（画面、帳票、インターフェース、データベース、あるいはデータベースを更新するためのデータなどを定義した文書）も同じである。画面や帳票などはプログラムを見れば分かるという人もいるが、何のための画面・帳票なのか、それらをどのように活用しているのかは分からない。また、プログラムに存在していても、既存ITシステムでは既に利用されていない画面・帳票も存在する。これは、データベースでも同じであり、データベース内のデータ項目は、どういうアクションでどういうタイミングで何のために更新するのかという情報は、データベースを見るだけでは分からない。既に使われなくなったデータ項目もある。

既存ITシステムを再構築するだけなら、要件定義（概要設計工程と外部設計工程）が正しく把握できなくても、設計（内部設計工程と詳細設計）→開発（プログラミング工程と単体テスト）だけすればいいと思うかもしれないが、それでは使いものにならない。もし今、ITシステムを再構築すれば、当然画面はPCだけでなくスマートフォンやタブレットに対応することになるし、帳票も電子化が基本となる。インターフェースはAPI接続にも対応せざるを得ない。つまり、外部設計は再設計せざるを得ないのである。外部設計するには、その上流工程の概要設計の情報は必要だし、以前の外部設計の情報も欠かせない。しかしそれらの情報が失われているので、既存ITシステムの再構築は難しいのである。

もし抜本的に既存ITシステムを変革しようとするなら、新たなITシステムを利用するユーザーに今の業務と何が変わるかを明示する必要があり、そのためにも現状のITシステムの要件を明確化することは必須なのである。既存ITシステムの概要設計レベルの情報に、ビジネス変革の情報を加えて、新たなITシステムの要件を整理しないといけないのだ。ところが、その重要なインプットとなるべき既存ITシステムの概要設計書がなく、復元も極めて難しい。既存ITシステムの抜本的な変革は、極めて難しく非現実的だと、SIerのIT技術者は考えている。

32 91

現行機能保証というリスク

既存ITシステムの再構築に関連する話題として、「現行機能保証」について改めて説明する。NRIに所属していた一時期、私は全社の品質執行責任者であった。一定規模以上のITプロジェクトをレビューし、問題プロジェクト（期限遅れ、コスト超過など）をできるだけ出さない、あるいは問題のレベルをできるだけ下げるのが私の重要なミッションであった。問題プロジェクトの原因はいくつかあるが、8割の問題プロジェクトに共通したのが「現行機能保証」をするという特性だった。「現行機能保証」というのは、新たなITシステムの機能中で、現状の機能を使い続ける機能に対しては、現状の機能を保証するということである。顧客は、新たな機能部分については業務フローなどを詳細に定義し提示してくれるが、現行踏襲の機能については一言「現行と同じで」で概要設計は終了する。先述したように、現状の概要設計に相当する情報が無いことをユーザー企業の担当者は認識しているにもかかわらず、「現行と同じで」である。

そもそも概要設計書の所有者はユーザー企業であり、本来的には概要設計書を整理し、既存ITシステムの仕様を常に明確にする責任はユーザー企業にある。ところがユーザー企業には当事者能力がそもそも無い。長年メンテナンスを依頼しているSIerの方が中身を含めてよく理解している現状の中で、改めて既存ITシステムの概要設計をする能力があるはずもない。概要設計レベルは顧客の資産でもあり、SIerは対応範囲外の活動と考えており、概要設計の作成支援を行ったとしても、その後の概要設計書の維持をする責任はそもそも与えられていない。両社の役割からすぽっと抜けている部分である。

ITシステムは機能追加をするが、既存機能には手を入れないことがほとんどなので、現状の差分の整理だけで概要設計は終了できる。保守を担当しているSIerでも、担当しているITシステムの全体を正しく理解する必要性は低いのである。つまり、担当している既存ITシステムの再構築であっても、現行機能を漏れなく定義していくことは極めて難易度が高く、問題プロジェクト化しやすいのである。

この傾向は、どのSIerでも同じであり、「現行機能保証」イコール「リスクの高いプロジェクト」なのである。自ら担当する既存ITシステムの再構築でも困難なのに、他SIerの担当する既存ITシステムも含めた「現行機能保証」は、恐怖の大魔王なのである。

こうした理由もあって、SIerは口を閉ざす。規模が大きいユーザー企業だと複数のSIerが分担してITシステムを開発しており、自社が対応していない業務領域が多くある。そんな状況で問題を指摘すれば、自分自身に恐怖の大魔王が下りてくることになる。

いろいろと難しい理由を並べたが、SIerに問題はないと言いたいのではない。状況を十分に理解していながら、何ら策を打ってきていないSIerの責任は極めて大きいと考える。この問題は個社の問題ではなく業界全体の問題である。そして、この問題に対峙できるのはSIerしかいない。リスクを下げるための技術開発をするなど、業界を挙げてこの問題に向き合ってもらいたい。COBOLコンバージョンなどの百害あって一利なしの技術を開発する暇があるなら、本質的な課題解決への技術開発を優先すべきだと言いたい。

2-5 ソフトウエア開発技術の軽視

33 91

日本のソフトウエア開発の歴史

この40年、ハードウエア、ソフトウエア、設計・開発手法など、様々な進化があった。まずはざっとITシステムにまつわる道具の進化を見てみよう。

私がSIerに入社した当時（1980年代初頭）、プログラムは1行1行をカードにパンチ（穴）を空け、カードをカードリーダーなるものに読ませ、コンピューターに認識させていた。そのため、カードパンチャーという専門の女性がコーディングシートのプログラムに従ってカードパンチマシン（カードに穴をあける機械）で打ってくれていた。それが、TSS（タイムシェアリングシステム）が出てきて、端末から直接入力できるようになり、既存のプログラムをコピーし、修正してプログラムを作成するように大きく開発の仕方が変わり、カードパンチャーとカードパンチマシンは、いつの間にか無くなっていた。当初は、コンピューターが高価だったので、本番マシンの空いている時間を活用して開発し、テストは日に1回程度しかできず、複数のプログラムを一度に開発していた。開発には時間がかかった。急ぎの仕事の場合は、直接マシンルームに行って、本番マシンのオペレーターにお願いし、本番作業の隙間でテストしたものだ。オペレーターは本番システムを預かっているので非常にピリピリしており、常に低姿勢で対応していたものだ。

コンピューターの価格がどんどん下がる中、テスト環境と本番環境は分離され、ソフトウエアの開発環境は見違えるように整備されていった。90年代になってWindows95が出回り始めると、紙に囲まれていた仕事場は一気にペーパレス化が進み、1人1台のPCが当たり前となった。様々な開発ツールが作成され、設計書も電子化が進み、設計書自体もコピーアンドペーストでの作成が普通になり一気に生産性が向上した。

2000年代からは、本格的なオープン化の時代に突入し、UNIX、Windows、TCP/IP、Oracle、Ciscoなどがデファクトスタンダードになり、技術の統合化が進み世界レベルで様々なツールが開発され、ソフトウエアの生産性は向上してきている。さらにクラウドの出現により、ITシステムの環境そのものをサービス化し、ITシステム全体の効率化が高まってきた。クラウド化により、個別企業では実現できない巨大なコンピューターパワーを我々は手にすることができたのである。その恩恵を最大限享受したのがクラウド事業者たちであり、クラウドを前提として事業を始めた企業群である。最大限のコンピューターパワーを活用し、これまで理論的には可能であったが実装できなかったAI・オブジェクト指向などの技術が一気に活用できるようになった。

34 91
最も重要な技術の一つは「オブジェクト指向」

ITシステムに関わる技術の中で、最も重要な技術の一つは「オブジェクト指向」である。オブジェクト指向の恩恵を受けてから、我々のオフィスでの生産性は劇的に高まった。

1980年代にはXerox社がSmallTalkというオブジェクト指向言語を開発した。Xerox社が開発したStar（日本ではJ-Star）システムが世界で初めてデスクトップを実装し、アイコンとマウスによる操作を可能とした。このStarは現在のPCの技術の源流となった画期的なシステムで、グラフィックインターフェース、マウス、イーサーネットなどが備わっていた。このシステムをApple社が盗んでマッキントッシュを開発したとして、長い間Xerox社とApple社は係争していった。Starで開発された技術は、進歩しながらWindows95に引き継がれ、ほぼ全世界に広がった。

Starはオブジェクト指向の方法論に基づいて開発されていた。現在なら当たり前のことは、オブジェクト指向があるから可能になっている。例えばそれまでのワープロは、文書に文字を追加してページからあふれても、自動的にページチェンジなどしてくれない。紙をプリントするのもPC専用のプリンターで、しかもプリントしている間は何もできない。A4縦を横に変更するとか、縮小するとか、そんなことはできない。ただその文書をその通り出すことしかできなかったのである。

オブジェクト指向技術を利用すると、例えばワープロソフトのWordの場合、テキストデータと制御文字（改行のようなデータ）を入れるだけで、ページチェンジを勝手にしてくれる。文字の大きさや色も1文字単位に設定でき、印刷時の文字の位置をPC上で自由に変えることができる。印刷オプションを選べばPCに接続可能なネットワーク上のプリンターに出力できる。

様々な機能を持った（多数のプログラムで作られている）Wordというシステムにテキストデータなどを入力することにより、PC上で自由に作業ができる。このようにデータとプログラムをある機能範囲で一体的に取り扱うという考え方がオブジェクト指向である。PC上では、まさにオブジェクト指向で作られたソフトウエア群に囲まれて我々は快適な活動を行っているのである。

PCで提供しているサービスは、すべての人の活動の共通な部分であり、一般の企業活動のような特殊で複雑な活動とは異なり、比較的ルール化しやすいサービスである。そのため、オブジェクト指向を導入しやすかったと考えられる。ただ、初期のJ-Starは、文書を開くと場所が決まっていた。自由に動かしたり、大きさを変えたりできなかった。そういう意味では、ハードウエアの進歩が進むにつれて、オブジェクト化できる範囲が拡大してきた。

そしてクラウド時代を向かえて、遂にこのオブジェクト指向の技術実装がアプリケーションシステムの世界に広がってきたのである。

35 91
40年前の設計開発の考え方を変えようとしない

オブジェクト指向の技術実装がアプリケーションシステムの世界でも可能になってきたが、ほとんどのIT技術者はその重要性に気づいていない。だから、今も従来通りの開発を続けている。

これまでのITシステムの開発は、手続きとデータは分離して設計開発された。手続きがプログラムであり、データの中心がデータベースであった。そもそもデータと手続きは分離不能なものである。手続きには、必要なデータが必ず存在し、手続きが変わればデータも必要に応じて変わる必要がある。手続きとデータはある意味一体である。

そして、人間を見ると、手続きとデータは人間の中に同時に不可分で存在する。様々な経験を通して、様々なケース（データ）ごとに適応する行動（手続き）を身に付けていく。会社は、様々な役割の人間が、最低限の情報を入力してもらい成果物を生成し、次の役割の人間に最低限の情報を引き渡し仕事が完了している。この様々な役割を行う人間の活動の総和が企業の活動を生成しているのである。

つまり、人間の活動をITシステム化するには、本質的にはデータと手続きを一体化して取り扱える方式で作ることの方が自然である。これがまさにオブジェクト指向開発である。データと手続きとを一体的に開発したものをサービスとし、そのサービスの集合体でITシステムを形成していくことになる。ただオブジェクト指向で開発するには、様々な役割のサービスを活用するため、それらをまとめるには巨大なメモリーがサーバーに必要になる。また、異なるサーバーにある必要なサービスを効率的に使うには巨大な通信を必要とする。そのハードウエア資源を、クラウドが提供してくれた。

オブジェクト指向開発こそ、クラウドネーティブな開発方式であると私は理解している。クラウドが存在する今こそ、これまでのソフトウエア開発の基本とされた「手続きとデータを分離して設計する」という方式を根本から見直し、「データと手続きとを一体として設計する」方式に変更する好機だと思う。

これまでのITシステムの設計は、手続きの変化が大きく、データの変化は比較的小さいという考えに基づいていた。いわゆるデータ中心アプローチという考え方で、手続きのみの変更に関しては比較的早く安く対応できるが、データの変更には時間とコストがかかる。データの変更にはそもそも対応をしていないのがデータ中心アプローチなのである。

ある役所で小耳に挟んだことがある。「夫婦別姓が認められて、戸籍に別姓の項目を追加するだけで、全国でXXX億円かかる。とんでもない！！」。ユーザー企業でも「こんな小さな修正でこんなに期間とコストがかかるの！この前のXXX修正より簡単だと思うけど何で高くなるの」という声はあちらこちらで聞こえる。本来安くできるのにSIerが高い見積もりを出しているわけではない。データ項目が増えるような修正は時間がかかり、結果お金もかかることになるだけの話なのだ。

なぜデータ項目が追加されるとお金がかかるのか。簡単に説明すれば、例えば顧客データベースのレイアウトが修正されると、顧客データベースを参照・更新しているすべてのプログラムを修正しないといけなくなるからである。商品を購入する経路（お店、Web、コールセンターなど）を識別する項目をデータベースに追加したとしよう。当然、購入画面のプログラムは修正することになるが、それだけでなく、（商品を購入する経路に関係のない）同一データベースを利用している、例えば住所変更などのプログラムにも対応が必要になる。

厄介なことに、住所変更のように本来無関係なプログラムの修正を漏らすと、重大なトラブルに発展することがある。データベースのレイアウトが変更されてプログラムを修正していないと、現行のプログラムから見ると不正なデータを参照し、データを読むことができなくなり、プログラム処理が停止し、その機能が利用できなくなる。上記の例で言うと、住所変更処理ができなくなるというトラブルに発展するのだ。さらに、このようなプログラム停止が頻発すると、データベースを利用しているすべての機能がマヒし、致命的なトラブルを引き起こす場合もまれにある（分かりやすさを優先して説明しているので、技術的な整合性を一部省いています）。

データベースを中心に設計された現状のシステムは、密結合になっており、それを昨今では「モノリスシステム」と呼ぶ。モノリスとは一枚岩という意味で、どの機能を改修しようとしても、同一のデータベースを利用しているすべてのプログラムに影響を与えることを意味している。実際、現在のITシステムを改修する場合、最もお金と期間がかかるのは当該機能の修正ではなく、他への影響調査、それに伴う改修、影響を与えないという無影響確認テストなどである。特に無影響確認テストはモノリスシステム全体のテストとなり、大規模なテストが必要となる。そのため、小さな改修をしているとそのたびに無影響確認テストが必要になるので割に合わず、3カ月や6カ月などの期間を区切ってITシステムをまとめて改修することになるのである。

長々と述べてきたが、現在の多くのIT技術者は、手続きとデータを分離した考え方を40年くらい続けており、いまだにその考え方に基づいてITシステムを開発し続けている。伝統的なCOBOLなどの手続き型言語での開発はすべてそうである。Javaなどのオブジェクト指向言語であっても、手続き型で開発すれば、COBOLなどと比べても非効率な手続き型の開発となる。様々な環境整備により生産の効率化が図られてはきたが、本質的な開発思想は変わっていない。

36 91

巨大なモノリスシステムは間違いの産物

日本のIT技術者が、能力的に劣っているわけではない。皮肉に聞こえるかもしれないが、現在のITシステムは複雑で巨大なモノリスシステムである。それに対して様々な修正を施し、ITシステムの全体整合性を保ち、抜け漏れなく対応するのは、極めて難易度が高いといえる。現状の開発の仕方では、ますますITシステムの規模と複雑度が高まり、結果、難易度が上がる。そのようなITシステムを維持管理しているということは極めて難しい仕事を日本のIT技術者は日々行っているのである。日本のIT技術者のレベルが低いわけがない。

ただし、ITシステムを変革するには、これまでのやり方では事実上不可能になってきていることに気づいてほしい。誤解を恐れずに言えば、従来の考え方で大きなITシステムをつくってはいけなかった。複雑で巨大なモノリスシステムを使い続けようとすると、影響調査とリコンパイル、（データベースのインターフェースだけを対応するために必要な作業）無影響テストが必要になる。私も従来の考え方で巨大なITシステムをつくってきた1人である。それを「間違っていた」というのは悲しいことだが、そう判断しないといけないと思う。少なくとも、今から新たな巨大（モノリス型の）ITシステムは絶対につくらない方がいい。これについては、「もはやつくれない」と言った方がいいかもしれない。その理由は、設計・開発とは違うところに理由がある。プロジェクトマネジメントスキルである。

大規模ITシステムを開発する際のコアスキルは、「プロジェクトマネジメント」だと認識している。プロジェクトマネジメントについてこれまで2冊の本（中小規模ITシステムのプロジェクトマネジメントを取り上げた『PMの哲学』と、大規模ITシステムのプロジェクトマネジメントを取り上げた『プロフェッショナルPMの神髄』）を書いて、NRI在籍時は社内研修もした。特に大規模向けの本は業界各社のプロジェクトマネジャーのプロの皆さんに高く評価され、各社の推薦図書として扱っていただいている。異例なことだが、他社SIerで講演などもした。そうした社内研修を通じて感じたことは、今世の中で求められる大規模あるいは超大規模のプロジェクトマネジャーを育成することは至難の業だということである。特に超大規模クラスになると、実施できる人材は非常に少ないという認識を持っている。

私の専門は、大規模ITシステムのプロジェクトマネジメントである。自分の専門性を否定することになるが、もはや巨大なITシステムはつくらない方がいい。繰り返すが、現状の開発方式は限界にきている。はっきり言えば、現状のITシステムの開発方式は間違っている。

IT技術者は常に自分自身の足りない技術を自ら見つけ、学び続けることは当然だと私は思う。それができないのならIT技術者と呼べない。現在のハードウエア、ソフトウエア、設計・開発手法を俯瞰（ふかん）して事実を見つめ、「正しきことは正しく、間違ったことは正す」というIT技術者の基本姿勢に基づいた行動をとってほしいと思う。

37 91
技術開発部門の技術者の弱点

SIerの技術開発部門に大きな問題がある。技術開発部門は、ハードウエア・ネットワーク・基本ソフトウエアなどに関して、極めて高い水準での専門性と対応力が求められる。ハードウエアなどの技術革新はすさまじいので、常に新たなIT技術の情報収集および技術習得も求められる。まさに、IT技術者の中のIT技術者である。この部門の技術力の高さはSIerの強みとなるのだが、実際は大きな問題を抱えており、結果的に、SIerの最大の弱みの一つを生み出している。

SIerのIT技術者の大半は、アプリケーションシステムの開発を担うアプリケーション開発技術者である。また、高度なアプリケーション開発技術者は、プロジェクトマネジャー、要件定義を実施できるIT技術者である。そして、この分野の売り上げがSIerの大半を占める。つまり、SIビジネスの中核を担っているのがアプリケーション開発技術者である。

ソフトウエア開発の技術力とは、まさにアプリケーション開発技術、プロジェクトマネジメント技術、要件定義技術が本丸となる。技術面では技術開発部門のメンバーは詳しいが、アプリケーション開発の経験が少ないIT技術者が多い。技術開発部門のIT技術者（TE：テクニカルエンジニア）が開発するためのインプット情報は、アプリケーション技術者（AE：アプリケーションエンジニア）が担うことになる。AEは、顧客からいかに正しい要件を引き出すかが重要な仕事であり、手慣れた相手ではないことも多いので、非常に難易度が高い仕事である。顧客の要求をTEが理解できるように変換しているのもAEの重要な仕事なのだが、TEは入力情報の過不足を指摘するだけで、AEの仕事の本質をなかなか理解しようとしない。

従って、TEはソフトウエアの生産技術の動向を知っていたとしても、それにはどういう意味があり、AEにとっての意義を理解することは困難なのである。また、新たなソフトウエア生産技術も、TEから見て重要な技術にフォーカスされ、AE視点からの技術的な観点は、無視されている可能性が大きい。

DevOpsを例に説明しよう。DevOpsを簡単に説明すると、修正したプログラムをスムーズに稼働環境に移して安全にリリースする仕組みである。この技術を使えば、毎日たくさんのプログラムリリースが可能になる。ところがこの技術はAEからすると、「そもそも毎日大量にリリースしない」である。現状の日本のソフトウエア開発の場合、前述したようにまとめて行うので、リリース頻度はせいぜい3カ月に一度まとめて行うのが普通である、それ以外のリリースは、トラブル対応などの限定的な対応になる。つまり、毎日大量にプログラムをリリースするニーズがないのである。それに対してTEは、最新技術なので、技術習得のためにも何とか導入したいと思い、アプリケーション開発部隊に提案するのだが全く相手にされない。そうすると「AEは新しい技術に興味を示さない」と、AEに対して批判的になるのである*。

＊ 私はTE諸君に、「従来型が階段とするなら、DevOpsをエスカレーターのようなものだ。3カ月に1回しか使わない階段をエスカレーター化して、お金をかけ、毎日の維持コストも払い続けるようなばかなまねをする人はいない」「DevOpsは毎日たくさんプログラムのリリースをできるようになったことに対してのソリューションであり、まずは、毎日たくさんのプログラムをリリースできるようになる技術変革が重要だ」と話した。ポカーンと聞いていたが、それはAE側の問題だと認識しているのだろう。

もう一つ例を示そう。TEは「APIエコノミー」に興味を示している。APIというのは、他システムと接続するためのデータ交換の仕組みの一つである。従来で言えばトランザクション処理に相当する。トランザクション処理でやりとりするトランザクションデータは、多くの処理に利用できるように様々なデータが含まれていた。例えば、注文処理をするための在庫確認のためのトランザクションデータには、注文者の氏名・住所など、本来必要な情報以外のデータも含まれるケースが多かった。

APIは本来処理に必要なデータ項目に限定しているので、処理ごとにAPI接続をする。そのため、API接続の数が膨大となり、各APIの接続状況の監視、エラー時の処理などが複雑になっている。ただ、APIごとに独立して機能を向上させることができるので、柔軟性が非常に高い。一般的には、トラブルが発生しても該当APIの機能にしか影響を与えないため、全面的なITシステムの停止などにはなりにくい構造となっている。現在

ITシステムに求められるスピード、柔軟性、耐障害性を考えると優れたアーキテクチャーと考えられる。

TEはAPIの監視技術には注目するが、ITシステムのアプリケーション・アーキテクチャーには興味がない。実際、昨今のITシステムのアプリケーション・アーキテクチャーは、独立したITシステムの集まりであり、その構成要素の接続はAPIになっている。内部構造がAPI接続になっているので、外部との接続も自然とAPIになる。APIはそこにこそ対応すべき技術であるにもかかわらず、そこはAEの担当だと思っているのかTEは興味を示さない。

38 91
SIerが生産性向上に取り組まない本当の理由

高いソフトウエア生産技術があればあるほど、SIerとしての技術力は高くなる。SIerはITシステムの開発をなりわいにしているのだから、技術力は開発生産性と直結するはずだが、SIerは開発生産性を上げようとはしない。TEがアプリケーション開発現場を見ようとしないのがその一因だが、もっと根深い問題もある。

面白い実話がある。ある部署では中国のオフショア活用が全く進んでいなかった。そこで、中国オフショアの活用方法を教育するとともに、実際に仕事をする中国の会社を紹介し、進め方について議論し、トライアルなどを経て、いよいよ本格的に提案するようになった時の話である。

以下、数字が出てくるが、分かりやすくするための架空の数字である。見積もり内容とそれに必要な工数を算出した結果、従来の方式だとコストが10億円になったので、利益とリスク分として20%上乗せし12億円で提案することになる。ところが、中国オフシュアを活用すればコストが8億円になるので、利益とリスク分を上乗せして9.6億円で提案しますと胸を張ったのである。私はあぜんとして質問した。「12億円で提案して提供するものと、9.6億円で提案するものと、価値は違うの？」。きょとんとして担当者は「同じです」と答えるので、私は「12億円から9.6億円に提案金額を下げるための努力をしたのは誰？」と聞くと、担当者は「頑張ったのは我々です」と答える。「だったら、少なくとも頑張った分の半分は我々がもらうべきだよね」。

このようなことは、多くのSIerで行われている。自分たちの努力も顧客にすべて還元するのである。IT技術者は、非常にまじめなのか、抜けているのか、両方なのか読者の皆さんが判断してもらいたい。

ここでの問題は、生産性を上げるとなぜか売値と利益が減ってしまうということである。この感覚こそが、生産性向上の大きな足かせになっている。本来、価格競争になった場合、安い方が有利になる。しかし、建設基準法のような最低品質を国が保証する仕組みはない。見積もりを精査する技術が顧客には十分あるわけではない。そうするとおのずとリスクの低い手慣れたSIerに仕事を頼むことになる。しかもSIerは、ばか正直にコストプラスアルファの提案をしてくる。基本、上乗せして提案するなんて考えもしないのである。逆に、安い提案をしたとしても、顧客は評価できない。人月単価で高い安いは言えるが、全体コストの高い低いはわからないのである。他社に出して、低いコストで受けられたら、そもそもオーダーが曖昧なので、追加コストをとられ、結果、高くて操作性が劣るものになることだけは理解している。だから、できるだけ安心でちゃんと仕事をしてくれるところに仕事を出すのである。これは、癒着ではない。ある意味現実的な選択なのである。

この、いいような悪いような関係が、生産性を抜本的に変革することを妨げているように私には思える。無意識の抵抗である。本来は、見積もり内容を見える化し、提供価値に基づいた提案をすべきである。工程ごとのサービス内容を明確化し、サービスレベルによって価格表を示すことが必要だと考える。そうすれば、欲しい機能をどのようなサービスレベルで支援してもらえるか一目瞭然である。このような価値の見える化は、生産技術が上がれば生産コストが低下し、それが利益に直結する。本当の意味での価格競争力を養えるのである。

このような価値の見える化をSIerが行ってこなかったことが生産性向上を本気で取り組まない原因と考える。自分たちの価値を顧客に訴求してこなかった罪は大きい。既存システムを支えるSIerのIT技術者がいなければ、顧客のITシステムは崩壊する。非常に重要な役割を果たし、責任感にあふれるIT技術者に対して支払っている金額は、結果的には非常に少ないケースが多いのである。

39 91
大学との希薄な連携はもったいない

情報サービス産業は、情報処理学会、あるいは情報処理を研究する大学あるいは研究機関との連携は極めて希薄であるように感じる。私自身が生産技術を担当していた時、国内の大学の研究者と会話をする必要性を感じたことはない。もちろん、米国への出張調査をしたときは、必然的に大学の先生の話を聞く機会も多くあった。

なぜかと思い、私自身の母校の情報工学の研究内容を見て、びっくりしたことがある。「現状のITシステムの問題はまさに現ITシステムの仕様が不明である」という課題に、プログラム解析だけで挑戦しようと本気で試みていたのだ。まさに現在の錬金術に取り組んでいるように私には思え、大学は何をしているのかと憤ったものだ。

でも、これは仕方がない。課題設定は正しいが、実際にITシステムの構築を経験したことがない（あるいは少ない・規模が小さい）ので、ITシステム開発の現場からするとどう考えても不可能な方法でアプローチしている。我々IT技術者も10年20年かけて成長するわけであり、一朝一夕にITシステム開発を理解するのは無理というものである。

実務を経験しているIT技術者との会話が必要なのである。IT技術者は何で大変なのか、何を困っているかを具体的に示し、途中途中で議論して進めることが必須なのである。大いに反省するのは我々の方ではないだろうか。

JISA（情報サービス産業協会）の理事をしていた時やIPAで参与をしていた時、何度か大学の先生のお話を聞いた。世界標準となったTRONの坂村健先生は、実際に動くソフトウエアを開発されており実務的にも素晴らしい成果を出されている。南山大学の青山幹雄先生（2021年5月に亡くなられた。IPA在職時に専門家会議の委員長なども引き受けてくださり、様々な相談をさせていただき感謝に堪えなく残念である。合掌）ともお話をさせていただき、感銘を受けることは多々あった。実務的にしっかりITシステムの経験をされている先生のお話は参考になる。実務的な経験とは、実際にプロダクトを開発し世に出している、あるいは、民間企業の経験があるということだ。そうした先生方は、ソフトウエア開発の現場の声を聞きたいと考えられている。

一方で、実務的には首をかしげざるを得ないお話を聞いたのも事実である。大学の先生は海外の先生と情報交換する機会が多く、様々な情報に接し、どのような研究がIT先進国で進んでいるか、あるいは、どのような技術教育が先進IT企業に求められているかを知っている。しかしながら、新たな研究分野あるいは教育が求められる分野がなぜ必要になるかを理解することが難しいと考えられる。IT技術は、現場の技術変化によって持たされる場合が大きいからである。純粋な情報工学理論、あるいは、量子コンピューターのように技術要素の理論確立が不十分な分野は、大学の先生も十分活躍できると思う。しかし、情報技術の応用分野の研究では、SIerとの連携は絶対必要である。

SIerは大学の先生と連携しようと考えていないが、それでいいわけがない。どういう技術開発がIT先進国で進んでいるのか、先進IT企業はどのような教育をしようとしているのか、そうした動向をSIerが知ることは極めて重要である。米国では、情報技術者の基本的な教育、コンピューターサイエンスなどのコンピューターの原理原則の教育（日本のIT技術者はここが弱いと私は感じている）あるいはプログラムの基本的な書き方（基本的なロジックあるいはパターンなどプログラミングをするうえでの前提となる基本動作）を大学でたたき込んでいる。日本のようにSIerごとに基礎教育をすることもなく、また、各社のお作法ではなく共通的なお作法を学ぶことができる。他SIerとの連携や人材流動化の観点からも非常に重要である。

米国は大学と企業が連携することで、企業で必要な基礎教育を大学側に担ってもらっているのである。人材の往来も盛んであり、企業側の様々な課題に基づく研究とその成果の確認を双方で行うことができる。企業は大学に金銭的な支援を積極的に行い、大学は優秀な技術者を企業に提供している。大学はこうした交流を通して企業の状況を理解し、大学の研究テーマが現場を無視したものにはならない。

なぜこのような活動をSIerはしてこなかったのであろうか。それは、長い間、本質的なITシステム（特にアプリケーションシステム）の構築方法に変化がなかったため、新たな生産技術を取り込む必要がなかったからだ。私自身ソフトウエア生産技術が専門だと言いつつ、情報処理学会に論文を出したのは、IPAの参与時代の1回（「DX推進指標の分析」について）のみである。ほとんどのIT技術者は情報処理学会にも所属していないのだろう。

40 91

官との希薄な連携、有効な政策は出てこない

公的機関において様々な業界の課題を議論するには、どうしても有識者が必要となる。ここで言う有識者とは、業界の出身者ではなく、学術経験者が重要な役割をもつ。業界の技術者の言うことではなく、客観的な有識者の見解が求められるのだ。ところが、そもそも業界のことを知っている有識者が少ないのが大きな問題である。また、特定の実務分野の権威の先生は、一般的なアプリケーションシステムの有識者では必ずしもないのだが、官側にその目利きをできる人材も限られており、ミスマッチを起こすケースもある。

政策当局者自身も情報サービス業界の実態をなかなか把握できていない。これも、明らかにSIer側が適切なコンタクトをしてきていないのが本質的な課題である。そのため、業界の抱えている問題が散発的にしか政策当局者に伝わらず、しかも個社の事情を中心とした課題になりがちで、業界として何が優先される課題なのか把握できないのである。

SIerはこれまで政府と関わることはほとんどなかったと思うが、ソフトウエアの重要性の認識が高まっている。国を支える重要インフラ企業さえもソフトウエア無しには安定的にサービス提供できなくなってきており、ソフトウエアの安全性の担保が重要な政策課題になっている。2022年、経済安保推進法が成立した。インフラ産業が業務継続のために使うハードウエア（部品も含む）の調達を含む安全性担保が求められ、そこにプログラムも含むことが明記されたのだ。2023年末以降、国は立ち入り検査もできる。いよいよ、ソフトウエアの規制が始まることになる。SIerは、この重要性を十分認識しているようには思えない。確かに時間がかかる問題であり、できることから始めていくことが現実的では

あると思う。ただ逆に、政府に対し適切に対応を求めることで、強制的に待ったなしの既存のITシステム変革を進める機会でもある。

業界が本来の目的である「顧客と業界がウィンウィンになるように自主的にルールを作り、また、政策当局の規制および政策担当者と適切な調整を果たすこと」をできるように、大手を中心に行政との情報交換の場をつくる必要がある。ただ現状は関連団体が複数（JEITA、JISA、JUASなど）あるので、情報を集約する仕組みの構築も大きな課題である。

情報技術の重要性が高まる中で、「規制」面だけでなく、情報サービス産業の健全な成長や、情報技術者不足に対応するため、他分野の人材の技術転換も含めた多面的人材育成支援など、幅広い観点での政策側との連携は避けて通れないと考える。これまで情報サービス産業全体が内向き志向であり、マーケットが順調に拡大する中、目先の利益中心のオペレーションを優先してきた。本来業界として行うべき活動に、いよいよ目を向けるべき時が来たといえるのではないだろうか。

2-6 世界と戦えるか

41 91

ソフトウエアは世界を標準化に向かわせる

新型コロナが騒がれ始めた頃、ITプロジェクトマネジャー（PM）としての勘が働いた。「リモート環境を整備しろ」である。我ながら的確な勘に感心した。これまでの我が家のPCは、家族共用のため十分な仕事環境が無かった。そこで、すぐさま量販店に行き、出勤先でPCの評判を皆に聞き、軽くて丈夫（落としても壊れないらしい）な業務用PCを購入した。早速、勤務先に持ち込み各種設定を行った。リモートワーク準備万端である。すると、1カ月もしないうちに突然の出勤停止である。同時に街の量販店でPCを手に入れにくくなった。間一髪セーフであった。私は、運よく最悪の事態を免れたが、多くの人が途方に暮れたように思う。また、突然リモートに仕事が変わったため、勤務先のネットワークの容量がパンクし、会議中に回線が切れるなどのトラブルが頻発した。各社が一斉に回線増強に走ったが、増強には時間がかかるという。会社経由でなくパブリックの回線の活用など、状況に合わせて緊急処置を講じながら何とか仕事をしてきたのではないだろうか。

この環境で気づいたことがある。これまで外部との打ち合わせは相手先に出向いて行うケースが多々あったが、その移動時間は実は休憩時間であったということだ。リモートのおかげで、恐ろしいことに1日7つの打ち合わせをする日がいくつも発生した。移動時間がないのである。まさに、ドラえもんの「どこでもドア」の状態である。

社内の打ち合わせも外部の打ち合わせもごちゃごちゃである。一番苦労したのは、切り替えるのに数分かかるので、若干早めに終わるようなタイムマネジメントが必要であったことだ。時間厳守なのである。資料作成などに没頭していても周りに声をかけてくれる人はいないので、時間に遅れて突然携帯がなったりすることある。逆に夕方になると精も根も尽き果てて、残業などできないのである。その意味では生産性が向上したように感じた。

このようにコロナ禍で仕事の仕方そのものを強制的に変えられた。そして、新しい仕事の仕方はまだ完全に出来上がってはいないものの後戻りはできない状態になったことは間違いない。営業は訪問するよりリモートの方が多くの人に会え、専門的な情報を地方の顧客にも届けやすくなった。私も、地方講演はすべてリモートで行った。地方でのおいしい食事という楽しみは無くなり残念だが、これまで1泊2日の拘束から、東京にいながら指定された時間で対応できるというびっくりな環境となったのである。様々な場面で、リモートの有効性と限界を実際の仕事を通して学んだ時期といえるのではないだろうか。

その中心的な役割をしたのがソフトウエアである。Zoomなどの会議システムは、バーチャルな空間をつくり出し、実空間を超えて様々な情報交換を行える仕組みである。今ふうに言えばメタバースである。WordやPowerPointなどの情報はすべてソフトウエアであり、空間を超えて、そして移動時間もなく（時間をも超えていると思う）瞬時に共有できる。そういう意味では、ほぼ全世界がイコールに情報がつながっているといえる。その情報こそがソフトウエアなのである。

SIerが競い合っているソフトウエアの領域は、そもそもグローバルな競争が最も起こりやすい領域である。クラウドベンダーは世界中に巨大なデータセンターを持ち、日々拡大している。大手では1社で年間数兆円を投資している。国家予算規模だ。そうしたクラウドのサービスも、顧客にはソフトウエアサービスとして提供される。ソフトウエアサービスだからこそ、世界同一のサービスを提供できるのである。今や、世界にソフトウエアを同時にサービスできる環境は整っているのである。

世界の歴史をひもとけば分かるが、人類の進歩は標準化の歴史でもある。日本では米作が広がるにつれて「米」という保存可能な富が生まれ、貧富の格差が発生し、身分格差が生まれた。集団で米作を行うことが有利であり、開墾も含め団体での行動が常態化して集落が発生する。田畑を奪えばそのまま富を得ることにつながることに気が付いた人々は、守るためにも攻めるためにも武装能力を高め、集落が小さな国へと成長していった。その中で、様々なルール、宗教的な儀式、言語など「標準化」が進んでいった。やがて、国レベルに集団は成長した。

第一次産業革命により、移動手段はこれまでと全く異なる進歩を遂げた。それにより大航海時代が到来し、世界中で植民地化が進展し、社会ルール、宗教、お金、言語の「標準化」がさらに爆発的に進んだ。300年前、北米で英語を話す人は皆無だったはずである。南米でもラテン語を話す人が出てきたのはつい最近のこと。日本ではアイヌ語の語り手は極端に少なくなり、方言も確実に失われつつあるように思う。特に、テレビなどのメディアの影響は大きい。ウクライナへのロシアの侵攻を見て明らかになったが、世界は好き嫌いに関わらず様々な側面でお互いに依存関係が進んでいる。例えば、小麦はロシア・ウクライナなどの限られた地域で集中的に生産され、世界に供給している。集中化されるということは、各産地との競争の結果勝ち残ってきたということであり、ある意味「標準化」が進んでいることになる。

現状で最も「標準化」が進んでいるのは、お金である。現在世界のお金は、米ドルを基準として、変換レート（為替レート）を計算して取引が成立している。現状は、米ドルが世界の標準通貨として使われているのが実態である。今後、米ドルだけでいいかという問題は別として、他の選択肢が出たとしても限られた選択肢の中でお金は今後とも取引されるように思う。

ソフトウエア中心の世界になれば、情報は一瞬の間に共有され、様々な分野で世界の「標準化」が進むことになる。場合によっては、国という概念も変わっていかざるを得ないのかもしれない。戦争では情報戦（ソフトウエア）が重視されている。ロシアのウクライナ侵攻では、様々な情報が瞬時に共有され、EUの結束と勢力は拡大している。

逆に、泡沫候補といわれる政治家がデジタル技術を駆使し、大衆受けを中心として支持を拡大して主導的な立場になり、国の短期的な利益に沿ったナショナリズムが広がっていくケースも拡大している。ソフトウエアは、いい意味でも悪い意味でも深刻な影響を我々の社会にもたらしている。これまでの価値観を含めた適切な対応（これまでは正しかったかもしれないが）をここしばらく混乱の中で続けざるを得ないと思う。その中でもソフトウエアの時代は着実に進むことは間違いなく、ソフトウエアを軸とした社会変革は、様々な価値観と仕組みを大きく変えることになろう。

42 91

日本独自のサービスは駆逐される

ITシステムの「標準化」は確実に進んでいるにもかかわらず、SIerは極めて内向きの施策を続けているように思えてならない。

航空業界は、世界レベルで、STAR ALLIANCE、Oneworld、SKYTEAMの3つのグループに集約化されている。航空業界では、国際線間の乗り継ぎ、国際線と国内線の乗り継ぎなどで、乗客あるいは荷物などの引き継ぎをスムーズに行えることが必要である。そのため、各種ルールあるいはITシステムの標準化が進んでいる。現在、世界の航空各社のシステムは、アマデウス（スペイン）とセーバー（米国）の2社の利用比率が高まっている。JALもANAも基幹システムを廃止し、アマデウスを利用している。

財務会計などを中心にSAPの活用は全世界に広がっており、他事業領域にもサービスは拡大し、クラウド環境下でのサービスも可能としている。日本においてもこの傾向は明確である。徐々にそして確実に、既存ITシステムの移管が進んでいる。特に財務会計は国際ルールも整備されており、業務自体の標準化が進んでいて、標準化（集中化）が進んでいる。

金融機関でも、有価証券の取引がT+3（成約日から営業日ベースで4営業日後にお金と有価証券を取引する）からT+0（ほぼリアルタイム）に移行するのは時間の問題だと思う（ただ、現状では、トラブル発生時の影響が大きく足踏みをしている。後ほど対応法について述べる）。そのためには、各種取引の標準化、ITシステム間のインターフェースの標準化は避けられない。日本特有の処理は随時駆逐されると考えられる。

日本に居ながらにして、自由に外国の優良な企業、あるいはファンドに投資をすることができることは、企業にとっても投資家サイドから見ても非常に良いことだと思う。そもそも金融はバーチャルな世界だと考えられるのでデジタルには親和性が極めて高い。

金融機関の支店の必要性も確実に減少している。ある大手証券会社は、営業店での金銭の授受をすべてやめている。営業店に置いてあるATMもネット銀行のATMだけである。お金の管理から営業店は解放されたのである。そもそも多額の金額を扱う金融機関は現金の取引自体が危険なので当然の流れである。そういう意味では、現金自体の取引は次第に限定的になることが既に電子マネーなどの普及により現実のものとなって来ている。

取引のデジタル化は取引業務のデジタル化を進めることになり、業務フローそのものがプログラム（ソフトウエア）に隠蔽されることになる。これは、業務を変えることに消極的であった現場のうるさ型の実務担当の仕事をデジタル化することになり、事実上実務担当者自体が不要となる。業務自体がITシステムに隠蔽され、結果的に業務の標準化が進むことになると考えられる。業務の標準化は、利用するITサービス間の競争が激化し、結果的にデファクトスタンダード化が進む。そして、限定されたITサービスに収斂（しゅうれん）されることになる。これは、個別のSI受託で開発するというマーケットが次第に失われていることを示している。

日本国内で圧倒的なサービスのシェアを握っていたとしても、標準化の遅れていた日本のサービスが、世界で生き残れるかどうかは分からない。日本のルールに根差した強みは、グローバルで業務とITシステムの標準化が進む中で、強みでは無くなるからだ。顧客サイドから見ると、グローバルでアセットを管理した方が、ビジネスチャンスが増えるのは明らかである。ある地域では不足している商品が違う地域で余っていれば、大きなビジネスチャンスである。マーケットが広がればグローバルでの商品管理のポートフォリオマネジメントが可能になり、在庫リスクも最小化できる。その時重要なことは、グローバルで、マーケットの商品管理ができるサービスであることだ。

日本に閉じた日本の特殊性なルールに対応してきたITサービスは、グローバルでの商品管理などに対応できるとは思えない。世界のサービサーと本当に戦えるだろうか、大きな疑問を感じる。日本で圧倒的なサービスであっても、世界でデファクト化するには、相当な壁が存在すると考える。よほどの覚悟でサービスを開発しない限り、日本独自のサービスは駆逐されていくことになるだろう。

かつて高いシェアを誇っていた日本メーカーのパソコン・半導体・ネットワーク機器などのシュアは、落ちていくばかりである。一太郎などの日本語入力ソフトでさえ、見る影もない。携帯電話はスマートフォンとなり、日本勢はほぼ姿を消した。AWSなどのクラウド上で稼働する様々なツール群にも日本企業の姿は見えない。リモート会議を支えたSkypeは、エストニアで産声を上げている。日本のソフトウエア産業は、いま現在世界から大きく後れを取っているのだ。

43 91

本当のIoTはこれから始まる、日本の強みを取られるな

日本がいまだ強いと思われる領域は、機器製造機の分野であろう。ハードウエア機器を製造する製造ライン向けのロボットなどである。ファナック、三菱電機、DMG森精機など、強力な企業が日本には存在する。この分野も、ITとの融合が大きな変革をもたらそうとしている。いわゆるIoTといわれる分野である。現在IoTは常識化したように思われているが、本当のIoTはこれから始まる。

現在のIoTの代表的な例は、エンジンにセンサーを付けて、エンジンの状態を常にセンサー経由で監視し、故障を事前に把握し不良部品を故障になる前に取り換える仕組みである。これにより、エンジンを販売するビジネスからエンジンの稼働を保証するビジネスに変わり、利用料形式(サブスク)にビジネスモデルも変革している。

注目したいのは、現在のIoTの仕組みはIT側だけで対応できていることだ。エンジンにセンサーを取り付けているが、それは製造ラインの仕組みとは完全に分離されている。センサーから集めたデータの処理は、サーバーに大量に蓄積して分析する仕組みであり、既存のIT部門が新たなITシステムとして単独で構築することが可能である。

本当のIoTは、ITとOTが接続した状態である。ここでいうOTとはオペレーティングテクノロジー、つまり製造ラインのシステムのことである。現時点では、ITとOTは接続されていない。OTは工場の製造ラインごとに異なる基盤のソフトウエアが利用されているからだ。ITは長い時間をかけてTCP/IPという通信手順に標準化された。ところがOTはかつてのITがそうであったように、通信手順も基本ソフトもばらばらで、それぞれの製造ラインが個別最適化している。

しかし、現在求められていることに対応しようとすると、ITとOTの接続は欠かせない。インターネット経由で届く個々の注文ニーズにきめ細かく対応するために、製造製品単位での適切な部品供給や、製造製品の在庫管理が求められている。顧客には、製造過程の情報（注文品の製造状況の把握、出荷の正確な把握など）提供が必要だ。製造する商品の情報をデータ化して各製造機器間で情報共有することで、いちいち製造機器の設定を変えることなく、複数商品を同一の製造ラインで作成することが可能となる。これにより、受注生産の実現と部品の在庫の最適化などが実現され、製造業の抜本的な変革がなされる。顧客から見ても、様々な活動が最適化され、納期の短縮につながる。オンラインで自分の注文した商品の製造状況や出荷など、すべてがリアルタイムにネットから把握できる。

これこそが、IoTの本来的な姿だと思う。この姿にするにはITとOTの接続が必要だが、これはなかなか難しい。OTでは厳密に製造の手順を守らないと不良品ができてしまう。そこで通信は、1つの手順が終了して次の手順に引き渡す厳密さが要求される。このあたりの厳密さは、ITに求められる手順とは異なっている。またOTは、他システムとの接続を想定していないので、セキュリティーが極めて脆弱である。ITの世界は恐ろしい攻撃をかけてくるシステムが跋扈（ばっこ）している。安易なITとOTの接続は、大変なトラブルを引き起こすことは火を見るより明らかである。

欧米あるいは中国は、ITとOT間の接続の標準化を進めている。日本はOT分野に強みがあり、各社の協調より競争が先に立ち、いまだにこのあたりの議論が進んでいない。日本の優れたロボット技術により、顧客へのサービス、共通部品の在庫管理、製造ラインの統合、すべての作業のリアルタイムでの見える化など、トータルで見る方が優位性が高いと私は思う。また、日本がお得意のガラパゴス化して周りから取り残されないか非常に心配である。この分野に関しても、SIerは興味を持たず知らないふりである。世界に勝てる産業の支援を忘れてはならない。

44 91

新技術領域の競争

今後のIT技術で特に注目されるのは、ディープラーニングと量子コンピューターである。そしてこれらの技術を支えるのはクラウドである。

ディープラーニングは、大量データを分析することが最も重要で、そのためには巨大なコンピューティングリソースが必要とされる。クラウドサービスは、非常に大きなパワーを必要な量だけを自由に利用できる。料金も従量制であり、利用した分だけに課金されるため、ディープラーニングのように利用が安定していない業務には最適である。クラウドベンダーは大量のデータを手にすることが可能なので、データの量と質がディープラーニングの分析精度を決定することから考えると、データを手の内にできるメリットは計り知れない。そういう意味で、ディープラーニングの技術開発は、クラウドベンダーを中心に進むと考えられる。

量子コンピューターの技術開発は、ハードウエアおよびソフトウエア両面で、まだまだ技術的な壁が高いと考えられる。ただ、クラウドベンダーは、圧倒的なハードウエア・ネットワークの装備が、競争力の源泉であるとの認識をもち、量子コンピューターの技術開発に積極的に乗り出している。

半導体の極小化は限界を迎えつつあるといわれている。いわゆるムーアの法則が終わるということである。現状の技術の延長線上では、外部に対して最新技術の適応力で優位性を担保し続けることは難しくなることを意味している。先頭を走っているからこその強みが、立ち止まることを余儀なくされるとしたら、着実に追い付かれるのは時間の問題である。そのためにも、量子コンピューターへの投資は、継続されるのである。量子コンピューターの巨大なパワーは、ディープラーニングなどのAI技術の適応が最大の活用領域になると考えられる。その意味でもクラウドベンダーが有利であることは間違いない。この認識はドイツ政府も同じで、ドイツは自国でのクラウド開発を進めている。クラウド戦線である程度生き残らないと、次の戦いの本丸である量子コンピューターでの戦いに参加することもできないと考えている。

日本にとってもクラウド技術の獲得と顧客基盤の獲得は重要で、継続的なIT技術開発の最低条件である。ソフトウエア技術は次世代技術の中核をなす技術で、量子コンピューターはそれらを支える前提となる技術なので、優先順位を上げて対応する必要がある。

少し異なった観点で、これから求められるITシステム技術を述べてみたい。社会システムの設計に関しての取り組みである。最近話題になっているMaaS（Mobility as a Service）などの社会システムは、様々な組織のITシステムと接続することで実現している。参加組織は競争相手でもあり、それぞれの組織が全体システムの中でどのような役割・責任を担うか、責任に応じた利益配分はどのようにすべきか、各システムのインターフェースやエラー時の処理をどのように行うか、などを公平に整理していく必要がある。

このような社会システムのITシステムのアーキテクチャーを誰が設計するのか。米国には米国国立標準技術研究所（NIST）があり、そうした役割を担う。NISTでは、社会システムの全体を設計するために関連する多くの企業を集め、NISTを中心とした検討会を立ち上げ、NISTが主体となって設計を行っている。またNISTは、社会システム設計のプロセスの標準化も進めており、求められるITシステムも含む全体のアーキテクチャー設計の品質と生産性を向上させている。

私自身、IPA時代にNISTを訪問したことがある。NISTはそれぞれの分野のオピニオンリーダーを抱え、実務部隊もあって実作業もできる。随時情報開示を進めながら、公明正大なプロジェクト運営をしていた。

今後、日本でも様々な社会システムの設計を行う必要性があると思う。また、社会システムそのものも大きな輸出産業になる可能性がある。この分野は、例えばMaaSであれば、自動車、電車、バスなどの交通手段だけでなく、警察からの交通情報、道路工事、地図情報、あるいは病院・学校などの地域の情報など、様々なITシステムとの接続が前提となり、様々な構成要素をひと固まりとして提供することになる。そのため、自動車、電車というこれまでのマーケットではなく、MaaS全体の中の構成員として自動車や電車が存在することになる。様々な構成員をまとめて販売することにもなるため、非常に付加価値の高いサービスの提供形態になることが予想される。

日本ではこの検討の場として、IPAに設立されたデジタルアーキテクチャー・デザインセンター（DADC）がある。ハードウエアあるいはネットワークのみならず、法律を含む社会制度の最適化も必要となる。その中心にあるのは、新たなITシステムのアーキテクチャーであり、それを実現するのは、ソフトウエアの設計力と開発力によるところが大きい。日本が世界と戦うには、これまでに経験のない大規模なソフトウエアの高い設計技術が求められる。その中心になるべきSIerの責任は極めて大きいと考える。

第2部

SIerを取り巻く環境

第3章 日本のDXの現状

3-1「DX推進指標」に見る日本企業のDXの実態

45 91

DX推進指標「ITシステムの評価項目（定性指標）」

「DX推進指標」とは、2025年の崖で一躍有名になった「DXレポート」を受けて、経済産業省が企業のDXへの取り組み状況を見える化するために策定したものである。私はこの指標策定に関わった委員の1人である。9つのキークエスチョンからなっていて、経営が目指すべきビジョンを明確にしたうえでコミットメントをすることを求めている。具体的には、DX推進するために必要な企業文化の変革・体制構築・投資あるいはDXを進める人材の確保などの仕組みの構築、そしてビジネスモデルおよび業務変革を経営のリーダーシップで実際に実行することを求めている。

大きく「経営視点での評価項目」と「ITシステムの評価項目」があり、経営者が現場と対話しながらセルフチェックで指標化する。以下、本書の主題に関連が深い「ITシステムの評価項目」の「定性指標」について説明する。

①ITシステムに求められる要素

「ITシステムに求められる要素」の評価項目は3つある。第一にデータ活用（リアルタイムに使えるようにいつでも目的に応じてデータが使えるか）、第二にスピード・アジリティー（環境変化に迅速に対応し、求められるデリバリースピードに対応できるITシステムとなっているか)、第三に全社最適(部門を超えてデータを活用し、バリューチェーンワイドで顧客視点の価値創出ができるようにシステム間を連携させるなどにより、全社最適を踏まえたITシステムとなっているか)である。これらはDXに求められるITシステムの条件を指標として明確化している。

②IT資産の分析・評価に求められる要素

「IT資産の分析・評価に求められる要素」としては、IT資産の現状について全体像を把握して分析・評価できているか、視点としては、アプリケーション単位での利用状況や、技術的な陳腐化度合い、サポート体制の継続性などで評価する。ただ、ITシステムの全体像把握は、中規模以上の企業にとって非常に難しいので、正しく評価できているかは疑問が残る。ただ、非常に重要な項目であることは間違いない。

③IT資産の仕分けとプランニングに求められる要素

「IT資産の仕分けとプランニングに求められる要素」の第一に廃棄(価値創出への貢献の少ないものや、利用されていないものを廃棄できているか)がある。これは、IT資産が廃棄されずに残っていると、実際に稼働していないのに、稼働資産として保守対象になり、全く無駄なシステム対応をしているケースが散見されるからである。多くのIT技術者が経験していると思う。該当ITシステムが稼働しているか稼働していないかは、ITシステムの担当人員が入れ替わると分からなくなる。その都度廃棄するのは時間とコストがかかるので、とりあえず後回しにされ、忘れられるということがしばしば起こる。技術的負債の大きな項目として、不要IT資産を仕分けできずに資産として扱っていることがある。そういう意味で適切にITシステムの廃棄がされているかどうかは、IT資産の健全性からの観点からも重要な項目である*。

＊ ITシステムの変革を行う際、まずは既存ITシステムの整理整頓が最初の一歩である。なぜなら、IT資産を圧縮すれば、再構築するITシステムの絶対量が減ってコストが圧縮され、規模が小さくなればプロジェクトリスクも低減し、より短期間での対応が可能となるからである。その意味では、廃棄が進んで初めて、ITシステムの変革が始まったということができよう。

第二に、競争領域の特定がある。企業にとってどの領域が競争領域かを認識したうえで、適切な対応をしているかどうかを企業に問いかける。競争領域のITシステムであれば、体制的にも内容的にも企業自体のコミットメントが必要になる。いわば、経営としての重要領域である。この領域の広さと難易度に応じた体制構築が必要になり、併せて、経営として状況を把握することが必要になるため、領域の特定の明確化がまず求められる。ただし、競争領域のITシステムは、競争領域であり続けるかというと必ずしもそうではない。例えば、新商品開発を支える新商品管理システムは競争領域であるが、市場に新商品が投入されてヒット商品になると、必ず他社が追従し、結果各社とも同様な商品を市場に投入することになり、新商品管理システムも結果的には各社が共通に装備することになり、非競争領域になる。つまり、競争領域は不安定な領域であることを認識しなければならない。非競争領域に変わったら、維持コストや信頼性などが企業の競争力になる。

第三に非競争領域の標準化・共通化がある。もともと競争領域であった領域が非競争領域になっており、その領域は現状のITシステムの多くの分野を占めている。この部分は会社として極めて重要な基幹系のITシステムが含まれる。それらを標準化・共通化しているかどうか、提供されているサービスを利用しているかどうかである。サービスを利用する場合、競争領域ではないので、自社の業務のやり方を通す根拠は無い。経営から見ると、そのITシステムに求められる品質（機能・信頼性など）を満たしたうえでコスト（初期および継続的なコスト）を下げていくことになる。従って、サービスの適切さ（企業規模によってITシステム化の範囲は変わるので、コストよりサービス範囲の適切さが重要）を踏まえたうえで、基本的には、「そのサービスが想定する組織と役割および業務に合わせて、サービスを導入する」という業務変革が必要になる。ポイントは、業務を合わせるように現場を調整する経営のリーダーシップが重要であるということだ。現場は、極力現状の体制・組織を守り、現状の業務に合わせようとする強烈な圧力を経営にかけてくる。だが、非競争領域の業務は、自社の優位性を生み出していない。そのことを経営として、明確に現場に示すことが重要である。

さらに言えば、サービスに業務を合わせることで、無駄なカスタマイズを最小限に抑えてサービスのコストを抑えることができ、結果的に自社の競争力を高めることにつながる。そうしたことも現場に理解させることも重要である。まさに、経営のリーダーシップが求められる。サービスが提供されていなければ、業界として共通化を進めていく必要がある。それぞれの企業で該当部分を再構築するのは無駄が多くリスクも高い。従って、業界として共通化に取り組む必要があると考えられる。このような業界横串の活動を進めていくのも経営者としての務めである。業界を取りまとめていく活動も経営には求められる。逆に、業界横串の活動を、主体性を持ってSIerが取り組み、SIerの責任で業界に対して最適な案を提示するべきと考える。まさに、SIerがSIのサービス化を図ることができる領域である。

第四にロードマップがある。DXに向けて全社のITシステムの状況を踏まえたうえで、自社のDXの在り方を明確にする。そのうえで、目指すべき自社のITシステムの姿とそれに向かうロードマップを策定できているかを明らかにする項目である。まずは、プランの策定ができているかどうかを確認する。実際は、アクションとその達成度を確認し、常に計画を見直しながらDXを進めていくことが経営には求められる。

④ガバナンスと体制

①②③を実際に進めていくために必要な仕組みを企業が構築しているかを問うものである。経営が実際にDXを進めるためには、行動が伴っていなければ単なる絵空事に終わる。DXの取り組みはまさに企業の将来を左右する極めて重要な活動であり、実質的な経営の取り組みが必須なのである。

従って本項目は、まずは経営資源としてお金と体制（人員とスキル）に対して必要な活動をしているかどうかを明らかにする項目が掲げられている。経営の仕組みとして、ITシステムに対する事業部門のコミットメント、部門横断型の仕組みとしてデータ活用の仕組みが求められている。さらに、今後特に求められるセキュリティーおよび個人情報保護の徹底できる仕組みの構築も求めており、そのうえで、IT投資の適正化を経営自身が評価できる仕組みの構築を確認している。

46 91

DX推進指標「ITシステムの評価項目（定量指標）」

ここまで説明したのは「定性指標」だが、DXを推進するITシステム構築の取り組み状況に関する「定量指標」がある。実際に取り組んでいる行動の状態を数値で確認することを目的としている。

経営に関する観点で言うと、製品開発のスピード（企画から実際の提供までの時間を示すことで、スピーディーな商品開発が行われているかを明示的に示す）、新たな顧客の獲得の状況、調達購買力の効率性とガバナンスなど。DXの進展状況としては、デジタルサービスの売り上げ度合い、DXのためのトライアル件数、他業界との提携など。これらはすべての企業のDXの状況を示す数値ではなく、数値の妥当性についても企業ごとに変わると考えられるが、企業経営者が自社の実態をつかむために重要観点として挙げられている。これを基に、企業としてさらに把握すべき定量的な数値を追加し、目指すべき目標数値を明確化することで、企業のDXの進展度を客観的に把握できると考える。

ITシステム評価項目（定量指標）は、大きく「ITシステムへの投資・IT人材の整備状況の定量指標」と、「ITシステムのDX対応力の定量指標」の2つからなる。

前者は、IT予算の8割がランザビジネスに使われている状況をいかに改善するかを定量的な数値目標を定めたうえで、現状を評価する数値である。DXに必要とされる人材を、事業・技術の両面から目標数値を定めたうえで、現状の数値を評価するように求めている。加えて人材の育成に関しても予算の計上を具体的な数値として目標に含めることを求めている。

後者は、DXに対応するためのITシステム要件として、データ鮮度、ITシステムの対応スピードと対応量、アジャイルの適応によるアジリティーの確保について具体的な数値を求めている。すべてのITシステムのDX対応を示す数値が列挙されているわけではないが、重要な項目は整理されており、これらの数値がすべて適切な数値となっていれば、ITシステムのDXへの対応能力は高いと考えられる。

DX推進指標は、中立組織として経産省から指名されたIPAが運営している（私は当時の運営責任者であった）。IPAのホームページにチェックシートがあり、それをダウンロードし、企業が記入してIPAにアップロードする。IPAは提出企業のDX推進指標を分析し、優先的に情報開示している。この分析は、業種あるいは企業規模ごとなどのベンチマークになっており、企業自身がどのようなポジションであるかを認識できるものになっている。

後述するDX認定制度でもDX推進指標相当の自己診断を求めており、DX認定を受けるためにも必要と位置付けられている。2020年に改訂された情報処理の促進に関する法律（情促法）でDX認定制度の事務処理を行う機関としてIPAが指定されている。DX推進指標を提出した企業は、自己診断を免除され、DX推進指標とDX認定制度のスムーズな連携が取れる仕組みとなっている。DX認定制度のデータとDX推進指標のデータをIPAはもつことになるので、これらのデータを活用することで、我が国におけるDX推進状況を正確に見極めることが可能になる。これらのデータは、政策を立てる政府にとって極めて重要な指標である。

47 91
DX推進指標の分析

DX推進指標を活用する企業は順調に拡大している（**図表3-1**）。特に大企業では顕著で、数年分の蓄積があることから、当初できなかった経年変化の分析が可能となった。これにより、DXの我が国での進捗状況や現在抱えている課題がより鮮明になっている。それらを記載したIPAの「DX推進指標自己診断結果　分析レポート（2021年版）」は非常に参考になる情報が載っている。当初からDX推進指標の分析にご尽力いただいている東洋大学の野中誠教授ら、分析の専門家の意見をふんだんに取り入れた報告書になっており、分析内容は客観的・専門的である。

この項では、DXに積極的な企業分析の結果を紹介する。DXに積極的に取り組んでいる企業の実態を把握し、抱える課題を明確にすれば、企業がDXに取り組むうえでの真の課題を抽出できると考えるからである。積極的に取り組んでいる企業でないと、本当の課題は見えてこない。

DX推進指標の分析では、当初から平均がレベル3（全社戦略に基づく部門横断的推進の状態）以上の企業を先行企業として取り扱い、他の企業との差分などを分析している。この分析は、2021年度のデータに関し

従業員数規模別				
区分	2019年	2020年	2021年	対前年増減
1. 20人未満	8	15	32	+17
2. 20人以上100人未満	13	37	55	+18
3. 100人以上300人未満	43	50	68	+18
4. 300人以上500人未満	18	21	31	+10
5. 500人以上1,000人未満	27	42	58	+16
6. 1,000人以上3,000人未満	45	61	85	+24
7. 3,000人以上	82	81	157	+76
総計	236	307	486	+179

※2019年には従業員数規模無記入の回答が12件存在している。

売上高規模別				
区分	2019年	2020年	2021年	対前年増減
1. 3億円未満	11	16	37	+21
2. 3億円以上10億円未満	10	15	22	+7
3. 10億円以上20億円未満	2	14	17	+3
4. 20億円以上50億円未満	19	23	37	+14
5. 50億円以上100億円未満	14	22	32	+10
6. 100億円以上500億円未満	57	77	103	+26
7. 500億円以上1,000億円未満	18	23	37	+14
8. 1,000億円以上	105	117	201	+84
総計	236	307	486	+179

※2019年には売上高規模無記入の回答が15件存在している。

図表3-1
出所：IPA『DX推進指標 自己診断結果 分析レポート（2021年版）』

ても継続的に分析している。しかし、DX推進指標は自己診断であり、評価を絶対基準で見ているわけではない。先行企業の動向に関しては、傾向に誤差が生じやすいと考える。そこで、3年間継続してDX推進指標を提出し続けている企業に注目する。大企業ではあるが43社あり（**図表3-2**）、その集団をDXへの取り組みが積極的な企業とする。DX認定制度は2年更新のため、必ずしも毎年DX推進指標を行う必要はない。3年連続実施している企業は、DX認定制度とは別に、DX推進指標が提供開

企業種別	数	現在値の平均			目標値の平均		
		全指標	経営視点指標（定性）	IT視点指標（定性）	全指標	経営視点指標（定性）	IT視点指標（定性）
2021年（43社）	43	2.42	2.44	2.00	3.88	3.91	3.85
		差0.38	差0.46	差0.29	差0.20	差0.24	差0.15
2020年（43社）	43	2.04	1.98	1.71	3.68	3.67	3.70
		差0.20	差0.26	差0.13	差0.13	差0.14	差0.12
2019年（43社）	43	1.84	1.72	158	3.55	3.53	3.58

図表3-2
出所：IPA『DX推進指標 自己診断結果 分析レポート（2021年版）』

始されて以降かかさず自社のDX状況を自主的に継続的にチェックしていると考えられる。自己申告のレベルは必ずしも高くないが、地道にDXに向けて実際に行動をしている企業といえる。DXの活動は、地道に継続することが極めて重要であり、行動こそが取り組みの実態を表していると考える。以下、3年または2年連続してDX推進指標を取得している企業を「DX推進積極企業」としてデータを見ていく。

3年連続DX推進指標を継続している「DX推進積極企業」のデータを見ると、全項目の平均は前年より向上している。統計的な優位性がない項目として、「データ活用」「スピード・アジリティ」「全社最適」「廃棄」「非競争領域の標準化・共通化」「IT投資の評価」の6項目が挙げられている（**図表3-3**）。これらすべてITシステム構築に関する指標である。経営に関する指標は、年々整備が進んでいるが、ITシステム構築に関しては、前述の6項目を中心に評価値の向上も評価水準自体も低い。次に、2年連続DX推進指標を提出している「DX推進積極企業」のデータを見ると、統計的な優位性がないのは「廃棄」と「全社最適」の2項目であった（**図表3-4**）。

「廃棄」は既存ITシステム改革の一丁目一番地である。尊敬する大手ユーザー企業のCIOの方が、既存ITシステム改革でまず始められたのは、既存ITシステムのスリム化である。まず、多くの無駄と思われ

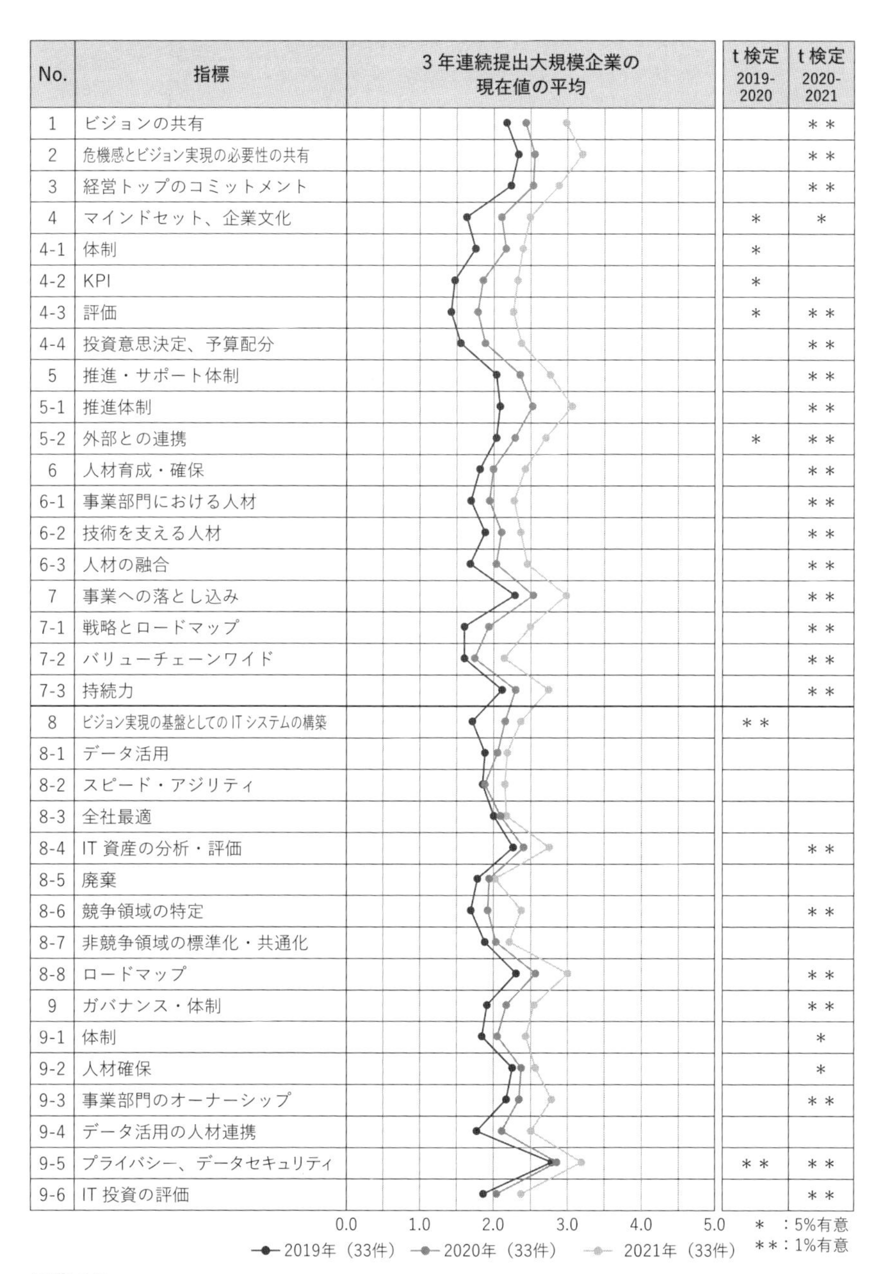

No.	指標	3 年連続提出大規模企業の現在値の平均	t 検定 2019-2020	t 検定 2020-2021
1	ビジョンの共有			＊＊
2	危機感とビジョン実現の必要性の共有			＊＊
3	経営トップのコミットメント			＊＊
4	マインドセット、企業文化		＊	＊
4-1	体制		＊	
4-2	KPI		＊	
4-3	評価		＊	＊＊
4-4	投資意思決定、予算配分			＊＊
5	推進・サポート体制			＊＊
5-1	推進体制			＊＊
5-2	外部との連携		＊	＊＊
6	人材育成・確保			＊＊
6-1	事業部門における人材			＊＊
6-2	技術を支える人材			＊＊
6-3	人材の融合			＊＊
7	事業への落とし込み			＊＊
7-1	戦略とロードマップ			＊＊
7-2	バリューチェーンワイド			＊＊
7-3	持続力			＊＊
8	ビジョン実現の基盤としての IT システムの構築		＊＊	
8-1	データ活用			
8-2	スピード・アジリティ			
8-3	全社最適			
8-4	IT 資産の分析・評価			＊＊
8-5	廃棄			
8-6	競争領域の特定			＊＊
8-7	非競争領域の標準化・共通化			
8-8	ロードマップ			＊＊
9	ガバナンス・体制			＊＊
9-1	体制			＊
9-2	人材確保			＊
9-3	事業部門のオーナーシップ			＊＊
9-4	データ活用の人材連携			
9-5	プライバシー、データセキュリティ		＊＊	＊＊
9-6	IT 投資の評価			＊＊

図表3-3
出所：IPA『DX推進指標 自己診断結果 分析レポート（2021年版）』

No.	指標	2年連続提出企業の現在値の平均	t検定 2020-2021
1	ビジョンの共有		＊＊
2	危機感とビジョン実現の必要性の共有		＊＊
3	経営トップのコミットメント		＊＊
4	マインドセット、企業文化		＊＊
4-1	体制		＊＊
4-2	KPI		＊＊
4-3	評価		＊＊
4-4	投資意思決定、予算配分		＊＊
5	推進・サポート体制		＊＊
5-1	推進体制		＊＊
5-2	外部との連携		＊＊
6	人材育成・確保		＊＊
6-1	事業部門における人材		＊＊
6-2	技術を支える人材		＊＊
6-3	人材の融合		＊＊
7	事業への落とし込み		＊＊
7-1	戦略とロードマップ		＊＊
7-2	バリューチェーンワイド		＊＊
7-3	持続力		＊＊
8	ビジョン実現の基盤としてのITシステムの構築		＊＊
8-1	データ活用		＊＊
8-2	スピード・アジリティ		＊＊
8-3	全社最適		
8-4	IT資産の分析・評価		＊＊
8-5	廃棄		
8-6	競争領域の特定		＊＊
8-7	非競争領域の標準化・共通化		＊＊
8-8	ロードマップ		＊＊
9	ガバナンス・体制		＊＊
9-1	体制		＊＊
9-2	人材確保		＊＊
9-3	事業部門のオーナーシップ		＊＊
9-4	データ活用の人材連携		＊＊
9-5	プライバシー、データセキュリティ		＊＊
9-6	IT投資の評価		＊＊

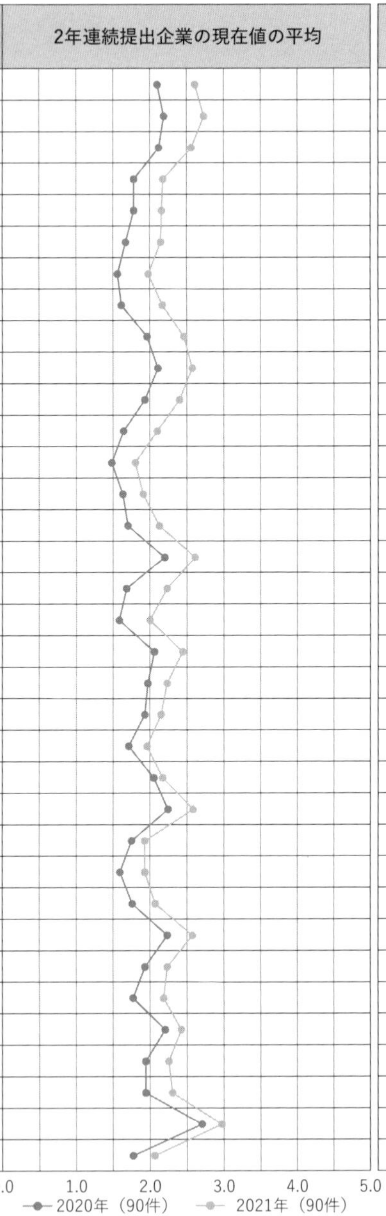

0.0　1.0　2.0　3.0　4.0　5.0

―●― 2020年（90件）　―●― 2021年（90件）

＊　：5%有意
＊＊：1%有意

図表3-4

出所：IPA『DX推進指標 自己診断結果 分析レポート（2021年版）』

る帳票や画面などを洗い上げ、それらを参照も提供もできないようにしてITシステムを運用した。1年後クレームが上がらなければ該当ITシステムを順次廃棄することで、大幅な資産圧縮とITシステムのコスト削減を実現した。ITシステムの廃棄により、利用していたソフトウエア製品の保守コストなどの圧縮、ITシステムのリソース圧縮など帳票削減以外のコスト効果が生じたという。まずは、「廃棄」からなのである。

「廃棄」が思うように進まないということは、まだ、既存ITシステム変革の第一ステップができていないということになる。実際に廃棄しようとすると、不要かどうかを調査し、実際に利用していないことを確認し、そして廃棄する手順となるので、ある程度の時間がかかる。

「全社最適」に関しては、DX推進指標では「部門を超えてデータを活用し、バリューチェーンワイドで顧客視点での価値創出ができるよう、システム間を連携させるなどにより、全社最適を踏まえたITシステムとなっているか」と定義されている。「データ活用」の前提は、既存ITシステムを含んだデータの整備が極めて重要であり、そのためにも前者のITシステムが最適化された状況が必要なのは既に述べてきた。ある意味、既存ITシステムの変革のゴールが「全社最適」ということができる。いまだ既存ITシステムの入り口である「廃棄」がままならぬ状況で「全社最適」が進んでいるはずもないのである。

「DX推進積極企業」においてもこのような状況である。恐らくこれらの企業は、既存ITシステムの変革の難しさを痛感しているのではないだろうか。

「データ活用」と「スピード・アジリティ」は、DXに対応するためのITシステムの基本要件だと思う。これを実装するには、マイクロサービスのアプリケーション・アーキテクチャーなどを採用し、アジャイルな行動スタイルで、DevOpsなどの開発環境を整備することが必須である。

「DX推進積極企業」でさえ新たなソフトウエア開発技術への変換が不十分であることが示されている。

「非競争領域の標準化・共通化」は、既存ITシステム変革におけるコストおよびリスク低減策として重要な活動である。だが、これまで他社との差別化を図るために企業が個別にITシステムを開発してきたので、個別企業としても業界全体としても、ITシステムを共通化するマインドも仕組みも不十分である。そういう意味では、本指標の求める状況への道のりはまだまだ遠いと考えられる。

「IT投資の評価」は、「ITシステムができたかどうかではなく、ビジネスがうまくいったかどうかで評価する仕組みとなっているか」と定義されている。あくまで私の推測だが、新商品を開発する際にITシステム化は大前提なので、投資効果を測るという考えがあまりないのではないだろうか。もっと言えば、そもそも商品開発のコストをIT以外も含めて正確につかんでいない可能性がある。もともとIT投資は効率化のための投資であり、比較的投資効果が分かりやすい案件であった。初期投資の評価はそれなりにされてきたが、ITシステムはいったん開発されると廃棄するまでコストが発生する。ランニングコストは初期投資の判断を行ううえで考慮されず、あるいはランニングコストを5年程度しか見積もらないなど、実態のコストとかけ離れた考慮しかされていないのではないかと推察される。現在のITシステムの不良資産化（技術的負債化）は、ランニングコスト、いわゆるランザビジネスのコストが8割を占めることが最も深刻であり、「IT投資の評価」の適正化も重たい課題であることは間違いない。

DX先行企業（平均3以上の企業）とそれ以外の企業を比較すると（**図表3-5**）、傾向としてはDX推進積極企業と大差ないように推察できる。これらのことを踏まえると、DXに対して積極的に取り組んでいる企業であっても、既存ITシステム変革、ソフトウエア技術の変革の双方が遅

No.	指標	先行企業と非先行企業の現在値の平均：非先行企業	先行企業と非先行企業の現在値の平均：先行企業	t 検定
1	ビジョンの共有	1.82	3.80	＊＊
2	危機感とビジョン実現の必要性の共有	1.91	3.87	＊＊
3	経営トップのコミットメント	1.82	3.92	＊＊
4	マインドセット、企業文化	1.57	3.55	＊＊
4-1	体制	1.56	3.47	＊＊
4-2	KPI	1.48	3.48	＊＊
4-3	評価	1.26	3.26	＊＊
4-4	投資意思決定、予算配分	1.33	3.55	＊＊
5	推進・サポート体制	1.64	3.60	＊＊
5-1	推進体制	1.78	3.77	＊＊
5-2	外部との連携	1.78	3.44	＊＊
6	人材育成・確保	1.33	3.36	＊＊
6-1	事業部門における人材	1.20	3.21	＊＊
6-2	技術を支える人材	1.28	3.24	＊＊
6-3	人材の融合	1.35	3.37	＊＊
7	事業への落とし込み	1.93	3.70	＊＊
7-1	戦略とロードマップ	1.48	3.40	＊＊
7-2	バリューチェーンワイド	1.36	3.14	＊＊
7-3	持続力	1.74	3.58	＊＊
8	ビジョン実現の基盤としての IT システムの構築	1.68	3.55	＊＊
8-1	データ活用	1.64	3.38	＊＊
8-2	スピード・アジリティ	1.51	3.23	＊＊
8-3	全社最適	1.76	3.28	＊＊
8-4	IT 資産の分析・評価	1.91	3.55	＊＊
8-5	廃棄	1.45	3.29	＊＊
8-6	競争領域の特定	1.42	3.31	＊＊
8-7	非競争領域の標準化・共通化	1.45	3.41	＊＊
8-8	ロードマップ	1.83	3.50	＊＊
9	ガバナンス・体制	1.64	3.44	＊＊
9-1	体制	1.55	3.53	＊＊
9-2	人材確保	1.93	3.70	＊＊
9-3	事業部門のオーナーシップ	1.62	3.52	＊＊
9-4	データ活用の人材連携	1.87	3.33	＊＊
9-5	プライバシー、データセキュリティ	2.30	3.77	＊＊
9-6	IT 投資の評価	1.44	3.62	＊＊

0.0　1.0　2.0　3.0　4.0　5.0

差 上位5指標　差 下位5指標

非先行企業（400件）　先行企業（400件）

＊　：5%有意
＊＊：1%有意

図表3-5

出所：IPA『DX推進指標 自己診断結果 分析レポート（2021年版）』

れている。一般企業はさらに変革が遅れていると考えられる。それは、本書の前提である「DXの変革を支える基盤となるITシステム変革とソフトウエア技術変革が不十分である」という問題意識を裏付ける結果になっている。

48 91
DX推進指標の限界

DX推進指標は、経営がDXに向けて進むための第一歩として非常に有効である。なぜなら、経営面、ITシステムの両面から、自社のDX対応状況を把握でき、課題を浮かび上がらせることができるからである。また、IPAのベンチマークの活用により、業界内での自社の位置付け、日本の中での位置付け、DXに対する企業の共通的な課題あるいは自社固有の課題なども明らかになり、自社のDX戦略を立てるうえで重要な情報が得られる。

しかしながら、DX推進指標は万能ではない。

第一に、あくまで自社内の自己評価であり、客観的な評価ではない。評価を行う人の指向（甘めの評価をする人、厳しめの評価をする人など）の統一化は非常に難しく、レベルをそろえること自体非常に難易度が高いと考える。経営者にお願いしたいことは、目標のレベルを中長期と短期（1年程度）で設定し、達成度合いを測定できる数値目標あるいは共有できる状態（例えば、部門を超えたメンバーが頻繁に真剣な議論をしている状況が皆で共有されるなど）をしっかり定義してほしいということだ。進捗状況が思わしくない場合は、現状の評価が異なった可能性があることを認識し、毎年定期的にDX推進指標を活用して状況を確認しながら、評価の適正化を図ることが重要である。お勧めなのは、企業自身で定期的なチェック項目（例えば、戦略的なアライアンス分野を特定し状況を可視化できる項目など）を追加し、自分自身に適合した企業独自のDX推進指標にしていくことだと思う。

さらに客観性をもたせるために、内部で十分な議論をしたうえで、第三者の専門家とSIerの経営者から個別に経営者自身が現場責任者と共に報告を受け、しっかりとした議論をすることが必要だと思う。そして、より現実の自社のDXへの取り組み状況を踏まえたうえで、経営者自らがしっかりとしたPDCA（Plan-Do-Check-Action）を実施していくことだと考える。

第二にDX推進に関する経営のコミットメントレベルが企業ごとに大きくばらつく可能性が高いからである。例えば、意識の低い経営者は、自社の評価を高くしようと意図的に指示を出している企業もあると考えられる。また、DX認定をとるための手段と捉え、経営が企画セクションに丸投げしているケースもあると考えられる。制度設計に携わった立場からすると、そのような事態にならないようにガイドラインなどにしっかり記述しているが、最も恐れる事態は、経営者の関わり不足である。DX推進指標をIPAに提出している企業は大企業を中心に増えている。当然認定企業も年々増加しており、2022年7月現在で400社を超えている。それらの企業経営者が主体的にDXに取り組んでいることを願うばかりである。

DX認定制度を実施すること自体が重要な変化である。DX認定制度では、認定を受けるために、経営のコミットメントを保証する必要がある。例えば、統合報告書などに経営としてのコミットメントが明記されていることが必要とされる。大手証券会社の機関投資家向けのセミナーでDXに関する講演を依頼され話をした際、出席者が多く驚いた。投資家は、DXへの対応が将来の株価に直結する認識を持っている。また、DX銘柄制度（東京証券取引所と経産省で共催し、DXに取り組み状況で企業評価する制度）も、毎年日本経済新聞で大きく取り上げられ、経営者の認識も高くなっていると想定される。

ただ、これらの状況と、経営者の取り組みは、必ずしも一致していないと思う。というのも、いまだにCIOあるいはIT部門の位置付けが高いとは言えないからである。DXに本気で取り組むなら、社内のIT部門を大改革する必要がある。米国では、CIOの位置付けはCFO並みだといわれる。非常に重要なポジションで、CEOはITに関してCIOと対等に話せるのが普通である。CIOおよびIT部門の権限の向上なくして、DXおよびITシステムに真摯に経営者が向き合っているとはいえない。

第三に、ITシステムのトラブルは、企業にとって致命的な障害につながることがある。また、商品価格など、重要な経営判断を行うためのITシステムも存在する。その他多くの性質が異なるITシステムの全体集合として企業全体のITシステムが出来上がっている。人体で言うと、脳・胃・心臓・手・足などの部位ごとに役割が異なり、そういった異なった部位の集合体として人体があるようなものである。当然ながら、それぞれのITシステムに求められる要件は、DX面だけで語れるものではない。また、新しく作られたITシステムと古くから稼働しているITシステムの課題は大きく異なる。

ITシステムに関して言えば、DX推進指標は健康診断の問診レベルである。おなかの調子が良くないとか、たまに頭痛がするとか、よく眠れないとか、原因ははっきりしないが体調は良くないというレベルである。ITシステムは会社が生きるための仕組みを提供しており、人体で言えば自律神経系であり、無意識の脳の管轄であり、自立制御系である。従って、問診レベルでは、なかなか実態がつかめないのも事実である。

DX推進指標の分析でも述べたが、DXに真剣に取り組んでいると想定される3年連続提出企業の傾向として、明らかにITシステムの重要な項目に関して他の項目と異なり、進んでいるといえない。特に、初動である廃棄の項目、DXのITシステムに求められる「スピード・アジリティ」

「データ活用」がうまくいっていない。さらに、「ITシステムの全体最適」も不十分であり、「非競争領域の標準化・共通化」にまで至ってない状況である。まさに、ITシステムとしては不調な状態であるが、何が問題なのか、明らかになっていない状態である。恐らく、ITシステムの具体的な課題を十分把握できていないことも一因であると考える。

つまり、DX推進指標のITシステム構築の項目だけでは、既存のITシステムの具体的な課題に到達できないのである。ここで言う具体的な課題とは、健康診断でいうところの胃などの具体的な臓器がどのような病気であるかが分かるレベルということになる。ということは、既存ITシステムを網羅的に把握する「精密検査」が求められる。実はこれが、私がIPAに在職中に開発した「プラットフォームデジタル診断」という手法である。

DX推進指標は、経営視点で企業のDXへの取り組みを可視化する。継続的に利用することでDXの進捗状況を把握することが可能で、同一マーケットでの自社の位置付けを理解する極めて有効な手段である。しかし、すべてが明らかになる魔法のツールではない。DX推進指標が示す示唆を厳粛に受け止めながら次への具体的な一歩を進めるのが経営の仕事である。

3-2 海外の動向

49 91

米国の動向

前著（『IT負債』）にて、これからのアプリケーション・アーキテクチャーは「マイクロサービス・アーキテクチャー」であると示した。当時は様々なご批判もいただいたが、クラウドネーティブなソフトウエア開発では、日本でもマイクロサービスが常識化しつつある。様々な関連技術が整備され、日本に流入してきている。日本でも、freee、マネーフォワード、メルカリ、LINEなどの企業は、マイクロサービス・アーキテクチャーでのソフトウエア開発、あるいはマイクロサービス・アーキテクチャーへの移行を完了していると思われる（3年前は移行途中であった企業も完了していると想定できる）。

米国においても、3年前時点で多くの大企業が基幹システムのマイクロサービス化を決断し、実行していた。失敗している事例も報告されたが、確実に挑戦を継続している。というのも、既存のアーキテクチャーで開発されたITシステム（すなわちモノリスシステム）では、様々な変化に素早く対応できないからだ。保守コストは高騰し、維持だけでも経営の大きな負担となっており、解決すべき経営課題となっていた。当時、企業の競争力強化につながらないランザビジネスのコストがITコスト全体の6割を占め、技術的負債といわれていたのである。日本は8割である。既存ITシステムはマイクロサービス化により、ソフトウエアの保守コストは9割以上削減できると思われるので、この課題の本質的な対応策となる。必要は、発明の母である。

当時、マイクロサービス・アーキテクチャーは技術的な課題を抱えていた。本アーキテクチャーは疎結合に機能を分離するため、実際に稼働しているプロセスは従来と比較にならないくらい多くなる。また、接続方式はAPIとなり、APIは少数項目のやりとりとなり、多くの項目をもつ従来型のトランザクションに比べ、API数は必然的に膨大になる。モノリスシステムは、モノリス（単数のシステム構成）なだけに状態監視は簡単で、接続方式も複数かつ多数項目のトランザクションデータを同一のラインで接続するため、監視すべきラインは1つのライン（副も入れて2本）で状態監視は非常に簡単になる。エラー時の対応もシンプルである。

ところが、マイクロサービス・アーキテクチャーの場合、多くのプロセスの監視、多数のAPI監視が必要になり、さらにエラー処理自体も極めて複雑になる。また、機能を分離しているため、エラーなどで処理が中断するとデータ間の不整合が発生しやすくなる。それを防ぐためには、エラー時の対応のための処理をアプリケーションソフトウエアで作り込む必要がある。モノリスシステムであれば、処理内のデータ整合性は、基本ソフトウエアで保証される。

また、マイクロサービスを適応するには、データベースの分割が重要になる。ところが、最初から細かく分離し過ぎるとサービス間の整合性が取れなくなる。データ定義を固めなければならないという既存のIT設計の考えがそうさせているのである。マイクロサービスは後から順次分離すればよく、着実に必要なところからデータベースを分割するのが肝要である。

新たな開発方式には、常に新たな技術リスクが伴う。実際、このリスクにうまく対応できず、マイクロサービスの導入に失敗した企業は多くあったが、この3年間でリスクに対応するツールや方法論の整備が進み、状況は大きく変わりつつある。

Amazon.comの影響からか、流通業のマイクロサービス化は進んでいる（日本の流通業にも大きな影響を与えている）。Amazon.comの無人店舗Amazon Goに訪問して一番驚いたのは、商品の価格である。安い街のドラッグストアよりも安価に提供している商品があった。米国のセブン-イレブンにも訪問したが、ドラッグストアよりはるかに高い。日本のコンビニエンスストアは、基本的には定価販売がベースである。その代わり品ぞろえと便利さが大いに消費者に受け入れられている。Amazon Goは、利便性と価格の訴求力を両方実現している。既存のコンビニエンスストアにとって脅威でしかない。店舗における人件費コストだけでなく、ITシステムのコストも相当下げていると考えられる。このような大変革を断行しなくては生き残れないと日本のコンビニエンスストア各社は考え、まさに眼前に迫りくる脅威と認識しているはずである。

ただ、米国においても、日本と同様に変革が進んでいない企業も多く存在する。私が3年前に訪問した際、米国の金融ITサービスを運営している企業では、COBOLを第一線で利用し、COBOL技術者を自社で教育育成し、これまでのアーキテクチャーをかたくなに守っているという印象を受けた。独占的な仕事をしていて、企業間競争が比較的少ない分野では、保守的な企業もまだ多く、ITシステムの変革への取り組みが遅れているように感じた。米国のITシステムは、新旧混ざり合った状況がしばらく続くように思う。

米国の動向を語るうえで外せないがクラウドベンダーである。クラウドは、ハードウエアやネットワークのリソースをリーズナブルな価格で、対応スピードも速く、いつでもサービス提供してくれる。一時的に大きなコンピューターパワー(あるいは大量データの格納や大量の通信など)が必要になっても対応してくれる。さらに、様々な基本ソフトウエア、ソフトウエアツール、ソフトウエアサービスも併せて提供することで、IT技術者は、アプリケーションソフトウエア開発に集中できる。IT技術者にとってクラウドは、自分たちのサービスの提供場所でもある。クラウドベンダーにとっては、サービスを提供する場の運営が競争力につながる。まさにクラウドは、IT技術、製品、サービスなどを生み育てるエコシステムになっている。

クラウドベンダーはほぼ米国と中国の企業に二分されている（**図表3-6**）。米国はAWS、Microsoft、Googleの3社、中国はアリババ、テンセントの2社である。世界をこの5社が独占しているといっても過言でない。ただ中国のクラウドベンダーは主に中国国内を対象としているので、実質的に世界のIT技術とマーケットは、米国のクラウドベンダーに集中している。

最大のパーソナルなIT機器であるスマートフォンの基本ソフトウエ

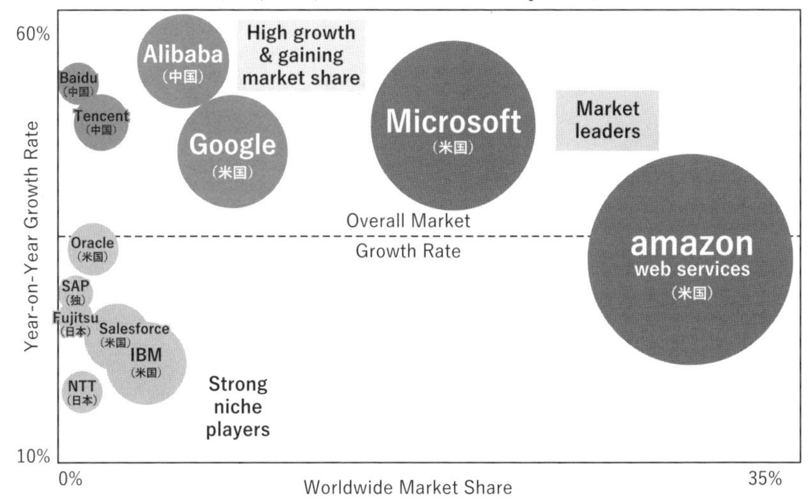

図表3-6
出所：Synergy Reasearch Group 2021/4

アは、iOSとAndroidの２つに独占されている（中国は不明）。いずれにしても、真ん中も周辺も米国に独占されているのである。

今後の技術開発は、ソフトウエアを中心とした時代に移行していく。そのソフトウエア開発の場は、クラウドとパーソナルIT機器提供者に集中する。従って、ソフトウエア中心の技術開発が行われる中で、技術立国であるはずの日本の競争力が確実に損なわれている。実際、日立・富士通・NECのハードウエアベンダーは、クラウドもパーソナルIT機器も完全に敗北している。各社ともハードウエア事業からの撤退を余儀なくされている。これは、日本だけではない。デジタル技術のかつての巨人IBMも衰退の一歩である。IBMは、PCあるいはブレードサーバーなどの主力ハードウエア商品事業を順次、中国レノボに売り渡している。

これからの成長を担うデジタルマーケットで、日本の競争力は確実に下がってきている。日本の強みの技術が競争力を失いつつあるが、資源の乏しい日本では、人材の力を発揮しやすい技術立国しか道はなく、その道を究めていくことが重要だと思う。

50 91
中国の状況

私の親しい友人に、中国から日本に帰化した有名メーカーの社員がいる。その人が言うには、「中国はデジタル技術を500超の分野に分け、すべての分野で国産化を目指し、技術開発を促すために特定の企業に集中させている」という。つまり、事実上国策として中国の巨大マーケットを特定企業に集中させ、売り上げを独占させてその収益を基に技術開発を促すのである。

4年前、中国の情報サービス産業の招きで、経済産業省のメンバーとともにJISA（情報サービス産業協会）の訪中団の一員として、中国・済南で行われた情報サービス産業協会の大会に出席した。その際、済南にある浪潮（inspur）という企業を訪問した。ホームページによると、IDC（インターネット・データ・センター）の分野で世界2位（2021年第3四半期のデータ）とあり、ハードウエアベンダーとしては世界トップ企業の一つだが、日本ではあまり知られていない。クラウドベンダーであるテンセントもアリババもハードウエアは浪潮に依存しており、ハードウエアの技術開発は浪潮に集中しているといってもいい。同時期に、中国・深圳にあるドローンで有名なDJIにも訪問した。浪潮と同様に中国の巨大マーケットをDJIに集中させ、巨大な投資余力を企業に持たせ、技術開発を促している。この手法はハードウエアだけでなく、OSなどのソフトウエアを含むすべてで実施されている。ある企業では、「この製造技術は日本に次ぐ技術を持っている」と豪語していたが、よくよく見ると日本の有名メーカーの機器を一部分に使っていた。だが、甘く見てはいけない。順番に確実に国産化を進めているのは確かなのである。

中国国外の製品を中国市場に提供するには、様々な技術の公開が前提条件となる。情報公開を拒めば、中国に商品を提供できない。情報公開すれば短期的には商売が成り立つが、情報を開示した以上、中国が自国で開発するようになるのは時間の問題である。何が重要な情報かどうかを見極めること自体が高い技術なので、何でもかんでも短期間に盗まれるわけではないが、IT技術の自立に向けて強い意志で取り組んでいるのは確かである。

中国は、巨大マーケットを背景に技術の獲得をもにらみながら、戦略的に米国に頼らないデジタル技術の自立と、最終的にはデジタルマーケットの覇権を目指している。

アプリケーションソフトウエア開発に関しても、日本と異なり、中国は大きく進んでいる。私はSIerを退職する際、お世話になった中国のオフショア会社の経営者に挨拶に行った。その時の経営者の話が非常に気になった。「日本でのソフトウエア開発の大変さを全く理解してもらえない」と嘆いていたのである。その企業はアリババなど中国ハイテク企業のソフトウエア開発も大規模受注しており、そうした企業から見て、日本のソフトウエア開発の仕方が全く理解できないのである。「若手社員は日本のソフトウエア開発の仕方に大きな不安を感じており、優秀な人材が社内で集まらない」と嘆いていた。その経営者は日本で学び日本を愛しているまじめなIT技術者である。日本向けオフショア開発が中国最大のソフトウエアの稼ぎ頭であった時代から20年、既にその面影は無くなっている。現状のソフトウエア開発を続けるのであれば、日本向けオフショアを続ける中国IT技術者はいなくなるだろうと感じた。デジタル技術の大半で偉大な先進国であった日本が中国のソフトウエア産業を育てた時代は既に終わった。「青は、藍より出でて、藍より青し」である。

中国はITシステムの普及が日本・欧米諸国などの先進国より遅れていたため技術的負債の度合いが低く、中国政府などのITシステムは、新たなソフトウエア技術での開発が進んでいる。実際、新型コロナ対応として、中国政府は、濃厚接触者を特定するITシステムや、様々な情報をスマートフォンで提供する仕組みなどを、短期間に提供している。先進国と比較して、デジタル技術の社会基盤への提供という面ではかなり進んでいる。このことは、中国だけでなく、東南アジアなどの諸国でも同様のことがいえる。新たなデジタル技術の適応次第では、今後の世界の中での各国の位置付けが大きく変わる可能性があるように、私は感じている。

社会へのデジタルサービスの普及は、中国が世界でも相当進んでいる。デジタルサービスの普及は、中国人には便利なのだとは思うが、外国人には不便を感じさせているように思う。

私は通算30回以上中国を訪問している。多くの中国人の方々に助けてもらい、現在も親交が続いている人もいて、心情的には親中派である。6～7年くらい前までは、北京・上海市内にタクシーが街中をたくさん走り、ホテルの前には多くのタクシーが待っていて、気軽に乗れて重宝したものだ。ところが3年前に行ったとき、一流ホテルの前でさえ1台もタクシーが止まっていない。滴滴を利用しているのである。

お店での支払いに困ったことがある。キャッシュが使えないと聞いていたので、クレジットカードで決済しようとしたが、それも使えないのである。中国ではアリペイなどの電子マネー決済が急速に広まり、現金を事実上受け取らないお店だらけである。店の店頭にはQRコードがあり、簡単に決済できる。駅のマッサージ器もQRコードが1台ごと張られており、アリペイで決済する。何でもかんでもアリペイである。ただ、アリペイを使えるようにするには、現地の銀行口座が必要になり、外国人には敷居が高かった。

また、そのようなアプリを入れたら最後、常に中国政府による捕捉が可能になってしまう。中国の人たちにとってスマホは財布代わりなので常に持ち歩いており、その結果、彼らの行動はすべて政府に掌握されている。実際、コロナ患者の接触が即座に把握されているのはそのためである。個々人のスマホに連絡が入り、陰性を確認するためにPCR検査を受けに行く。中国人は、電車に乗るなど様々な活動をするのに陰性証明が必要になる。陰性が証明されない限り何もできない。だから、深夜でもPCR検査に並ぶ。個人の自由はどこにあるのかと感じてしまう。

どんな本を購入した、どんな服を購入したなど、すべての購買行動が事実上政府には筒抜けである。ある意味、極めて安全な国なのかもしれない。現金取引とは、実は秘匿性の高い取引である。中国政府は最新のデジタル技術を活用して人民を個別に管理する術を手に入れたのである。中国人民は、スマホという新たなICチップを体内に移植されているのと同じ状態をつくられているのである。

デジタル技術は、使い方によっては非常に恐ろしい世界を実現する道具になる。個人情報の保護あるいは活用の制限などを、基本的人権の一つとして憲法に明記する必要があると、私は思う。デジタル技術の進展は、社会のルールを大きく見直すことも含めた変革なのだと思う。

51 91
その他の国の動向

3年前にフィンランドを訪問した時、政府のあるITシステムについて説明を受けた。驚くほど日本と似ているのである。いまだに新入社員にCOBOLを研修させ、メインフレームが稼働している。この国では多くの技術的負債が存在していることを容易に想像できる。恐らく、伝統的な欧州の国々は、日本と同じような状況であると考えられる。ただ、日本のようにSIerに丸投げをしているところは無いと考えられるため、ITシステムの状況は日本に近いが、対応に関しては日本の方が厳しいことは間違いない。

一方で、エストニアなど比較的新しい国々は、最新のソフトウエア開発技術を身に付けている。大きな理由としては、英語圏に比較的近く英語に堪能であり、コスト的にも安価な東欧諸国は、米国のソフトウエア開発のオフショア先として重宝されているからだ。ベトナムなどの東南アジアでも同じことが起こっている。米国の最先端のIT企業のアプリケーションソフトウエア開発を仕事として受注することで、自然とソフトウエア開発技術を身に付けてきているのである。

エストニアのX-ROADという仕組みは非常に優れている（**図表3-7**）。3年前エストニアに訪問した時、その先進性に非常に感動した。エストニアでは、ほとんどの役所への届け出はWebすなわちネットで完了する。ネットでできないのは婚姻関係届と不動産取引の2つだそうだ。これは、技術的な問題より文化的な問題であり、すべての取引がネットでできるといっても過言ではない。住所・電話番号・氏名などは、それぞれ別のサービスとしてデータベースも分離されている。個人情報の形態をとらないデータ構造で、金融機関などの外部企業は、いわゆる個人IDしか管理しておらず、氏名・住所などは管理していない。必要な場合はX-ROADにアクセスして取得することになる。個人の属性情報は国が一元化しており、住所変更もネットでX-ROADを更新すればすべて終了である。

日本では個人情報があちらこちらにばらまかれ、至るところで住所や氏名などの記入を求められるが、その必要もない。個人IDの申告だけでよく、それも電子化されているので極めてスムーズであり、わざわざ入力する手間がなく、ミスも起きない。自分の情報に誰がアクセスしたかは、X-ROADを通して自分で確認できる。身に覚えのないアクセスで

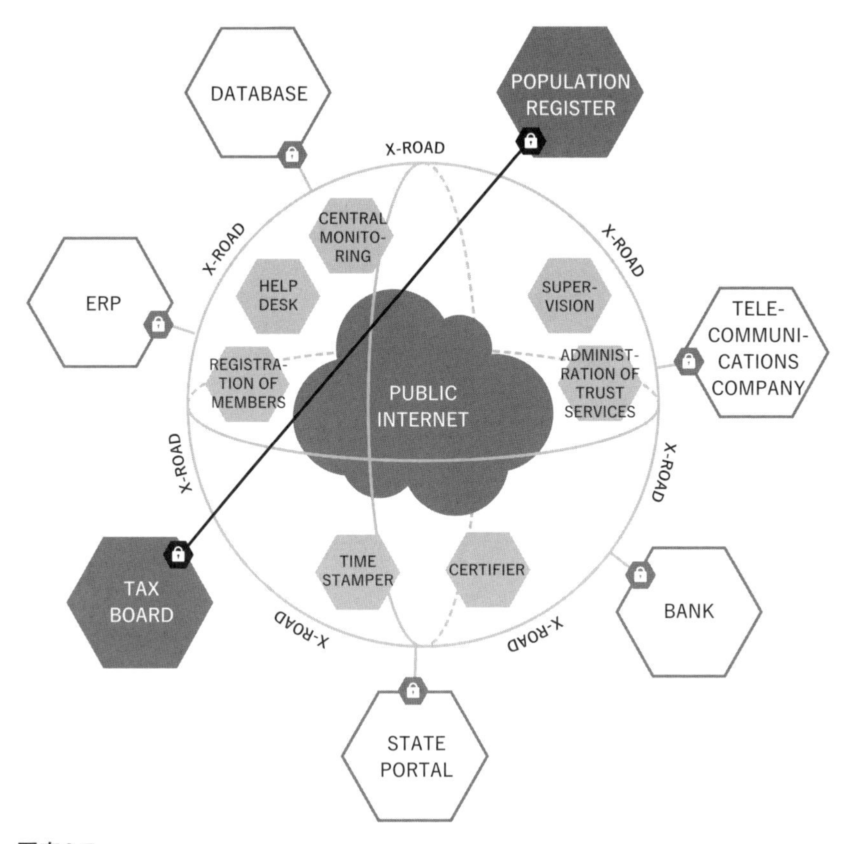

図表3-7
出所：Synergy Reasearch Group 2021/4

あれば、すぐに問い合わせができる。

　このX-ROADとの接続を活用して、様々なサービスが展開されている。例えば、学校の宿題の提出状況・テストの成績などを親が確認することが可能だ。学校では一人ひとりに端末が支給され、教科書はすべて電子化されているので教科書などを学校に持ってくることもなく、家でも学校と変わらない学習環境を得ることができる。

　IT技術者の立場からすると、個人情報の管理から企業側が解放されるだけでも、企業のITシステムの負担は大きく軽減される。何よりも入力ミスがなくなることは、業務側からも非常に効率的で無駄でかつミスの許されない作業が軽減される。

私は第7波で新型コロナに感染した。その際、病院で様々な個人情報を記入し、「保健所から連絡が入る」と言われたが、24時間たっても連絡がないので病院に連絡した。再度、携帯電話の番号を確認された。どうやら、携帯電話のショートメールに連絡が入るらしい。それを病院側で手入力しているようだ。携帯電話の番号を間違えると連絡が入らないことになる。保健所から数時間後に携帯電話にショートメールが入った。恐らく、保健所側で何らかの処理を行ったのだろうが想定できない。そもそも、健康保健証には住所が記載されており、携帯電話の番号も健康保険組合経由で取得可能だと思う。すごく不便な国、日本である。私は諸般の事情で宿泊療養施設を希望したが、まず、電話がつながらない。9時から16時の受付だそうだ。「こちらNTT……」を連呼されるか、電話を一方的に切られるという状態が1時間以上続いた。家族総出で連絡し、娘の携帯電話から何とかつながった。そしたら、「別途ご連絡します」とのことであった。それこそ、ネットで受け付けるべきかと思ったが、想定以上の件数が来たのだと思う。いずれにしても、ITシステムとしては不完全なもので、全体最適とはほど遠いITシステムになっていることがよく分かる。マイナンバーカードの普及もお金やポイントを配るのではなく、利便性を提供する方が効果も高く、業務効率も上がる。全体的なIT戦略があまりにもずさんな状況が垣間見える。

私が言いたいのは、10年も前から小国エストニアにできて、なぜ日本ではできないのかをきっちり整理する必要があるのではないかということだ。日本と違って人口が少ないからできるという方がいるが、だから何もしないのは理由にならない。したり顔で何もしないことこそが、この国の無策の根源なのではないだろうか。

実際、エストニアは130万人あまりの人口しかない。しかし、10年たてば100倍にハードウエアもネットワークも性能が向上することは、前にお話した通りである。既に10年が経過しており、120万の100倍、1億2000万の人口でも、当時のエストニアが投じたハードウエアコストで、十分に日本国民全体のITシステムの構築が可能となっているのである。恐ろしいスピードでIT技術は進歩している。当時、したり顔で何もしなかった方たちは、どう責任を取るのであろうか？

エストニアは国を挙げてスタートアップ企業を育成しており、リモート会議のSkypeなどを育て上げている。米国、カナダ、英国などと同じような機関がたくさん存在し、国だけでなく地方も民間も積極的に取り組んでいた。お金のにおいがしないような企業（個人）をサポートする機関、少数の投資家でできたレベルの企業をサポートする機関など、カテゴリーを分けてサポートしている。事業ごとに時期を区切ったチャンスを与え、所定の成果を出さない場合は退出していただくなど、常にマーケットにさらされながら、新たな事業開拓を促すエコシステムが出来上がっている。日本のように補助金を出すような対応ではなく、あくまでビジネスとしての将来性を追求させ、新たなチャンスを常に与える仕組みとなっている。

話は変わるが、EUはGAFAに対応すべく様々な規制を策定している。例えばGDPR（一般データ保護規則）が有名である。個人情報の保護に関する規制である。日本は個人情報保護法を施行し、EUとは相互認証方式を結んでいる。EUと日本はそれぞれの国法（日本の場合は、個人情報保護法、EUは、GDPR）を順守していれば、相互の法律を順守していると見なされる（日本企業は、日本の個人情報保護法を順守していれば、GDPRを順守していることに自動的になる）。ところが米国は、政治的にはEUと相互認証をする方向であったが、EUの最高裁が締結を中止させている。これは、米国企業に対して、米国政府がデータを開示させる規制（CLOUD Act）をかけているため、EUの個人情報を米国政府に開示させられるリスクがあると判断したからである。当然のことながら、中国に対しても同様な対応をEUは行っている。この点については、日本のガードは弱い。

EUは日本と同様に、自前でサーバー類をはじめとしたハードウエア製品を製造しているわけではない。そのためクラウドを使わざるを得ず、日本以上にクラウドベンダーからの圧力に敏感であり、GDPRをはじめとした様々な規制によって、米国に対しても厳しい姿勢で臨んでいる。

注目されているのが「ソブリンクラウド」である。「セキュリティー」「コンプライアンス」「データ主権」の3つを保証するクラウドだ。フランスは大手航空宇宙・企業防衛事業（Thales S.A.）経由でGoogleと契約している。契約内容は不明だが、国内でのデータ保管など、規制と技術的な支援も含めたかなり踏み込んだ契約だと思われる。暗号カギなどの管理は自国で行うなどCLOUD Actからデータを守ろうとしているが、この方法もいずれ限界になると思う。量子コンピューターなどが実用化されると、カギの有効性がどこまで担保されるか不明であるからだ。ドイツは、自前でクラウドを構築するべく政府が本格的に動いている。欧州は、米国のクラウドベンダーから自国国民のデータを守ろうとする。国民の基本権利であると考えているからだ。こういう動きは、非常に大きな力として今後も働くと考えられる。

3-3 日本のDX施策

52 91

日本のDX施策の全体像

いわゆるDXレポート（2025年の崖）をきっかけに、日本では大きく3つのDX推進施策が並行して実施されている（**図表3-8**）。第一はDX推進に向けた法整備、第二は企業の内発的なDX推進への働きかけ、第三は企業を取り巻くステークホルダーとの関係への働きかけである。まずはDXレポートの背景を説明した後、3つの施策について順に説明する。

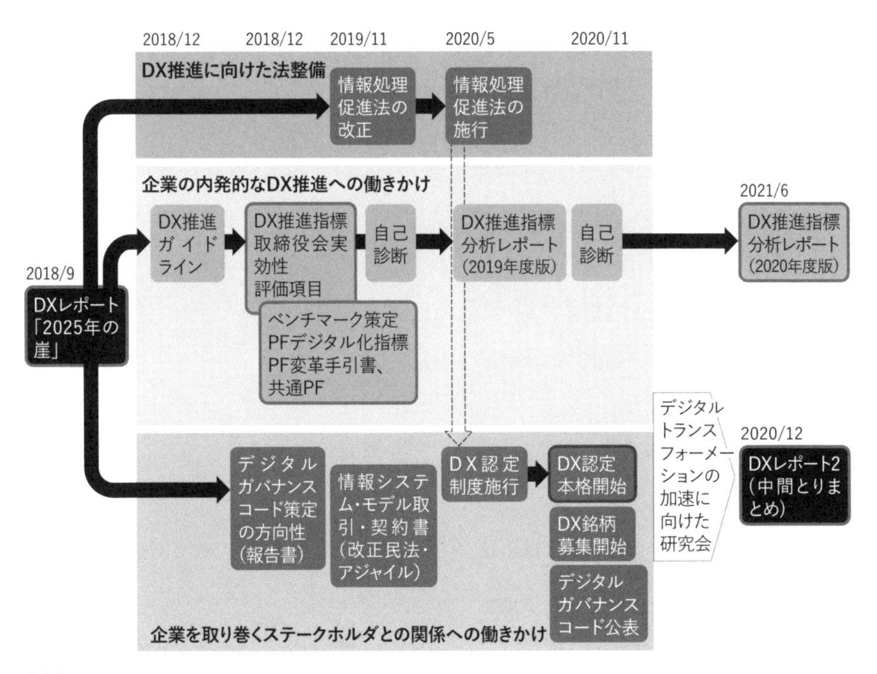

図表3-8
出所：経産省『DXレポート２』

DXレポートの背景

まず、DXレポートの背景を説明する。私はJISA（情報サービス産業協会）の理事で政策関係を検討する部会長を担当していたので、当時の経産省の政策責任者と何度も議論を交わしていた。DXレポートの最大のターゲットは、いわゆる技術的負債の一掃である。企業がDXを進めるには、既存ITシステムの変革に取り組むことが必須条件であり、そこが最大の難関であるからだ。DXレポートが発表されると、「2025年の崖」という言葉がバズワードとなり、既存ITシステムの変革の機運は高まった。だがDXはビジネスモデル変革が本丸であり、既存ITシステムの変革に偏り過ぎているとの批判が出てきたことも事実である。そのため、DX推進指標あるいはDXガイドラインは、経営変革にも配慮した内容に補強されている。しかしながら、本質的な政策目標は、既存ITシステムの変革にあると私は考える。なぜなら、ビジネス変革はあくまで企業単体で考えるものであり、国が支援するものではないからである。

日本企業は、いまだに親方日の丸の状況もあり、ビジネスモデル変革に対しても、政策的な対応を求めているのが実態であり、政府としてもできる範囲の支援をしようと政策を工夫している。後ほど説明する政府支援が、技術的負債に重心を置かれているのはそういう背景があることを認識していただければと思う。

次に、順次3つの活動について説明していこう。

DX推進施策1「DX推進に向けた法整備」

DX推進に向けた法整備として、「情報処理促進法」の改定のポイントを2つ説明する。一つは、DX認定制度の創設であり、その事務処理をIPAに委託すること。これにより、実質的にIPAがDX認定制度を実行することになる。IPAは経産省の政策執行機関の位置付けであり、実務としてDX認定制度を実施することになる。従って、実際の予算はIPA

側に計上されることになる。国の場合は、予算がどこに計上されるかが重要である。予算があるところにしか、実質的な権限はないからである。

もう一つは、経産省のモデル契約書の改訂である。今後のITシステムの開発契約は準委任契約になることが多い。業界の取引では委任契約の性格が強いと考えられ、成果物の提供というよりは、役務の提供を基本と考えられていた。しかし、実際裁判などで争われるとき、準委任契約に受託責任を問われるケースがある。そこで、裁判所も参考にしている経産省のモデル契約書の準委任契約の中に、役務提供型があることを明記するよう改定した。実際は、モデル契約についてIPAで維持管理することになったため、IPAが中心となって改定した。DXが進展していく中で、ITシステム開発のスタイルがアジャイル型に変更になると考えられているからである。というのも、様々な活動を純粋な受託契約として処理するのは、顧客・ベンダー双方とも非常に事務負荷がかかり、現実的ではない。また、派遣契約とすると常駐型になり、顧客の労務管理義務が発生する。専門的な技術者を固定的に特定顧客に派遣することは、ベンダーサイドとしても優秀なIT技術者の労働環境としても適切ではない。専門教育を随時実施するのも困難である。そういった双方の観点から、準委任契約の役務提供型が明確化された。

DX推進施策2「企業の内発的なDX推進への働きかけ」

第二の施策は、企業の内発的なDX推進への働きかけである。DXレポートを受けてDX推進ガイドラインを整備し、「DX推進指標」「PF（プラットフォーム）デジタル化指標」「PF変革手引書」「共通プラットフォーム」などがつくられた（「PFデジタル化指標」は後述する）。

「共通プラットフォーム」は、非競争領域のITシステムの機能を検討する場をIPAに設定したということである。現在進め方についてIPAで議論しており、一部領域での検討が始まっている。検討する場が設定されたことに意義がある。業界を横断するような課題に取り組む体制がIPAにはないので、業界あるいは業界に精通したSIerがこの場をうまく活用することが求められる。

DX推進施策3 「企業を取り巻くステークホルダーとの関係への働きかけ」

第三の施策は、企業を取り巻くステークホルダーとの関係への働きかけである。具体的には、「デジタルガバナンスコード」「DX認定制度」「DX銘柄制度」の3つが該当する。これらの3つの政策が関連しながら、また、様々な仕組みによる情報を収集し、それらの情報を踏まえながら、必要に応じて経産省が政策を調整しながら日本企業のDXを推進していく構造となっている（「DX認定制度」「DX銘柄制度」については後述する）。

「デジタルガバナンスコード」は、DX認定制度などの認定基準である。デジタルガバナンスコードの基本的事項が、DX認定するための申請項目と一致している。その意味では、DX認定制度はあくまでDX-Readyとして位置付けられている。DX銘柄制度は東京証券取引所と経産省とIPAが共催して選定する。選定企業は、DX認定制度を取得していることが前提となり、DX認定制度の上位の位置付けとされている。DX認定制度は、実質的にIPAが情報処理促進法に基づいた公的な認定制を行うものとなっている。また、DX認定制度の認定資格を取るための必要条件の中に、企業自身のDXの状況を、DX推進指標の活用などの方法で自己診断を行うこととなっている。すなわち、実質的にDX推進指標の活用が前提となり、IPAはDX認定の状況だけでなく、企業のDXの推進状況の把握が詳細に行えることになる。これらの状況を踏まえ、経産省の国の政策にフィードバックされていく。また、実際の既存ITシステムの課題の詳細な把握の手法（PFデジタル化指標）、あるいは既存ITシステムの共通的な技術課題に対応するための技術的な手法（変革手引書）により、各企業の課題解決に向けての支援を行っている。

53 91

DX認定制度とDX銘柄制度

DX認定制度は、情報処理促進法を根拠として、デジタルガバナンスコードが制定され認定基準が明確化されている（**図表3-9**）。具体的には、デジタルガバナンスコードの基本事項とDX認定制度の申請項目が整理されている（**図表3-10**）。従ってDX認定は、あくまで基本事項の要件を満たしたレベルである。そのため、DXに向かう準備ができたという意味で、DX-Readyと位

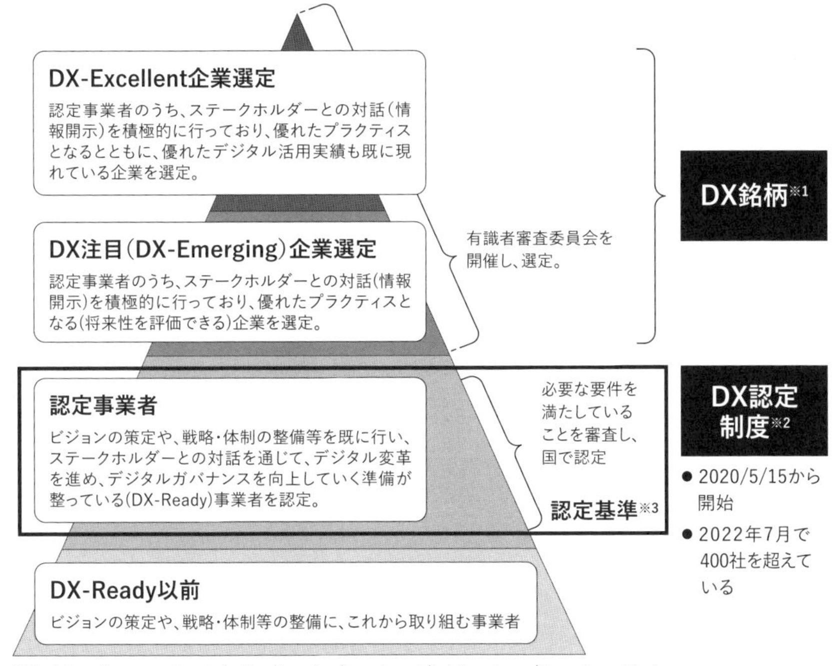

図表3-9
出所：経済産業省「第1回Society 5.0時代のデジタル・ガバナンス検討会事務局説明補足資料」

DX認定の項目	認定基準(デジタルガバナンス・コード)
(1) 企業経営の方向性及び情報処理技術の活用の方向性の決定	デジタル技術による社会及び競争環境の変化の影響を踏まえた経営ビジョン及びビジネスモデルの方向性を公表していること
(2) 企業経営及び情報処理技術の活用の具体的な方策(戦略)の決定	デジタル技術による社会及び競争環境の変化の影響を踏まえて設計したビジネスモデルを実現するための方策として、デジタル技術を活用する戦略を公表している こと
(2) ①戦略を効果的に進めるための体制の提示	デジタル技術を活用する戦略において、特に、戦略の推進に必要な体制・組織に 関する事項を示していること
(2) ②最新の情報処理技術を活用するための環境整備の具体的方策の提示	デジタル技術を活用する戦略において、特に、ITシステム・デジタル技術活用環境 の整備に向けた方策を示していること
(3) 戦略の達成状況に係る指標の決定	デジタル技術を活用する戦略の達成度を測る指標について公表していること
(4) 実務執行総括責任者による効果的な戦略の推進等を図るために必要な情報発信	経営ビジョンやデジタル技術を活用する戦略について、経営者が自ら対外的にメッ セージの発信を行っていること
(5) 実務執行総括責任者が主導的な役割を果たすこと による、事業者が利用する情報処理システムにおける課題の把握	経営者のリーダーシップの下で、デジタル技術に係る動向や自社のITシステムの現 状を踏まえた課題の把握を行っていること
(6) サイバーセキュリティーに関する対策の的確な策定及び実施	戦略の実施の前提となるサイバーセキュリティー対策を推進していること

図表3-10
出所：経済産業省「DX認定制度概要」

置付けられている。具体的には、「経営者が、デジタル技術を用いたデータ活用によって自社をどのように変革させるかを明確にし（1）、実現に向けた戦略をつくる（2）とともに、企業全体として、必要となる組織や人材を明らかにしたうえで（2）①、ITシステムの整備に向けた方策を示し（2）②、さらには戦略推進状況を管理する（3）（4）準備ができている状態」を意味する。

DX-ReadyはDXに関連する制度全体の初期段階に位置付けられる。DX-Readyの上位として、DX-Excellent企業・DX-Emerging企業がある（DX-Excellent企業・DX-Emerging企業は、DX銘柄制度の中で具体的に選定されるという制度設計になっている）。DX銘柄制度では、DX-Excellent企業

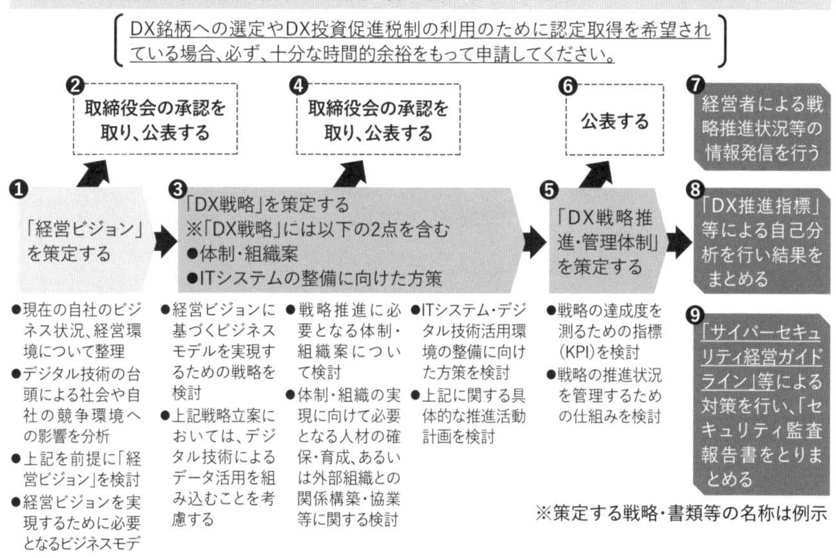

図表3-11
出所：経済産業省「DX認定制度の概要及び申請のポイントについて」

をDX銘柄として各業界から1社程度選定される。さらにこの中からDXグランプリとして、2021年度は日立製作所とSREホールディングスの2社が選定されている。また、DX-Emerging企業として、各業界から1社程度選出されている。DX認定制度・DX銘柄制度とも事務局はIPAが担当している*。

* これらの申請システムは、マイクロサービスのアプリケーション・アーキテクチャーを活用してIPAが構築した。当初制度設計が十分に進んでいない中（要件変更が頻発する中で）、実質3カ月程度でサービスを開発した。クラウドサービスも活用している。マイクロサービスの実用性を肌で感じることができた。

DX認定の取得は、次に示す流れで検討することを前提としている（**図表3-11**）。

1. DXを企業として推進することを経営として決断し、DX認定企業となることを宣言
2. 経営としてのDXに向けての「ビジョン」を策定し、社内外に宣言する
3. 自社のDX現状課題を把握するためにDX推進指標を活用し自己チェックを行う。既にDX推進指標を実施している企業は申請も含め免除される
4. 経営ビジョンと現状の課題を踏まえ「DX戦略」を策定し、内外に宣言する。DX戦略には、「体制・組織案」と「ITシステムの整備」の2つが必須
5. DX戦略を実行するために「DX戦略推進管理体制」を策定し、内外に宣言する
6. 上記を踏まえて、DX認定制度の申請をIPAに行い、認定を受ける

ポイントは、経営がリーダーシップをとって、活動を進めることである。経営のコミットメントを明らかにするために、ステークホルダーなどにDX推進を宣言する。投資家などから極めて関心の高いDX戦略についてあえて外部公表することで、経営者自身が自分事として取り組むように促している。また、DX戦略には、体制とともにITシステムの整備を具体的に求め、ITシステムの変革を求めている。このDX認定制度は、広く日本の企業が認定されるようになることが重要と考えており、認定基準に基づいて厳格に実施する目的の制度ではない。とにかく、DXの第一歩として活用してもらうための制度である。

この制度は、上場企業にとってはDX銘柄選定のための前提条件であり、中小企業においては、DX投資促進税制などの公的支援を受ける必要条件にもなっている。いずれにしても、DX認定を受けることは、企業にとってもメリットのある制度設計になっている。

DX銘柄制度については、2015年制度開始時は、「攻めのIT経営銘柄」として発足した。また、デジタルガバナンスコードの設定あるいはDX認

定制度の実施などを経て、2020年度からはDX銘柄制度に衣替えをした。さらに2021年度からは、2020年度から事務局として参加していたIPAも共催に加わることになり、DX推進を国の施策として一体的に進められる体制に整備されている。実際の審査はDX銘柄選定の委員会が設定され、一橋大学の伊藤先生を中心とした専門家の議論を経て決定される。

54 91

PFデジタル化指標　ステップ0、1

プラットフォームデジタル化指標を略して「PFデジタル化指標」と呼ぶ（**図表3-12**）。IPAが策定した既存ITシステムを見える化する指標であ

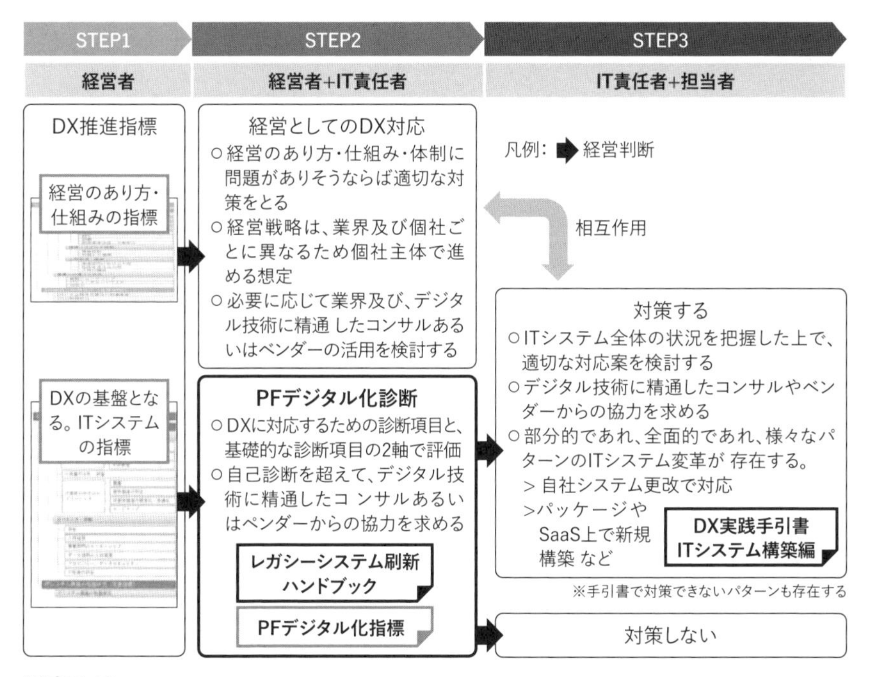

図表3-12
出所：IPA『プラットフォームデジタル化指標（利用ガイド）』

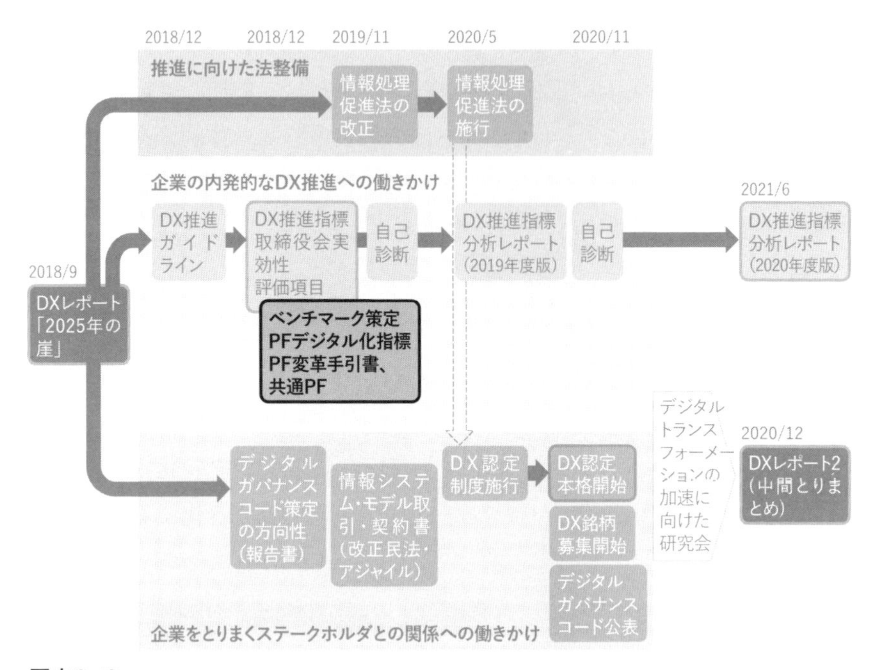

図表3-13
出所：経産省『DXレポート2』

る。私自身、この指標作成の責任者であり、作成の中心メンバーであった。

国の政策として、既存ITシステム改革がDXを推進するための必須条件であると警鐘を鳴らしてきたにもかかわらず、DX積極企業でさえ既存ITシステムの変革が進んでいない。DX推進指標のITシステム構築に問題があると判断された場合（目安が2レベル）、PFデジタル化指標で評価し、具体的な課題を整理して対策を打つことになる（**図表3-13**）。つまり、既存ITシステムのどの部分に問題があるか明らかにし、重要性を鑑みながら優先順位をつけて、具体的なITシステムの変革計画を立てるべきと考えられている。

そのためには、まず、企業のITシステム全体の構成を明らかにする必要があるが、これがなかなか難しい。もともとITシステムは部門単位にばらばらで作成されてきた経緯がある。効果が見込めるところから随時ITシステムが構築され、連携が必要になると、その都度既存のITシステムを修正して対応してきた。そのため、部門ごとのITシステム構成図は存在するが、全体ITシステム構成図というのはそもそも存在しない。企業内の全ITシステムを全体最適するのは、企業全体の視点で見ているCEOの役割となるが、特に日本の場合、CEOはITシステムに関心がなく、ITシステムの全体最適を考えるCEOはほとんどいないのが実態である。各部門の負担で現在のITシステムが成り立っているので、CIOもIT部門も各部門の下請け組織になっており、全体最適をする権限も立場もない。

しかも、実際のITシステムの開発は、部門ITシステムよりもさらに小さい「サブシステム」ごとに行われることがほとんどである。具体的な要件を明確にする単位は部門内の課などのチームごとになることが多く、その顧客チームとIT側のチームが協力してチーム単位の機能がつくられる。それがサブシステムであり、その集合が部門のITシステムとなる*。IT部門からすると部門ITシステムレベルの構成図は必要だが、全体ITシステム構成図を作る必要性を感じなかったのである。IT部門として、IT全体最適の責任を放棄してきたからと言える。

* 組織構成とITシステムの構成が同一になる傾向が高いというコンウェイの法則があるが、まさに、組織とITシステムは相似構造になる傾向が強いのである。

大企業では1000を超えるレベルのサブシステムが存在するので、サブシステム単位での分析はあまりに細かくて全体の傾向をつかむことは困難である。さらに、企業の歴史の中で、組織は拡大したり分割したり、場合によっては廃止されたりの繰り返しであり、当然のことながらその都度ITシステムは最適化されていないので、必ずしも部門とITシステムが一致していない。そういった組織の変化が、ITシステムの複雑化を進めた大きな原因でもある。このような変化の中で、使われていないIT

システムも多く生まれている。

PFデジタル化指標では、部門レベルのITシステムを「機能システム」と定義している。全体ITシステムは30～40個の機能システムで構成され、一つの機能システムは10～30個のサブシステムで構成される。基本的には一つの事業が一つの機能システムとなるが、主力事業だと組織が大きく複数部門を内包する場合があるので、その場合は階層構造の機能システムとなる。30~40個のレベルであれば、人間ドックで言えば、胃・心臓などの部位ごとにその特性を踏まえた診断を行うことができる粒度だと考えている。従ってこの粒度であれば、ITシステム全体の状況を整理できると判断したのである。

PFデジタル化指標は、機能システムレベルでITシステムの状態を明らかにし、ITシステムが全体としてどのような課題を抱えているかを明確にする方法論である（**図表3-14**）。機能システムの特性に応じて評価軸を調整し、課題を洗い出す方式である。最終的には、各評価項目のレー

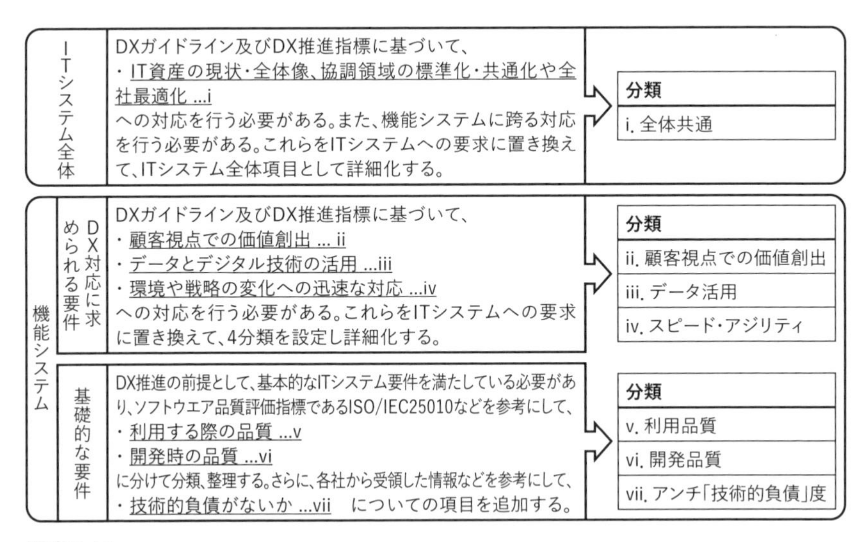

図表3-14
出所：IPA『プラットフォームデジタル化指標（利用ガイド）』

ダーチャートと機能システムの評価点数を明示する。機能システムごとに重要度に鑑みた重み付けをし、ITシステム全体としての総合評価点を算出できる。セキュリティーなどのシステム全体に関わる課題についても、機能システムとは別に評価する方法になっている。

以下、IPAのPFデジタル化指標の利用ガイドに沿って説明する（図表などは利用ガイドを参照した）。

図表3-15がPFデジタル化指標の構成である。ITシステム全体対する評価と、機能システムごとの評価からなっている。それぞれの評価は、属性項目と評価項目から行うことになっている（詳しくはIPAのPFデジタル化指標の利用ガイドを参照されたい）。**図表3-16**にPFデジタル化指標による流れを示した。以下、ステップ0～ステップ3の4つの活動

	種別	大分類	概要
ITシステム全体	属性情報	財務	全社レベルで把握すべき、ITの財務の現状 ● IT財務の現状（DX対応方針と財務面の整合性確認のため）
	評価項目	機能システム間の独立性 データ活用の仕組み 運用の標準化 ガバナンス	機能システム内に閉じない、横断的な評価項目 ●機能システム間の独立性 ●データ分析などの全社共通の基盤システム環境または外部サービス ●運用の標準化状況 ●ガバナンスの現状
機能システムごと	属性情報	事業特性、影響度 システム特性 保有リソース IT開発の状況	把握しておくべき機能システムの特性と、リソース状況の情報 ●対象外項目の決定や項目ごとの重み付けの根拠となるシステム特性 ●機能システムごとの重み付けのために把握しておくべき事業特性、影響度 ●機能システムへの注力状況を知るための保有リソース
	評価項目	DX対応に求められる要件	DX推進指標とそのガイダンスのITシステムに関係する部分の、詳細な項目 ●データとデジタル技術の活用 ●環境の変化への俊敏、迅速な対応
		基礎的な要件 （ITシステム品質、IT資産の健全性）	DX対応の前提とすべきITシステム品質と、IT資産の健全性についての項目 ●ソフトウエア品質評価指標であるISO/IEC25010などを参考に、他の重要な項目（個人情報保護、セキュリティなど）を加えて詳細化した項目 ● いわゆる技術的負債がないかを明確にする項目

図表3-15
出所：IPA『プラットフォームデジタル化指標（利用ガイド）』

- ●ステップ0　事前準備として、ITシステム全体を把握
- ●ステップ1　ITシステム全体に関する評価
- ●ステップ2　機能システムごとにDX対応状況を評価
- ●ステップ3　影響度、事業特性を考慮して総合評価

図表3-16
出所：IPA『プラットフォームデジタル化指標（利用ガイド）』

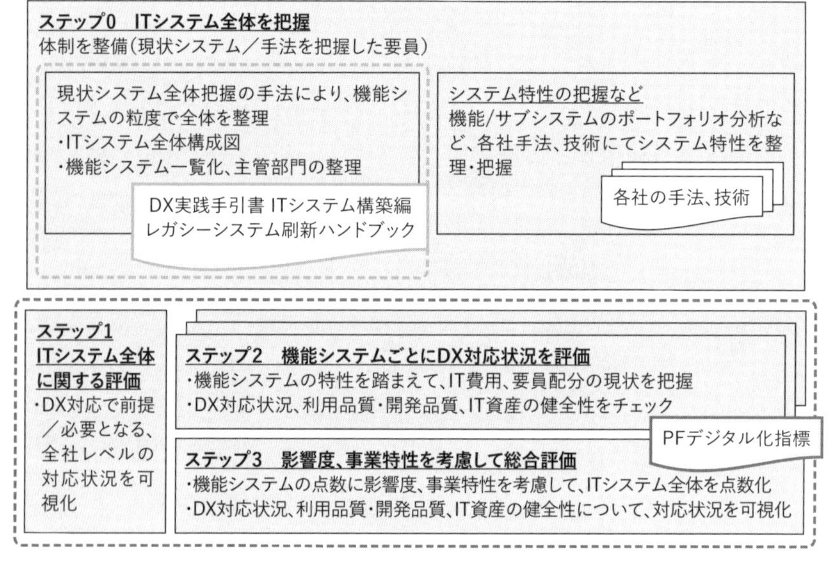

図表3-17
出所：IPA『プラットフォームデジタル化指標（利用ガイド）』

を順番に説明する（**図表3-17**）。比較的難しい概念である評価項目を中心にポイントを説明する。

ステップ0　事前準備として、ITシステム全体を把握

　機能システムが網羅されたシステム全体構成図を作成する活動である。システム全体構成図の詳しい説明はIPAの「DX実践手引書」の「ITシステム構築編レガシーシステム刷新ハンドブック」を参照していただき

たい。この資料は後ほど詳しく説明する。

ステップ1　ITシステム全体に関する評価

図表3-18は、ITシステム全体を評価する項目を示している。

まず、複数機能システム間の処理の独立性や、データの独立性を評価する。これは、機能システム間で前後関係（A機能システムの出力データをB機能システムが入力としているような機能システム）の関係性を有すると、処理の独立性に課題があると認識される。また複数の機能システムで同一のデータベースを共有するとデータとして密結合な関係となり、データの独立性に課題があると整理される。このような状況下の機能システムが存在すると、再構築を行う際の順序・データベースの再

種別	大分類		No.	項目
属性情報	財務		1	IT費用
			2	IT関連サービス費用
			3	売上高、営業利益、販管費
			4	固定資産、ソフトウエア資産
			5	IT関連の人数
評価項目	機能システム間の独立性		1	処理の独立性
			2	データの独立性
	データ活用の仕組み		3	データ分析の仕組み
			4	AI活用の仕組み
	運用の標準化		5	運用基盤の仕組みとルール
	ガバナンス	プロジェクトマネジメント、品質	6	ITプロジェクトマネジメント標準・規定
			7	ソフトウエア品質管理標準・規定
			8	外部サービス利用基準
		セキュリティー、プライバシー	9	セキュリティーポリシー・ルール
			10	個人情報保護のポリシー・ルール
		CIO、デジタル人材	11	CIOの権限
			12	デジタル技術戦略と人材

※財務関連については、必要に応じて、DX推進指標での診断結果も参照する

図表3-18
出所：IPA『プラットフォームデジタル化指標（利用ガイド）』

編でのリスクが存在し、計画時に考慮すべき重要な観点となるため、この時点で評価し明確化する必要がある。

次に、データ活用の仕組みについて説明する。AIなどを活用する場合は、各機能システムからデータを収集、あるいは外部のデータを収集し、様々に分析するための共通的な収集・活用の仕組みが必要になる。その仕組みのうえで、ディープラーニングなどのAI技術を駆使できるAI活用の仕組みが必要になる。そのような仕組みを企業として整備されているかを確認する項目である。

運用の標準化については、クラウドなどの上に、ITシステムの運用の仕組みを構築することになる。そもそもITシステムの運用を行うには全社で統一的な各種ルールあるいは仕組みの構築は必須である。特に今後主流になるマイクロサービスなどの新しいアーキテクチャーは、管理すべきプロセスなどが飛躍的に増加する。また、処理自体がリアルタイム化し、ITシステムの監視あるいは障害対応などの自動化が非常に重要になる。そのあたりの整備状況について評価する項目である。

ガバナンスについては、全社として必要な、ITプロジェクトの各種規定・セキュリティーあるいは個人情報に関する規定の整備状況を確認する項目である。また、CIOが全社的な調整機能をもつ権限を有しているか、あるいはデジタル技術の内製化を踏まえた、技術戦略と人材に関する採用と育成などの仕組みを評価するものである。

これらが、ITシステム全体の評価の概要である。基本的には、これらの評価項目は、会社として共通的にもつべき事項を整理している。さらに、会社としてのITシステムの変革の計画を策定する場合の考慮点あるいは財務的な目標値を明確にするための項目も整理されている。ITシステムの具体的な課題というより、会社として確認あるいは必須的に備えるべき項目として活用することを目的としている。なお、会社全体のIT費用の推移、ランザビジネスの比率推移、ITサービス費用の推移、

IT部門の体制、ITパートナーの費用と人員など、財務的な状況を明らかにするための属性項目を明確にする。これらのデータは、直接ITシステムと関係はないが、変革を進めていくうえでの効果を測るうえで非常に重要となる数値といえる。

55 91

PFデジタル化指標　ステップ2、3

ステップ2　機能システムごとにDX対応状況を評価

機能システムごとの特性を踏まえたうえで、具体的な課題を明らかにしていく工程である。PFデジタル化指標の最も重要な工程である。「①DX対応に求められる要件」「②ITシステム品質の要件」「③IT資産の健全性の要件」の3つに分けて説明する。

①DX対応に求められる要件

「DX対応に求められる要件」は、その名の通り、DXを実現するためのITシステムに求められる要件を評価項目として整理している（**図表3-19**）。具体的には、「①-1データの活用性の確保」「①-2アジリティー（機能要件と非機能要件双方のアジリティーとして定義）の確保」「①-3スピードの確保」の3つである。この3つは一般的にDX対応に求められる基本要件と言われているが、PFデジタル化指標では、その3要件を具体的な評価項目として整理しているところがポイントである。以下、この3点を説明する。

「①-1データの活用性の確保」に関しては、データの鮮度（リアルタイム性）とデータの定義が評価項目として明記されている他、「新たなデータの追加容易性」という項目がある。この項目はデータの粒度と関連し、分析が細かくなればなるほどレベルが細分化されるため、結果的に粒度自体が不安定になると考えられる。そのため、本指標では、データ粒度

大分類	分類	No.	項目
DX対応に求められる要件	データ活用性	1	活用すべきデータの定義
		2	新たなデータの追加容易性
		3	データの鮮度
		4	データの量の変化への対応
		5	データ分析へのインプット方法
	アジリティー（ユーザ要件への対応）	1	要件の精度を高める手法（デザインシンキングなど）
		2	要件を確認しやすい仕組み（アジャイル開発など）
		3	要件変更しやすい実装
		4	機能分割の容易性
		5	迅速な対応のための組織・体制
		6	エコシステムの活用、連携の容易さ
	（非機能要件への対応）	7	アクセス急増への俊敏な対処
		8	システム障害の影響範囲の最小化
		9	ユーザーデバイスへの対応
		10	個人情報項目の分離（個人情報にしない）
		11	個人情報の容易な管理、アクセスコントロール
		12	セキュリティー対策への俊敏な対応
	スピード	1	開発・テスト環境の迅速な準備
		2	要件確認・調査・見積もり範囲の極小化
		3	新規設計・開発量の削減
		4	テストの自動化
		5	本番リリースの自動化（デリバリーの自動化）
		6	目標品質の担保
		7	リリース回数の目標達成度

図表3-19
出所：IPA『プラットフォームデジタル化指標（利用ガイド）』

も含めた、データ自体の追加容易性、すなわちデータ項目のアジリティーを確保すれば、不安定なデータ粒度に的確に対応すると考え、あえて新たなデータの追加容易性という項目としている。また、データの量自体も状況に応じて変化が激しいと考え、データ量にも臨機応変に対応できるかを問う評価項目とした。

その他、全体ITシステムの評価項目にあったデータ活用の仕組みにスムーズに接続できるかを評価するために、データ分析へのインプット方法として整理されている。機能システムが、全社のデータ分析の仕組みに求められる適切なデータを柔軟かつ常時提供できる状態を満たしているかを評価する。これにより、該当機能システムが、データ活用性を確保していると考えている。実際、ディープラーニングなどのAI技術の巧拙は、いかに活用できるデータを収集するかで決定する。そういう意味では、活用できるデータを各機能システムから提供できることが極めて重要なのである。

付け加えるなら、データの差別化の観点で言えば、企業の独自データの活用が競争力の源泉になるのは間違いない。そういう意味では、実際の顧客データあるいは顧客の購買行動などの実データの活用がポイントとなる。つまり、そのようなデータの宝庫が、既存の基幹系をはじめとした機能システムに数多く存在する。すなわち、機能システムがもつ企業独自のデータを自由に活用できるかの評価は非常に重要と考える。

「①-2アジリティーの確保」に関しては、2つの観点で整理している。一つはユーザー要件への柔軟な対応である。新たなビジネスモデル・新商品・新サービス開発などは要件を確定できないので、仮定に基づくユーザー要件をITシステム化し、顧客にサービス提供などしながら随時要件を見直して対応していく必要がある。そのためには、ITシステムも随時見直しをしながら提供し続けることが必須条件となる。付け加えるが、新商品開発は、既存のITシステムの基幹系にも求められる要件でもある。

もう一つの観点は、非機能要件である。外部との接続がB2C形態になると、データ集中のコントロールが極めて困難になる。例えば、中国の「独身の日」のように特別にアクセスが集中するようなケースは、今後も増えていくと想定される。特定の商品に注文が殺到しても、他の商品の注文に影響を与えることなく、リソース配分を的確にしかも俊敏に対応する必要がある。決済としてクレジットカードあるいはデビットカードを利用する場合、一時的な大量アクセスがクレジット会社・銀行に集中することになる。商品配送の依頼なども殺到するため、宅配業者へ大量アクセスが集中する。銀行なども API 接続を進めており、これまでの営業店にある端末の数で上限アクセス数を想定できたのとは全く違い、想定できないアクセス集中が発生する確率は高まっている。非機能要件のアジリティーの必要性が、既存の基幹系ITシステムにも求められる状況になってきたことを認識する必要がある。

Webなどで利用するソフトウエア部品のデファクト化が進む中、デファクト化しているソフトウエアの脆弱性が公開されることがある。その場合、悪意あるハッカーなどが、あらかじめ攻撃ターゲットを定め、脆弱性を利用したマルウェア（悪意のあるソフトウエア）を即座に作成し、攻撃を始める。最近では、脆弱性情報が公開されてから数時間以内に攻撃が始まることもある。日本は中国・北朝鮮など様々な地域からの攻撃にさらされる。厳密なセキュリティー対策だけでなく、そもそも、複数のデータベースに個人情報を分割して管理するなど、データが流出しても最小限の被害に極小化できる方法など多面的な手段による対応が必要になる。

「①-2アジリティーの確保」について項目レベルで説明する。まずは、要件定義の精度を高める手法（デザインシンキングなど）である。これは、要件定義が難しいからといって、何度も何度も要件定義をするよりは、難しい要件定義を実施できる方法論を活用し、要件定義の確からしさを高め、結果的にあるべき姿に早く到達できることが重要との観点からの評価項目である。アジャイル開発を活用し、実際に稼働するITシステムを実際に目視するなど、要件確認しやすい仕組みを使うことも要件確定には必要な項目と考える。

チームごとのITシステム接続方式がAPIを用いることで、各ITシステム間の疎結合を実現する。これにより、関連する他のチームのITシステムへの影響を最小限として、独立的に開発できることになる。そのようなアーキテクチャーを採用することで、要件変更に対応できる。これが、「要件変更しやすい実装」といえる。

アジャイル開発を行うには、チームメンバーの人数を十人程度に保つことが必要である。しかし、チームが担当しているITシステムの機能が大きくなりすぎると担当人数が10人を超えてくることになる。その場合、チームを分割する必要がある。そのためには、チームの分割に合わせて、担当のITシステムを分割する必要がある。機能分割の容易性とは、ITシステムを疎結合に分割しやすいアーキテクチャーにしているかを評価している。

迅速な対応のための組織・体制は、チーム内に事業、業務、ITのメンバーが三位一体となって活動する必要がある。そのようなチーム体制と役割分担がなされているかを評価する項目である。

柔軟に対応するためには、既に存在するエコシステムを活用することは非常に重要である。また、より良いエコシステムが活用できるようになった場合は、新たなエコシステムに切り替えることもできる必要がある。「エコシステムの活用、連携の容易さ」は、このように外部のエコシステムを柔軟に活用できるかを評価する項目である。

非機能要件のアジリティー確保について説明する。前述したように、アクセス急増への俊敏な対処が必要であるうえに、障害が発生した場合も、「システム障害の影響範囲を極小化し、かつその障害の対処が他の機能システムに影響を与えないで対処できることが求められる。また、実際にWebシステムにアクセスするのは、スマートフォンなどの端末機器になる。様々な端末機器への柔軟な対応が求められる。これが、「ユーザーデバイスへの対応」である。

住所・氏名などの個人情報を取得したい場合でも、一度のサービスで提供することはせずに、項目ごとにデータを提供するなどの方式の方が安全である。個人情報を求めてくるサービスに関しては、特別な管理を行い、常にモニタリングし、異常なサービスがアクセスしていないか確認し、状況に応じてサービスを強制的に中止するなどの対応ができるようにすべきである。また、個人情報のアクセスに関しては、本人から確認できるような仕組みも有効である。これらが、「個人情報項目の分離」と「個人情報の容易な管理、アクセスコントロール」「セキュリティー対策への俊敏な対応」の項目である。

「①-3スピードの確保」は、ITシステム構築に必要なハードウエアなどのリソース確保、環境設定、要件定義、設計・開発、テストなどのアクティビティーを最短化する方法を追求してスピードを評価し、最終的にはリリース回数が増加しているかを問う評価項目になっている。

まず、新規設計・開発量の削減である。ローコード開発は一つの方法ではあるが、一歩進めて、できるだけ作らないことを評価ポイントとして考えている。ローコード開発は、基本的にはすべてのソフトウエアを一から開発することを前提にし、開発の効率化を進めるものである。しかしこの方法では、テスト工程あるいはメンテナンスフェーズでは、すべてのソフトウエアのテストとメンテナンスをし続けることになる。できるだけ作らないとは、ソフトウエアの部品化を進め、新たにソフトウエア開発する部分を最小化することを目標としている。この方法を採れば、該当チームとしては、部品を利用した部分のテストもメンテナンスをする必要がなくなる。現状のソフトウエア開発は、非常に似た機能であっても、部品化が難しく、すべて手組で開発している。ここでは、いかにソフトウエア部品を使いやすく活用しやすい仕組みを構築しているかを主に評価している。

次は、テストの自動化である。前述したようにAPIによる接続方式を前提としたマイクロサービスのようなアーキテクチャーでは、テストデータあるいはテストデータを入力して得られるテスト結果データをAIなどの活用で自動的に作成できる。というのも、新規でソフトウエア開発する部分は、部品活用により限定的となり、すべてのロジックの網羅性を担保するケース設定を、AIを活用すれば可能になる。また、AI活用により、簡単な設定で、テストデータの設定とテスト結果データの作成が可能となる。

実際、3年前にMicrosoftでは、これらの仕組みを実装していた。複数階層のマイクロサービスのテストを自動的に行うことが可能で、Microsoftは20数万件のテストケースをわずか3分で自動的に実行していた。

スピードの最後に目標品質の担保について説明する。一般的にスピードを速めれば品質がおろそかになるといわれている。これは、同一の方法論の中では真実であるが、異なった方法論あるいは仕組みの中では正しくない。従って、新たなソフトウエア開発の方法論に従って品質をどのように担保しているかを評価するのがこの項目である。

以上が「①DX対応に求められる要件」である。コストに触れていないことに違和感を抱いている方もいらっしゃると思うが、実は3つ目の項目に含まれている。スピードを上げれば、結果的に開発期間が短縮される。ソフトウエア開発のコストは、実際にかかる時間と比例するため、時間短縮がコストを最小化するポイントになる。

②ITシステム品質の要件

ここからは、「ITシステム品質の要件」について説明する。大きく「②-1利用品質」と「②-2開発品質」に分けて評価する（**図表3-20**）。「②-1利用品質」は、利用ユーザー側から見て、十分な機能と使い勝手の良さなどを評価するものである。「②-2開発品質」は、利用品質が定義された以降、設計・開発・テストを通じて、問題発生（バグ）をどのように最小限に抑えているかを評価する。

「②-1利用品質」について、一般的にソフトウエアの品質特性は、機能性・信頼性・使用性・効率性・保守性・移植性の6つからなるといわれている。このうち移植性に関しては、既存機能システムでは考慮する必要はないと考え排除している。保守性に関しては、開発品質の項目で評価する。機能性と使用性を有効性として評価することにしている。また、満足性として、結果的に利用ユーザーが該当機能システムに対して満足をしているかを

大分類		分類	No.	項目
基礎的な要件	ITシステム品質	利用品質	1	有効性
			2	満足性
			3	効率性
			4	信頼性
			5	外部サービス品質
			6	個人情報保護
		開発品質	1	見積もりの妥当性
			2	要件定義の品質保証
			3	設計・実装の品質保証
			4	テスト工程の品質保証
			5	適切なソフトウエア保守の実施
			6	体制維持の仕組み
			7	適切なITシステム運用の実施
			8	セキュリティー

図表3-20
出所：IPA『プラットフォームデジタル化指標（利用ガイド）』

確認する項目を設けている。外部サービスを活用している場合は、「外部サービス品質」に関してどのような取り決めを契約で担保しているかを評価する項目がある。個人情報に関して適切に対応されているかを確認する項目がある。DXの項目とは異なり、個人情報保護法に準拠した管理が行われているかを確認し、結果的に事故が発生していないかを評価する。

次に「②-2開発品質」である。見積もりの妥当性から始まって、各工程での具体的な品質保証をどのように行っているかを確認する仕組みやルールが整備されており、実際に運用されているかを確認する。ここでは、ウオーターフォールモデルを前提に置いている。後ほど述べるが、アジャイルとウオーターフォールモデルは、実は異なる概念であり、ソフトウエアの開発方法論は、あくまでウオーターフォールモデルと考えている。

保守性に関しては、ランザビジネスの大半を占める非常に重要な項目であるため、「適切なソフトウエア保守の実施」と「体制維持の仕組み」の2つの項目で評価している。ソフトウエアの保守に必要な情報の維持管理、保守の方法・ツールなどの整備がされているかが評価される。また、少人数の体制だと俗人化が進みやすく、労働環境・教育環境などが劣悪化する危険性が高いので組織として維持可能な状況であることを確認するのは非常に重要である。10人弱程度のチーム構成が5年程度あまり変化なく続くのは問題だと考える。セキュリティーに関しても適切にルールあるいは仕組みが構築され維持されていることで、実質的な事故が発生していないか評価する。

③IT資産の健全性の要件

最後に「③IT資産の健全性の要件」である（**図表3-21**）。

「ソフトウエア資産の最適化」とは、いわゆるソフトウエアが技術的負債化していないかを確認する項目で、ソフトウエア資産の健康度を示す項目である。これは、品質管理基準などで標準化が定められ、それに沿って、開発がされており、結果的に、ソースコードの解析、修正が容易で、適正な期間・コストで、機能強化ができているか、障害発生件数や障害対応時間などは目標とする品質を達成しているかを評価する項目である。

「不要なソフトウエア資産を増やさない」とは、使われないコーディン

大分類		分類	No.	項目
基礎的な要件	IT資産の健全性	IT資産の健全性	1	ソフトウエア資産の最適化
			2	不要なソフトウエア資産を増やさない
			3	組織的な対応、設計内容の把握
			4	適切な箇所での対応
			5	再構築に必要な設計情報の維持・管理
			6	ハードウエア製品のサポート継続性
			7	ソフトウエア製品のサポート継続性
			8	利用サービスの継続性

図表3-21
出所：IPA『プラットフォームデジタル化指標（利用ガイド）』

グ、不要なコーディングを組み込まない、かつ、共通的な処理は部品化され、活用するよう徹底した結果、不要なソフトウエア資産がない状態になっているかを評価する項目である。実際私もソフトウエア開発を効率的にするために、他の処理が近いプログラムをコピーして、修正して新規プログラムとして作成した。いわゆる、コピペである。この場合、新たなプログラムで使用しない、元のプログラムが残されている場合が非常に多い。できるだけプログラムを触らない方が影響は小さく安全だと考えられているからである。しかし、プログラムを修正する立場あるいは保守する立場だと、「新たなプログラムで使用しない」という前提がどこにも残っていないため、結果的に連結テストなどを実施する際、(使用しないと判断した部分のプログラムを通る)データを作成し、テストしているケースが散見される。全くの無駄なソフトウエア開発活動が多く発生しているのである。私自身も恥ずかしいがこのような無駄な開発を何度か経験している。このような事態が重なることで、不要なソフトウエア資産が増大することになる。特に歴史の長い機能システムの場合は、不良資産化しているソフトウエアでは、全体の5割を超えるくらいに不良資産が膨らんでいるケースも多く見られる。

「組織的な対応、設計内容の把握」は、実際に該当機能システムを組織的に対応ができているか確認する項目である。つまり、複数の人間が実際に、該当ITシステムを修正でき、修正・見積もりなどの妥当性を確認できる体制があるかを評価する項目である。「適切な箇所での対応」は、該当機能システムのブラックボックス化が進むと、本来該当機能システムを修正して対応するべきところを、接続する他の機能システムで対応するような事態になっていないかを評価する項目である。修正するとトラブルの可能性が高く、とにかく修正を避けて、合理的では無いが周辺システムの修正で対応するという禁じ手を行っていないかを評価する項目である。「触らぬ神にたたりなし」である。このような状況になった場合は、技術的負債としては極めて危険な領域であることになる。

「再構築に必要な設計情報の維持・管理」は、技術的負債を根本的に対応するには新しい技術を用いて再構築をすることである。ところが、保守においては、保守できる最低限の情報のみを維持している場合が多い。その場合、再構築するには再構築に必要な情報を遡及することが必要となり、情報遡及の難易度は高く、再構築リスクは非常に高い。さらに、遡及のためのコストも必要になる。再構築できる情報の維持状態を評価する項目である。

「ハードウエア製品のサポート継続性」「ソフトウエア製品のサポート継続性」「利用サービスの継続性」は、それぞれがサポート切れあるいはサポート終了が決定していないかを評価する項目である。部品が作成されていない、保守体制が無いなど、トラブル発生時に対応する手立てが無い製品を利用している場合、使われている基盤を更新する、あるいは、再構築するなどの手段を取らざるを得ない致命的な問題といえる。

項目に関しては以上である。ただ、機能システムを評価するには、機能システムごとの特性に応じて、対象外の項目（例えば外部サービスを利用していないなど）あるいは項目ごとに重み付けをしていく必要がある。そういう調整をすることが非常に重要なプロセスとしてPFデジタル化指標では調整方法についても詳しくガイドで紹介されている。実際には、機能システムを担当するSIerも参加し、ユーザー企業と一緒になって評価していくことが必要になってくる。また、SIerごと、ユーザー企業の担当者ごとのばらつきを最小限にするために全体を串刺しでチェックする機能が必要になる。基本的には、中心的なSIerが、ユーザー企業の責任者に妥当性を客観的に説明し、同意をとりながらその任を誠実に遂行することが求められる。

ステップ3　影響度、事業特性を考慮して総合評価

PFデジタル化指標の最後のステップとなる。これに先立って、機能システムの属性評価のところで、機能システムの事業特性と影響度を評

価する必要がある。事業特性は、競争領域か非競争領域化の確認項目と事業上の重要性を評価する項目がある。機能システムの事業特性は、事業上の重要性を評価項目として扱う。また、影響度は、ダウンタイム許容度・顧客影響度・社会影響度の3つの項目をH（high）M（medium）L（low）の3つの評価で取り扱う。これらを基礎として、PFデジタル化指標のガイドに基づいて重み付けを計算する。そして、重み付けと評価の積の合計を機能システム数で割ることで総合評価を導き出している。あくまでこれは全体的な評価を表すもので、実際の計画は個別の機能システムの状態を精査したうえで、既存の全体ITシステムの変革を進めていく必要がある。PFデジタル化指標をうまく活用することで、既存の全体ITシステムの状態が明らかになると考えられる。

PFデジタル化指標の活用により、機能システム単位に状況が可視化される。また、機能システムごとの状態と機能システムごとの重要度を加味したうえで、既存ITシステム全体の改革方針と計画を策定できることになる。これは、人間ドックの結果を受けて、胃・心臓などの部位ごとの状況を明らかにしたうえで、心臓などの重要機能の状況を踏まえて、適切な治療計画を策定する活動に近いと思う。SIerは、顧客の主治医として全能力を傾けて、既存ITシステムの変革を進める案を提示していく責任があると思う。

56 91

DX実践手引書

IPAのDX実践手引書の中で、PFデジタル化指標の前提となる全体システム構成図の整理方法、および再構築で肝となる現行ITシステムの仕様復元について解説する。これは、IPAの「DX実践手引書　ITシステム構築編 レガシーシステム刷新ハンドブック」として整理されているものである*。以下、この資料に基づいて説明する（図表も同資料から抜粋したものである)。

＊ この方法論は、私がNRIに所属していた時に開発した方法論を基にIPAで作成した。

現行ITシステムの全体把握

企業内の全体ITシステム構成図が存在しないケースが非常に多い。当然のことであるが、既存ITシステムの変革は、企業全体のITシステムに及ぶ。そのため、現行ITシステムの全体把握は、まず取り組むべき活動である。

全体ITシステムとは**図表3-22**のレベルⅡ、P2M（program and project management）規模に当たる。PMBOKが想定している規模が機能システム相当で、それを「プロジェクト」と定義し、プロジェクトを複数包含したレベルのITシステムを全体システムと定義する。この規模の管理を行うレベルを「プログラム」と定義している。PMBOKレベルが100人規模以上だとすると、P2Mレベルは1000人規模を超える。一般的に規模が大きくなればなるほど難易度は高くなり、全体ITシステムのプ

ITシステムの規模

規模レベル	本書での呼称	ITシステムのイメージ	規模の目安
レベルⅠ	社会システム	業態全体を包含するITシステム規模レベル。国民へのサービスなど社会全体で使われているようなITシステムが該当する。	
レベルⅡ	全体システム	1つの企業全体が保有するITシステムすべてを包含する規模レベル。P2Mレベルのマネジメントが求められる。	10万FP以上
レベルⅢ	機能システム	1つの企業の一事業部門が保有するITシステムすべてを包含する規模レベル※	1万～2万FP
レベルⅣ	サブシステム	実質的に人が管理・認識し扱える、再構築などのプロジェクト単位として扱いやすいITシステム規模。オンライン/バッチ/Web/ゲートウェイなどの特性を持つITシステムに分類される。	1,000～3,000FP

※ 複数のサブシステムから構成される部門システム。総合テストを同時に実施する単位、サブシステム構成図を作成する単位に相当。FP(ファンクションポイント)

図表3-22
出所：IPA『DX実践手引書　ITシステム構築編　レガシーシステム刷新ハンドブック』

ログラムレベルは極めて難易度が高い*。

＊ プログラムレベルのマネジメントについて方法論としてまとめ、前職では研修も行っていた。対象は、部長レベルも含む最前線のメンバーであったが、非常に難しい研修でもあった。なかなかこのレベルの規模に対応できる人材はいない。また、その規模になるケースは多くなく、日本全体でも年に5つあるかどうかの規模であり、経験を積むことも困難な状況にある。

プログラムレベルを攻略するには、各機能システムを疎結合に分離し、単独プロジェクトとして取り扱うことである。矛盾しているように聞こ

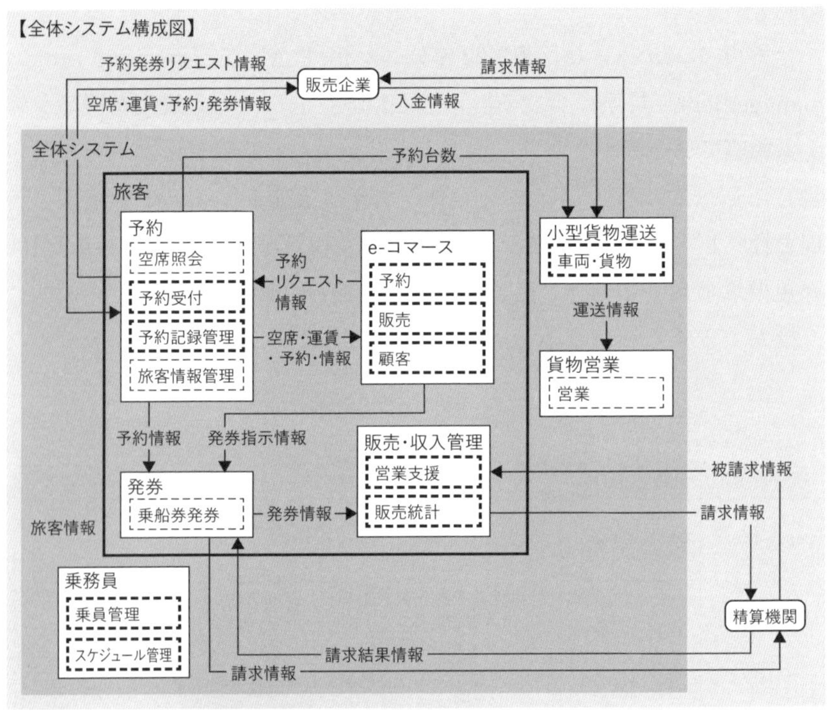

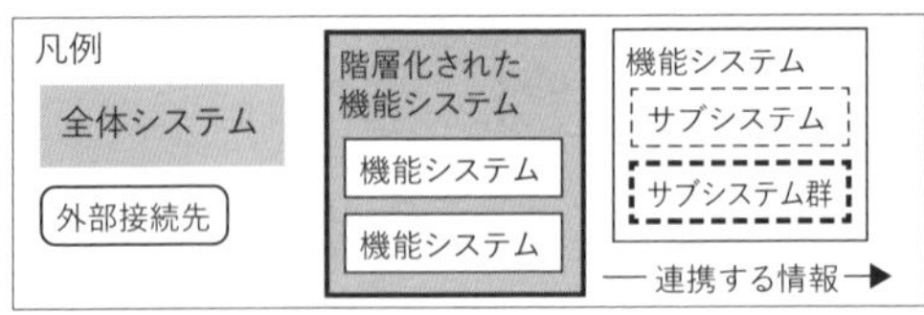

図表3-23
出所：IPA『DX実践手引書　ITシステム構築編　レガシーシステム刷新ハンドブック』

えるかもしれないが、プログラムレベルにしないことである。

全体ITシステムは機能システムの集合体として定義されるので、全体ITシステム構成図には、すべての機能システム間の接続について網羅的に記述する（**図表3-23**）。機能システムは複数のサブシステムから構成されるが、すべてのサブシステムを全体システム構成図に記載すると非常に複雑になり、全体感を把握するのが困難となる。従って、機能システムに含まれる代表的なサブシステムとサブシステム群という形で抽象度を高めたレベルの記載とする。基本的には1枚の図に示す、企業全体のITステムを俯瞰できるようにする。

全体ITシステム構成図を作成するのが本項の目的で、STEP0からSTEP4までの5つのプロセスがある（**図表3-24**）。

STEP0は「前提知識の獲得」と「有識者の特定」の2つからなる。

前提知識の獲得のために、業務概要を事前に理解する資料（例えば、企業内に通常整備されている、用語集や基本業務のマニュアル）、組織の構造や業務の分担を理解する資料（例えば、組織図、業務分掌）を収集し、内容について理解する。全体ITシステム構成図は、ある意味会社

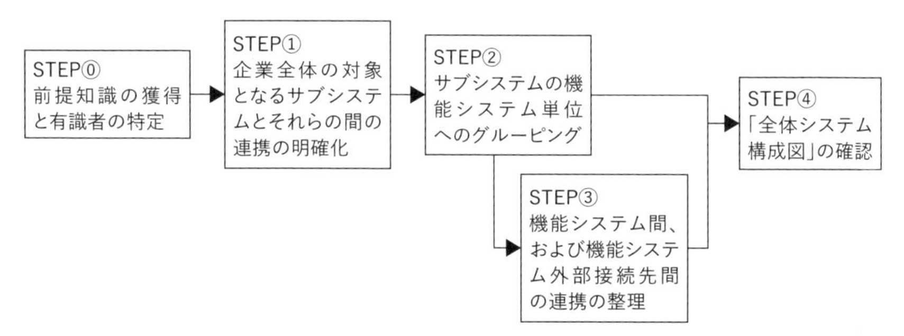

STEP⓪は、「全体システム構成図」作成の工程に着手する前の準備を行う。
STEP①～③で、「全体システム構成図」に含める各要素、及び各要素間の連携についての情報収集と整理を行い、段階的に「全体システム構成図」を作成する。
STEP④で、作成した「全体システム構成図」の検証を行い、完成させる。

図表3-24
出所：IPA『DX実践手引書　ITシステム構築編　レガシーシステム刷新ハンドブック』

の鏡である。会社そのものの事業あるいは組織を大まかに理解したうえで、初めて全体ITシステム構成図を描くことができる。

次に有識者の特定である。これは、対象とする企業の中で複数の機能システムを押さえている有識者、業務領域を広く理解している有識者を確認することである。機能システムごとの状況を押さえている社内の人材から様々な情報を取得し、情報内容を説明し、整理した内容のレビューなどを実施しないとスムーズに活動できない。規模にもよるが、10人程度の有識者の確保が必要となる。

STEP1は、企業全体の対象となるサブシステムとそれらの間の連携を明確化する活動である。最終的には、サブシステム一覧の作成と各機能システムのサブシステム構成図を確定させる。機能システムごとにサブシステム構成図が整理され、サブシステムごとにコードが付与されてITシステム運用部門で管理されていることが多い。なので、1年間のITシステムの運用記録などからサブシステムの抜け漏れがないかを確認し、各サブシステム間のデータのやりとりを整理する。稼働していないサブシステムや、重複しているサブシステムなども洗い上げる。

STEP2は、「サブシステムの機能システム単位のグルーピング」をする。サブシステム構成図で、サブシステムがどの機能システムに分類されているか基本的に整理されている。ここでは、機能システム間で、重複していたサブシステムあるいは稼働していないサブシステムなどを整理し、最終にすべてのサブシステムを機能システムごとに分類する。そのうえで、機能システムの中で階層構造をとる機能システム群を整理し、階層構造をとる機能システムとして整理する（**図表3-25**）。

STEP3は、「機能システム間、および機能システムと外部接続先間の連携の整理」である。これは、サブシステム間のデータ接続を基に、機能システム間のデータのやりとりを整理する。外部とのデータのやりと

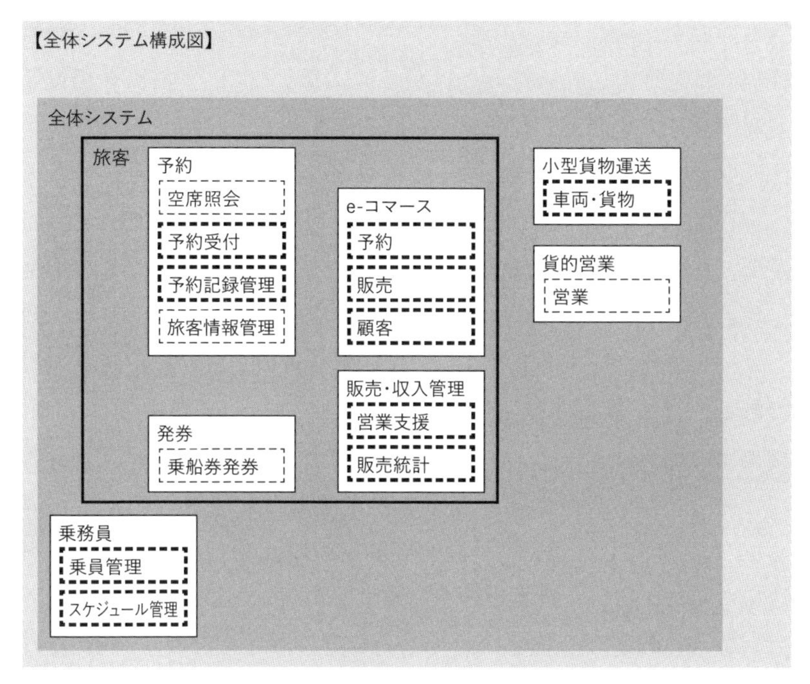

図表3-25
出所：IPA『DX実践手引書　ITシステム構築編　レガシーシステム刷新ハンドブック』

りをサブシステム構成図から抜き出し、整理する。これにより、第一版の全体システム構成図が完成する。

最後のSTEP4は、第一版の「全体ITシステム構成図」を関係する有識者などにレビューし、最終的な全体ITシステム構成図として完成させる。

現行ITシステムの仕様復元

本項では、IT仕様復元の基本的な考え方を説明する。実際に仕様復元される方は、IPAのハンドブックを参考にいくつかのツール群を整備する必要がある。この作業はかなりの情報を体系的に整理する必要があるため、方法論とツールをセットで開発する必要がある。主にSIerが用意すべきものと考えられる。

仕様復元は地道な活動の積み上げが必要になるので、安易に仕様復元をする範囲を拡大すると、コストと時間を要することになる。当然ながら、仕様復元にも限界があるため、仕様復元の情報の齟齬（そご）リスクは一定程度存在する。従って、仕様復元の範囲をいかに限定していくかが重要である。基本的な業務が変わらないならば、他サービスの活用、あるいは新たにITシステムを構築したうえで移管するなど、業務・顧客サービスを含めた見直しをすることで、最小限の範囲に抑え込むのが重要である。

仕様復元の範囲は、サブシステムごとに最初に作成される概要設計書の中で、キーとなる設計情報の復元を行う。新たなITシステムを再構築する場合、既存ITシステムの概要設計レベルと新たな追加すべき機能の情報を基に、新しい概要設計を作成するからである。それ以降の工程では、新しい概要設計を基に設計開発を進めることになる。その際、必要に応じて、現行ITシステムの分析あるいは既存ITシステムとの整合性確認（データベースの新旧比較など）を行うことを前提とする。これについては、各SIerが持っている技術を活用することで可能になると考えている。詳細の考え方については、拙著『プロフェッショナルPMの神髄』の現行機能保証の項を参照していただきたい。

概要設計書を復元するには、概要設計書に何を書くべきかを定義する必要があるが、SIerの中でも明確に定義されていない。業務フローを整理することが概要設計であると言われる場合もあるが、Webのように業務が一方向では決まらない場合は、業務フローを整理することはできない。

これについては、私は、長年の研究から、サブシステムの特性に応じて4つのキー情報が存在し、そのいずれかの情報を整理すると概要設計の骨格が表現できることを発見した。サブシステムの特性とは、「バッチ型サブシステム」「オンライン型サブシステム」「Web型サブシステム」

「ゲートウェイ型サブシステム」である。実は既存のITシステムの場合、すべてのサブシステムは、この4つの特性のサブシステムに分類される（あるいは、4つの型の組み合わせで存在する）。従って遡及すべき情報は、この4特性のサブシステムごとのキー情報となる（今後のソフトウエア開発技術の進歩の状況においては、新たなキー情報は追加されると考えられる）。

「バッチ型サブシステム」は、シーケンシャルなデータを読み込み順次処理していく形態のサブシステムである。本形態の場合はデータ種類ごとに振る舞いを記述するDFD（データフロー図：Data Flow Diagram）が最も業務要件を明確に示すことができる。従って、バッチ型の概要設計のキー情報は「DFD」となる。

「オンライン型サブシステム」は、クライアント/サーバー、Web、メインフレームなどの実現方式はあるが、基本的には業務の流れが明確となっている形態で、業務フローを整理することで業務要件を明確にすることができる。したがってオンライン型の概要設計のキー情報は「業務フロー」となる。

「Web型サブシステム」は主にWebを活用した実現方式である。ただしWeb型方式でオンライン型の処理を実現している社内（従業員）向けのシステムは「オンライン型サブシステム」に分類され、「Web型サブシステム」は主にB2C向けのシステム形態を指す。この型の特徴は、業務が一定方向ではなく前の業務に戻ったり、他の業務画面を開いたりするなど、業務の順番が規定できないことである。業務要件を明確にするには画面遷移図が適しているので、Web型の概要設計のキー情報は「画面遷移図」となる。

「ゲートウェイ型サブシステム」は、外部システムとデータを会話型でやりとりするシステム形態を表す。例えば、証券会社と取引所で株の注文のやりとりをするように他システムと接続するシステム形態を想定している。この場合は、業務ごとに時間とともに双方のやりとりを記述する状態遷移図で 整理すると業務要件を明確にできる。従ってゲートウェイ型の概要設計のキー情報は「状態遷移図」となる。

以下、各サブシステム形態別に説明する。

バッチ型サブシステム

大量データに対して決められた処理を一括して行うITシステムである。仕様復元の難易度が最も高い。仕様復元した後、新たなシステムをバッチ型システムで再構築することは基本的にするべきでない。データ抽出などの単純なバッチ型システムを作成するのは必要であるが、データベース更新などの主要な処理は、リアルタイム型の形態に変えるべきである。これは、リアルタイム処理の方がデータ更新をする場合の状態を確定したうえで更新処理ができるため、データの不整合を発生させることなく単純な処理で実施できるからである。バッチ型は処理が複雑になりやすく、データ鮮度も落ちるため、基本的に利用は避けるべきである。

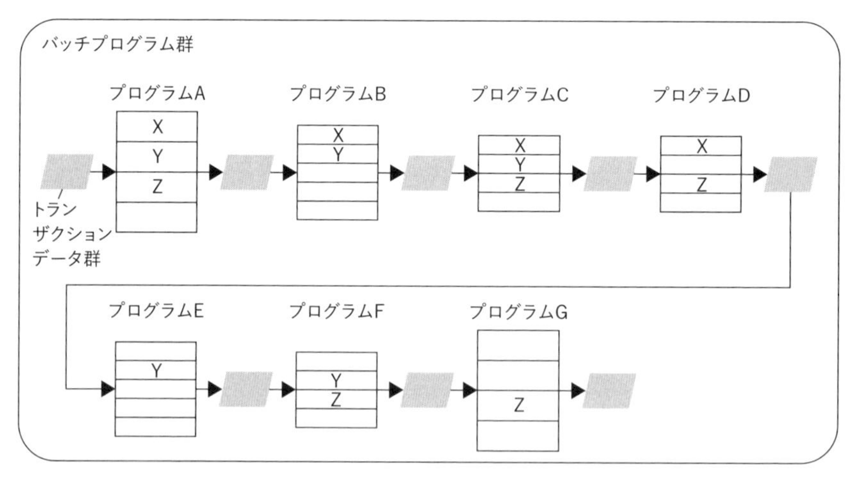

図表3-26
出所：IPA『DX実践手引書　ITシステム構築編　レガシーシステム刷新ハンドブック』

バッチ型のITシステムは、複数のバッチプログラムで構成されている。一般に業務処理では、これらのバッチプログラム群が組み合わさって実行されていると考えてよい。例えば、あるバッチ型のITシステムがA,B,C,D,E,F,Gのバッチプログラムで構成され、Xトランザクション業務はA,B,C,D4つのプログラムでのみ処理が実行され、Yトランザクション業務はA,B,C,E,Fを順に処理することで実行され、Zトランザクション業務はA,C,D,F,Gを順に処理することで実行されるとする。バッチプログラム間の処理結果やデータの引き渡しはファイルやデータベースを介して行われる（**図表3-26**）。

図表3-27を参照していただきたい。前述したXトランザクションに関わるバッチ処理プログラムA,B,C,Dの該当部分のみを抽出したものである。バッチ型のITシステム上に実装されたある業務システムの仕様を復元しようとした場合、単一のバッチプログラム（例えばプログラムA）だけ解析しても業務全体を把握することができない。既に述べたように一つの業務は一連のバッチプログラム群が順に処理されて初めて完結する構成となっている。そのため、バッチプログラム群を串刺しで解析し

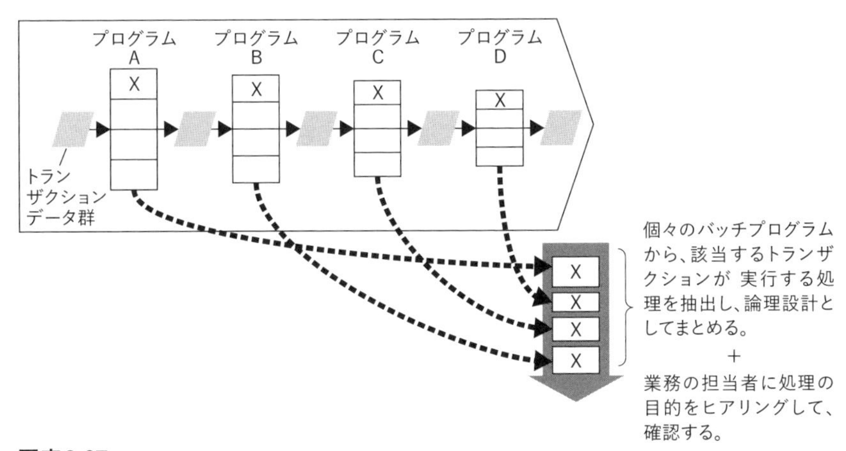

図表3-27
出所：IPA『DX実践手引書　ITシステム構築編　レガシーシステム刷新ハンドブック』

て対象の処理部分だけを抽出し、初めて業務内容が理解できることになる。したがって、バッチ型のITシステムを把握するには、複数のプログラム処理中で、トランザクションごとに入出力処理・データベースの更新処理・演算処理などを洗い出すことが必要となる。こうした関係を整理するのにはDFDが適しているのである。

オンライン型サブシステム

オンライン型サブシステムは、企業における業務の中核を担っており、全社の業務フローに対応した機能を実装している。オンライン型ITシステムの仕様復元はまずは業務の順に従って、いわゆる業務フローを整理することが第一である。次にこの業務フローに基づいてオペレーショ

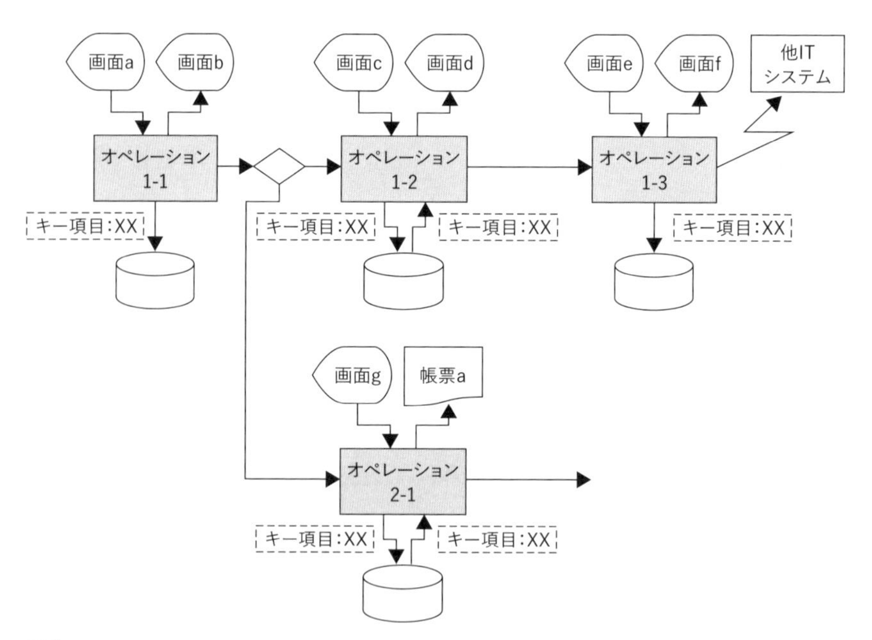

図表3-28
出所：IPA『DX実践手引書　ITシステム構築編　レガシーシステム刷新ハンドブック』

ン単位に画面を網羅的に洗い出すことで、画面一覧を作成することができる。画面一覧は、ITシステム上で実装されている画面と照らし合わせることで、業務の抜けがないことを確認できる。ただ、実装している画面が使用されていないケースも存在するため、不一致の場合は、確認する必要がある。業務フロー例を**図表3-28**に示す。

Web型サブシステム

Web型の処理の分析再整理は、画面遷移図を用いると具体的な処理内容を表記しやすい。手順としては、まず業務そのものや業務マニュアルを元に業務画面を洗い出すことから始める。さらに実際の画面のメニューからすべての業務画面を洗い出し、ITシステムで定義されている

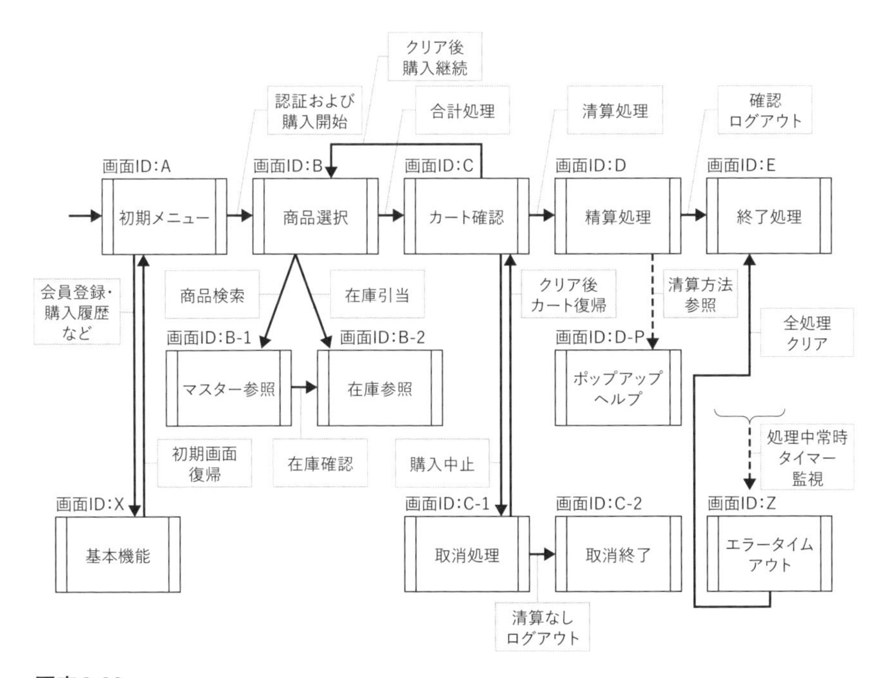

図表3-29
出所：IPA『DX実践手引書　ITシステム構築編　レガシーシステム刷新ハンドブック』

画面定義からも業務画面を洗い出す。これら3つの業務画面の整合性をとることで本来業務に必要な業務画面を確定させ、画面一覧を作成する。画面メニューを参考にしながら、画面間の関係を整理することで、最終的にはすべての画面遷移の流れを整理する。画面遷移図の例を**図表3-29**に示す。

ゲートウェイ型サブシステム

ITシステムのネットワーク化が進んでいるため、他のITシステムと情報（データ）を交換しながら、お互いに処理を進めるITシステムが多く存在する。この形態をゲートウェイ型と定義する。ゲートウェイ型のITシステムでは、ある一定のステートから、データあるいは開始時間などのトリガーに応じて、演算や処理分岐・応答振り分け・集約などのアクションを通して次のステートに順次変化していく。このため既存のゲートウェイ型のITシステムの設計情報を再整理する場合には、時間

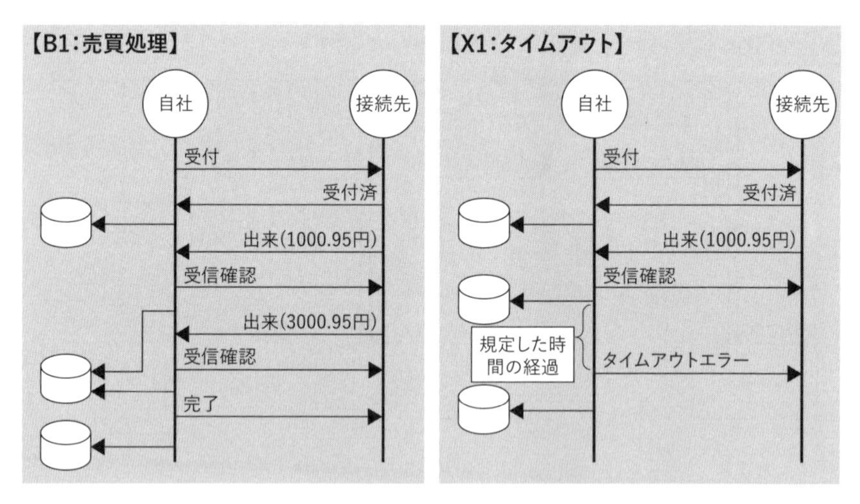

図表3-30
出所：IPA『DX実践手引書　ITシステム構築編　レガシーシステム刷新ハンドブック』

とともに状態が遷移するため、状態遷移図を用いて分析・定義するのが適している。この場合、業務的なデータの流れと、非機能的なデータの流れを分けて整理する必要がある。非機能的なデータ処理とは、データ授受の開始・終了あるいはデータ処理が通信などのエラーとなった場合の処理を記述するものである。実際の状態遷移図の例を**図表3-30**に示す。

これらの4つのキー情報を遡及することで、既存ITシステムの機能概要を把握することができる。これらの情報と新たな要求事項を踏まえて、あるべきITシステムの姿を明確にすることになるのである。再構築の最大のリスクである既存ITシステムの現状把握という難題がコントロール可能なレベルにできるということだ。ここに示す考え方を基に、SIerは具体的な成果物・プロセス、そしてそれをサポートするツール群を開発し実際のプロジェクトに適応していくことができると考える。

3-4 今後望まれる施策

57 91

非競争分野を業界で取り組み、既存ITシステムの変革リスク低減

日本企業のDXは進んでおらず、その状況を改善するにはどうすればいいか、ITシステムの観点から考えてみたい。

特に遅れているのが、既存ITシステムの変革である。そのために、DX推進指標、DX認定制度、DX銘柄制度の施策が進められているが、具体的な推進には至っていないのが現状である。もちろん、既存ITシステムの変革を進める施策も取られているが、企業サイドもSIerサイドも既存ITシステム変革のリスクの巨大さに思考停止状態になっている

と想定される。もう一歩踏み込んだ施策が必要に思う。

既存のITシステムの課題を十分に理解していないと思われるCEOに、既存ITシステム変革の重要性を認識させることが非常に重要だと考える。そのためには、DX推進指標で、ITシステムの構築が2レベルで停滞している場合は、PFデジタル化指標相当の活動を義務付けるなどの施策が必要と考える。具体的には、DX認定企業でDX銘柄の選定を希望する場合は、既存のITシステムの状況をPFデジタル化指標などで具体的に明らかにし、それに基づいた着実な既存ITシステム変革を進めていることを選考基準に明記するなどの方法がある。国の施策の一段の連携性を高めていくことが必要だと考える。

既存ITシステム変革のリスクの巨大さを軽減する、具体的な仕組みを講じる必要がある。既存ITシステムの多くは、非競争分野であり、企業単体ではなく、業界として取り組むことによりリスク分散を図ることができる。ここでいうリスク分散とは、非競争領域を業界各社で分担して再構築し、各社のリソースを特定分野に集中することを指す。その後、共同でサービスを活用することで、初期コストも維持コストも案分することが可能になる。すなわち、1社で実行することは困難でも、業界各社で協調することによりリスクとコストを最小化でき、結果的には、対応期間も大幅に削減できる。

さらにSIer各社が共同サービスを提供することで、開発リスクのSIerへの転嫁も可能となる。実際ユーザー企業よりSIerの方が、既存ITシステムに対する業務的な知識の蓄積・ITシステムへの知見があるため、開発リスクと開発コストの低減につながる。該当業界および共同化を推進する幹事企業とSIerの役割分担を整理し、共同化を推進する仕組みを構築することが必要になる。

この施策は、SIer自体のビジネスモデルの変革にも大いに役立つ施策になると考えられる。サービス提供するITシステムの機能あるいは接続仕様などは公開することで、サービス稼働後に他SIerも参入できる道を確保し、先行SIer以外のプレーヤーを市場に登場させるべく工夫することが重要である。参入者が増えることでユーザー企業は選択肢を確保でき、適度な競争が生まれ、価格の低減あるいはサービスの高度化を達成できる。施策として、このようなリスク低減策を推進する仕組みを提供することが重要である。特に、施策によるグリップが効くインフラ産業に関しては、省庁の壁を越えて、各業界にシステム共同化の検討を進めるように指導できる施策を実施すると非常に進みやすくなる。また、この仕組みはインフラ産業だけでなく、すべての産業に開放することで、DX推進をさらに加速できると考える。

枠組みに関しては、情報処理促進法の改定で、IPAにその検討の場を設置しているが、具体的な活用方式に関して、予算処置を含めた施策の構築が求められる。

58 91
経済安保推進法を契機としたソフトウエア開発の標準化と国産クラウド

経済安保推進法の成立に伴い、2023年末には、ソフトウエアを含む立ち入り検査を国が実施することになる。これは、ソフトウエア産業に本格的な規制が入ることを意味している。そもそも既存のインフラ産業は、ITシステムの安定稼働のうえで、日々の業務遂行が行われている。実際、みずほ銀行のトラブルの原因はITシステムにある。航空会社のITシステムのトラブルによる混乱も発生している。電力会社あるいは医療などもソフトウエアが支えている業務は日増しに増加している。つまりソフトウエアは、インフラ産業を支えるインフラ産業に変貌しているのである。にもかかわらず、ソフトウエア開発の規制は存在しない。分かりやすく言えば、明らかな手抜きによるソフトウエア開発で、人命あるいは財産が失われたとしても、刑事的な責任を追及できないのである。

現状のソフトウエア開発は、ソフトウエア開発のプロセス・成果物などが全く業界で標準化されていない。建築業界で言えば、設計図さえも各社ばらばらな信じられない状態である。従って、ソフトウエア開発が正しく行われているのか、手抜きをしているのかを第三者が判断することは困難なのである。

安全性を担保するような検査を目指し、あるべき姿に向かって進むべくロードマップを作成し、段階的な高度化を進めていく必要がある。国側に専門的な知識はないので、情報サービス産業自身で進め、官民一体となって、あるべき姿とそれに向かったロードマップを作成すべきである。そのうえで、段階的に高度化するべく、検査内容を両者で合意しつつ進めていく必要がある。当然、政策側の検査体制と業界側の支援体制をも併せて検討していく必要がある。

IT技術者のリスキルに関して、的確な対応をすべきと考える。まずは、ソフトウエア開発技術の変化に合わせたリスキル対応を業界とともに推進していく必要がある。情報サービス産業としても、上記のソフトウエア開発の標準化とともに、基本的なソフトウエア開発技術を共同で開発し、業界を挙げてリスキルを図る必要がある。国もリスキルに対しての金銭的な支援にとどまらず、DXに対応できる新たなソフトウエア開発技術者を認定する制度（情報処理試験に追加が現実的か）を整備し、どういうスキルの人材が求められているかを明示する必要がある。

経済安保の一つの柱に、国産クラウドの構築がある。この件は、拙著『IT負債』でも必要性を訴えたが、いよいよ2022年6月に閣議決定された。この件については私も関わっており、現在、経済産業省を中心に検討がなされ、最終的にはデジタル庁がすると思われる。

ただ、必要性を訴えていた時から相当な時間がたち、メガクラウドはさらに大きく発展し、技術開発も進んでいる。この間ハードウエアベンダーのハードウエアにおける競争力は大きく落ち込んでいる。非常に厳しい道のりであることは間違いない。

しかし、IT分野の技術開発はクラウドベンダーを中心に進んでいる。その範囲は、データセンター（発電さえ自前で行うケースもある）、データ回線事業（太平洋・大西洋も含め世界中に自らの線を設置）、ハードウエア提供（一部チップレベルも含む）、基本ソフトウエア、ITシステム運用、開発環境提供、サービス提供など、多岐にわたり、IT技術の総合デパートとして事業展開を進めている。ディープラーニングなどのAI技術、量子コンピューター開発などの先端技術にも巨額な開発費を投じている。世界の優秀なIT技術者がクラウドベンダーに独占されつつある。様々なソフトウエア企業群がクラウド上にエコシステムを形成しており、これが、クラウドベンダーの顧客獲得にもつながっている。結果的に、クラウドベンダーにほとんどの顧客が取り込まれていくことになる。

つまり、日本がクラウド事業を行わないとしたら、IT技術が大幅に遅れるとともに、優秀なIT技術者をも失うということだ。顧客基盤も、結果的にはクラウドベンダーの手の内に収められてしまうのである。せいぜいクラウド上のサービサーとして、厳しい競争の中で生き残っていくしかない。これからはじまるソフトウエアを中心としたデジタル技術社会において、取り戻すことができないハンディキャップを日本が負うことになると思う。技術立国日本が危ういのだ。何としても、日本企業が立ち上がり、せめて、追随できるレベルまではクラウド事業を成功させなくてはならない。

戦後間もない日本の道路には、外国産の自動車しか走っていなかった。町工場、あるいは全く違う業種から、トヨタやホンダのような新たに自動車会社が誕生し、世界トップ企業になると当時誰が想像しただろうか。

この状態と比較すれば、（米国・中国以外のマーケットでは）日本は有利なポジションにいる。戦える要素をまだ持っていると考えられる。

この状況下で、政策上で考えていく必要があるのは、第一に日本のクラウド戦略を明確にし、マーケットを創造することである。経済安保で求められているように、日本のインフラを支えるITシステムを日本自身で責任を持って提供できることにある。最先端のクラウド技術を求めるのではなく、安定したクラウド技術の提供に徹することが必要だと考える。メガクラウドが開発した技術の中から必要なものを見極め、数年遅れで対応することで十分である。もちろん、一部の技術開発は必要である。あくまで、安心安全な開かれたクラウドサービスを基本的な技術戦略とすることが重要と考える。ここでいう「開かれた」とは、仕様を公開するということであり、メガクラウドからのサービス移植性を担保できるようにサービス提供者の積極的な参加を促すということでもある。いわゆるコンパチ戦略である。

また、日本からすべてのクラウドサービスを提供するのではなく、他国に技術を丸ごと提供する戦略を基本とする。現在のクラウドベンダーは、自らのサービスを提供することを基本としている。しかし、他国からすると自分たち以外の国の企業にITシステムの根幹を預けることには、非常に危険を感じていることも事実である。日本のクラウドは、世界に安心安全を提供する新たなクラウドサービスとして、諸外国に向けて発信することが重要といえる。これこそ、諸外国が望んでいるサービスではないだろうか。結果的にデジタル技術分野における最低限の技術の確保が達成され、次世代の量子コンピューターにおける技術競争に参加し、優勢に立つことも可能性としてはある。いずれにしても、技術立国日本が、デジタル技術分野においても継続的に活躍できる場が必ずあると考える。

そのためには、安心安全が必要なITシステムに関して、日本政府が新たなクラウドサービスの利用を宣言することである。インフラ産業にも新たなクラウドサービスの利用を促進し、安心安全を求める他業界のITシステムにも開放していくことが重要と考える。このような状況を作ることで、企業が持続可能なサービスとして提供できるマーケットを構築できると考える。

第二に、クラウドサービスの提供にかかる初期コストの低減である。かつて日本は、メインフレームを開発するために日立・富士通で合弁会社を設立した。開発費に関しては商品勘定的に資産計上し、メインフレームが売れた分に応じて、それに応じた償却を進めた。これにより、営業利益には売れた分の利益が順調に反映され、資産は想定する台数が売れるまで資産のままでBS上は計上されていた。このような方策は現状では困難だと思う。ただ、初期の開発コストを支援する方策は考えられると思う。当初の資産をいかに少なくするかを真剣に検討する必要がある。

第三に、開発期間とリスクとコストを最小化するための開発体制を構築する必要がある。クラウドは技術の総合デパートであるため、様々な技術レイヤーが必要なだけでなく、それらを統合的に実装することが求められる。得意な技術分野をもつ複数社が集まって統合的に実装するのは困難で、かといって1社ですべてを開発するには時間もかかるうえに技術ギャップが大きな分野も存在し、致命的な問題が起こる可能性が高い。そこで、少数の幹事企業による共同組織の下で全体設計をしたうえで、統一的な接続仕様に基づいて、各技術要素を開発する企業に分担していく方法はどうだろうか。矛盾が発生した場合は、共同組織が責任を持って調整する。いずれにしても、全体を束ねる仕組みの設計と構築が必要となる。

第四に、日本政府が既存ITシステムを変革し、ある意味リスクを取って、SIerに新たなデジタル技術に適応する場を提供することである。現状の日本政府のITシステムは何世代も遅れており、一気に最先端技術を適応するのは困難なので、比較的小規模なITシステムから順次新たなデジタル技術適応を進める。そのうえで、既存ITシステムを新たなクラウド上に移管し、新たなデジタル技術を適応することが現実的である。現状の仕組みは密結合で規模も大きく、抜本的なつくり直しをするには、既存ITシステムと新ITシステムとの併存が必要となり、新旧の技術の接続が非常に難しいと考えられる。まずはクラウド環境に移植した後、随時新たなITシステムを構築して移管するのが現実的である。現状の移管だけでもかなり難しいが、比較的SIerは得意とする分野である。移管する場合は業務を見直し、最小限にITシステムを絞り込むなどの方針を掲げ、最終目標を実現するためのプロセスであることを明示する必要がある。長期間の開発計画を策定し、着実に進めていく方法を議論する必要がある。単年度予算の計画では非常に厳しいため、複数年度で着実に計画を推進するよう、整備していく必要がある。

59 91

政策としての個人情報の取り扱い

政策として求める最後は、個人情報の取り扱いである。現在、個人情報は、B2Cを扱う企業を筆頭に多くの企業で個別に管理されている。企業内には個人情報を取り扱うITシステムが多数存在し、その管理負荷は重い。住所変更を的確に反映させるなどの個人情報の精度を高める日々の作業は、企業にとって大きな負担となっている。国民からしても、様々な機関に住所変更の手続きなどを行うのは大きな負担である。個人情報の漏洩は実際あちらこちらで起きており、個人情報の管理は日々規制が厳しくなることが予想される。この状況を放置するのは、政府として大きな問題だと考える。

政府自身も「ワン クエスチョン」と言いつつ、様々な場面で同一作業を国民に求めているのも事実である。住民台帳、自動車の運転免許証、健康保険、年金、パスポートなど、すべて別システムになっており、統一的にリアルタイムで管理するのは技術的には極めて困難な状況にある。例えば住民台帳関連のデータを管理するのは、住民台帳が基本になることは誰が見ても明らかである。このように考えると、住民台帳を管理するITシステムだけが国民の住所関連情報を管理することとし、他のシステムに必要最小限の情報を提供する仕組みに抜本的に変えていく必要がある。また、住所関連の情報も分離し、サービスを分け、データベースを分離することで、個人情報の状態を同一データベースにつくらない方針とすべきである。個人情報に関連する情報へのアクセス情報を国民が確認し、監視でき、問題があれば申告できる仕組みを合わせて提供すべきと考える。

民間企業は基本的に個人情報の管理を行わない仕組みとし、必要な場合は、所定のルールを順守することを前提に、手続きを経て、住民台帳管理の該当サービスに接続する。これにより、日本全体での効率化が大きく進むことは間違いない。さらに、個人情報の漏洩などの問題も撲滅できると考えられる。

個人情報に限らず、国全体から見てあるべき姿を検討し、ITシステムの全体設計および関連する法律をITの観点で見直しをする組織を整備し、用意する政策が必要である。

3-5 政府のITシステムの課題と対応

60 91
政府システムのDX化

日本政府のITシステムの課題は、日本企業の課題と同じである。あるいはもっと厳しい状況といえるかもしれない。日本政府全体のITシステムを俯瞰できる全体システム構成図があるのだろうか。デジタル庁がその責任を負うとして、実際に現状の政府のITシステムを整理するような活動を行っているのだろうか大いに疑問が残る。そもそも、各省庁の独立性は、日本国憲法で認められていると主張される。同様に、各自治体では、同じ項目なのに別々のフォーマットで住民票を作成するのも、憲法の自治の独立だそうである。さすがに、最近少し変わってきたが、口から唾をとばして憲法違反を主張されていた有識者の方々がいた。今はどう思われているのだろうか。

私は専門家でもないし、憲法を批判する立場にもないが、条文間に矛盾が発生するのは当たり前であり、重要性の観点から正しく憲法を解釈することが必要なのは当然だと考えている。国民主権・基本的人権・平和主義を根本原理とすれば、自治の独立あるいは省庁の独立は、国民主権などを守るための方法の一側面でしかないと考える。国民の立場からすれば、住民票どころかITシステムも全国で統一され、どこに住んでいたとしても最低限のサービスを統一的に利用できる方がはるかに望ましいのは明確なのである。すなわち、現状の日本のITシステムは、各省庁でばらばらに設計され、導入されているわけであり、全体最適を考慮する隙もないのである。

調達もばらばらで個別最適を優先にしていて、最終的にはその時点での価格を優先し、実行可能性の判断は十分にはされていない。ITの専門性を持っている人材が日本国政府には極めて不足しており、技術を正確に評価し、ベンダーの価格の妥当性と実効性の担保をできないでいる。結果的に、価格の評価で発注先が決まるという不幸な状態に陥っているのである。決められた発注額でSIerに仕切らせるために、極めてあいまいな要件定義を根拠として、要件変更などの追加コストを支払わないのである。分かりやすく言えば、卵料理を食べたいと要件定義し、いろいろ確認して目玉焼きを提供したら、いや、卵焼きを食べたいと言い出し、要件定義は卵料理だから追加料金は払わないというようなことが頻発しているのである。

もちろんSIerにも問題がある。要件定義で何を決めるべきか粒度も含めて、業界として標準ルールを設定すべきなのに何もしていない。SIerは自身を守るために、できるだけ自社の活動を最小化するべく契約を結び、要件変更を見越した過剰見積もりが横行する事態になったのではないかと推察する。そのため、各ベンダーに分離して発注すると、ベンダー間の隙間が発生してトラブルになっているのである。このような状況が続き、政府・自治体は、SIerに対して強い不信をもつことになった。

その一つの表れとして、様々なプロジェクトの責任者は、ユーザー企業出身のCIOが多くを占める結果となっている。そのこと自体が問題というより、ベンダー側出身者を活用しないことが問題だと私は思う。ユーザー企業はITシステムの構築をSIerに丸投げしているのである。さらに重要なことは、ユーザー企業のCIOは、その業界のその会社のITシステムしか知らない。政府のITシステムの特性は、他のITシステムにないものが多く含まれる。複数の業界のITシステムを経験していないと、それぞれのITシステムの特性に合わせた対応が重要であることを理解できない*。SIer出身で多くの業界を担当し、実績のある誠実な人材を活用する方が安心なのである。

＊ 私がNRIで様々な業界のITシステムプロジェクトをチェックしていた時、保険システムのプロジェクトをレ

ビューするメンバーに証券関係一筋の委員がいた。彼は、該当のプロジェクトにリアルタイム性が無く、バッチ主体のITシステム構成なのを、なぜリアルタイム処理でないのかを激しく追及していた。確かに証券システムでは、株の価格は秒単位に変化するため、リアルタイム性を追求し続けるのである。これが、当たり前だと彼は信じている。ところが保険の場合、保険金の支払いは、調査などもあり案件ごとに異なる。約束した支払日に支払われればよく、支払日が早くできるかどうかに関してクレームになるようなことはあまりない。保険は1分1秒を争う業界ではない。業界によってITシステムに求められる要件は全く異なることを理解していないと、自分の経験した業界の常識で異なる業界を対応すると大きく間違えることになる。

ITシステムの構築と保守は原則分離すると考えられている。あるいは、保守ベンダーも定期的に見直すなどのルールが適応されている。そもそもソフトウエア開発の標準化がされていないので、保守をするためにどのような情報を整備するかも不明確な中で、他ベンダーに引き継ぐのは大きなリスクとコストが発生するのは目に見えている。また、発注側に十分な体制とスキルもない中で、引き継ぎを行わせるというのは極めて危険である。当然、当初から開発したベンダーの方が、様々な保守テーマを最善な形で対応できる。十分な情報が整備されてない中での対応は最適化ではなく、リスクが最小化できる方策をとらざるを得ない*。これらにより、ITシステムが技術的負債化しているのはほぼ間違いないと考える。

* SIerにも責任があるのは言うまでもない。そもそも、標準化を進めていくのはもちろんであるが、SIerの活動を見える化し、ユーザーに対して説明責任を果たすべきである。言い訳ばかりではなく、なぜこのような方法をとったかをユーザーにその都度説明し、理解を得る活動が極めて弱いのではないかと思う。ユーザーとの積極的なコミュニケーションをとる責任はSIer側にあることを自覚すべきと考える。

政府システムのDX化は避けて通れない。まずは、政府全体かつ省庁ごとにDX推進指標を実施する必要がある。そのうえで、課題を整理し、ITシステムに関してはPFデジタル化指標を活用して具体的な課題を明確にしたうえで対策を考える必要がある。その場合は、前述した個人情報管理のように全体システムの最適化を考慮したうえで、該当のITシステムでやるべきことを明確にし、機能を絞って同時に制度・法律も見直し進めていく必要がある。政府全体システムの最適化を図ることは重要である。

第4章 ユーザー企業の危うさ

4-1 現状の課題認識

61 91

ユーザー企業の問題、4つの論点

ここまで、ユーザー企業の問題点について様々な観点から述べてきた。改めて論点を整理すると、

①企業のトップであるCEOの課題
②既存ITシステムの課題
③CIOおよびIT部門の課題
④SIerとの関係における課題

の4つに整理できる。順に説明する。

①企業トップであるCEOの課題

CEOの課題として一番大きいのは、デジタル技術に対しての見識が不足していることである。自社のITシステムの状況に関しても無関心で、IT部門への丸投げを容認しているCEOさえいる。ITシステムは自分事として取り組み、自社のITシステムに関わる課題を認識したうえで、随時CIOと議論する必要がある。経営にとって財務関連知識は必要であることは言うまでもないが、これからは、ITシステムに対して、財務並みの関与がCEOに求められると思う。PER（株価収益率）やPBR（株価純

資産倍率）などをCEOは当然のこととして理解し、CFOと会話をしている。しかし、IT専門用語となると急に怪しくなるのではないだろうか。

CEO自身が、自社のITシステムに対して、漠然とした不安を感じているのではないだろうか。例えば、ITシステムのコストが着実に上昇している（あるいは高止まりしている）、ITシステムの対応がいつも遅い、そして使いづらい、などである。もしこのような不安を感じているなら、放置してはいけない。CEOは、現状の企業全体のITシステムへの関与と責任を十分に果たさねばならない。

今やすべての従業員がITシステムを前提に仕事をしているといっても間違いではないだろう。事業のITシステムへの依存度は、ますます高まっている。銀行の重要な顧客接点である窓口業務も、支店の閉鎖が進展する中、ITシステムへの機能移管が強まっている。DXの進展によって、ますますITシステムは重要な経営資源になり、デジタル技術は新たなビジネスをもたらしている。

ITシステムのトラブルは、企業そのものの存在を危うくし、経営トップの責任問題に直接関わる一大事である。予算が達成できなかったからといって、直ちに経営責任に発展するわけでもない。しかしITシステムのトラブルが発展して顧客に迷惑にかかってしまうと、CEOはマスコミの前で深々と頭を下げ、社員は現場で顧客から厳しい声を浴びせられる。

ITシステムの問題は、社会的な問題に直結したうえで、ITシステムの競争力がまさに企業の競争力に直接影響を与えるのである。また、ITシステムのコストは、日々増加する中、適切なコストで最大限の効果を生み出すこと自体も企業の競争力なのである。

ITシステムと事業・業務のバランス、企業全体のITシステムの最適化を図る責任と権限を持っているのは、間違いなくCEOにある。これまでは、事業そして事業を支える業務、そして業務を支えるITシステムという順序での力関係が社内では固定化されていた。IT部門が最も下に扱われていたのだ。これからは、事業そのものの開発に、業務の担当もIT部門も参加して三位一体で、お互いの経験と知識とスキルを用いることで、より魅力ある競争力のある事業・業務を生み出す。これがDXの根本である。

そのような体制あるいは文化を醸成するのはCEOの責任である。まずは、CIOおよびIT部門の立場を見直すところから始めるべきと考える。

さらにCEOは、企業のITシステム全体の課題を把握し、ITシステム全体の変革をCIOとともに進めていく責任がある。DXを推進するには、ITシステムの変革を進める計画を作成させ、CEO自身が納得したうえで、着実に実行に移し、継続的に実行することが求められている。

これまで日本企業は、IT部門をコスト部門として扱ってきた。そのため、多くの企業でIT部門を子会社化し切り離してきた。IT部門の人員コストを抑えることが大きな目的であった。事実、IT子会社が親会社の給料水準を上回るケースは非常に少ないと思われる。コスト部門と見なされているIT子会社は、親会社からのコスト抑制圧力により、外部のソフトウエア会社への発注比率を高めている。また、IT子会社は、外部へのビジネス展開を図るものの、親会社だけのITシステムの経験では、なかなか外部への進出は困難であった。実際、親会社より親会社以外の売上比率が高いIT子会社は一握りしかいないというのが現実である。というのも、親会社と同一マーケットに属する企業群に対してはノウハウの流出を懸念して進出を制限されたり、逆に親会社のライバル会社は自社の情報が親会社に流されるのではないかと警戒されたりして、IT子会社の経験を生かせるマーケットは少ない。

結果的に外部の仕事が増えず、親会社のビッグプロジェクトを実施するための人員を確保しても、プロジェクト後の人員活用の手段である外部ビジネスの規模も少ないため、増員した人員を活用できない現実がある。結果的には、プロジェクトに必要な人材をIT子会社だけで確保するリスクが大きく、SIerへの依存をIT子会社も強めるのである。SIerに依存するということは、IT技術者の育成が不十分になり、契約などのロジを行う人員いわゆる手配師が多くなることになる。これでは、ますます外部で稼げる人材を輩出するのは難しい状況になってしまう。

外部ビジネスで育成された優秀な人材がいても、親会社のプロジェクトを優先するが故に、親会社のITシステム担当へ異動させられることがある。子会社の主要な経営者は、親会社からの天下りであり、親会社が優先され、親会社にはなかなか逆らえないのである。

これは、現経営の問題ではないが、長い間IT部門をコスト部門と見なし、重要な経営資源として見てこなかった。そのため、IT部門にもIT子会社にも、DXを実行できるIT技術者は非常に少ない。そこにきて突然、「ITは重要な経営資源だ」と叫んでも人材がいないのは当然で、何十年もの間続けてきた経営の責任が引き起こした結果であると認識しなければならない。

自社がこのような状況であるならば、CEOは自社単独で立て直す能力がない事実を認識したうえで、「何をすべきか」を深く考えてほしい。そうすれば、おのずと道は開けていくと思う。いま一度、CEOとしてのITシステムに対する責任を改めて考え、CEO自らの変革が必要なのではないだろうか。

②既存ITシステムの課題

既存ITシステムの課題はここまでに詳しく説明したので、本項ではCEOに直接関連する点のみ触れる。CEOに正しい情報が整理して報告されていないことが大きな問題である。前述したDX推進指標の分析などからも明らかなように、既存ITシステムに大きな課題を抱えているのは確かな事実である。そのことをCEOが正しく理解していないのが最も大きな問題であり、CIOとIT部門には正しく説明をしてこなかった責任があると思う。これに関しては、次項で説明する。

③CIOおよびIT部門の課題

現状のITシステムが大きな課題を抱え、DXに対応できるITシステムになっていないとすれば、それは自社の死活問題ともいえる大きな問題である。CIOやIT部門はCEOに対しての説明責任を果たさなくてはならない。DX推進指標などを活用して自社のITシステムに問題ありと示し、全体システムの総点検をしてITシステムの課題をすべて洗い出すことが必要だとCEOに提案すべきである。

全体システムの構成図を作成し、自社のITシステムをCEOとともに俯瞰する。そのうえで、具体的な機能システムレベルでの問題点をすべて洗い出す必要がある。一つ言えることは、DX推進指標でITシステムが大きな問題ではないとしても、全体システム構成図が整理されていないとすると、全体最適を企業として実施してこなかったことは間違いない。この場合は、CEOとして自社のITシステムの総点検を行う必要があると提案すべきである。例えるなら、一度、人間ドックを受診して改めてITシステムの健康状態を確認するということである。

総点検として、CEO直轄組織を構築し、PFデジタル化指標などを活用し、自社のITシステムに造詣が深いSIerを活用し、第三者を含めた評価をする必要がある。残念ながら、自社にはITシステムの十分な対応能力が欠如していることを認識し、信頼を置ける外部の力を活用するしかない。そして、自社のITシステムがDXに向けての対応能力があるのか、IT資産が負債化していないか、そもそもITシステムが安心安全なのかを機能システム単位に認識する必要がある。CEOは、各部門で重要な人材をある程度認識している。それと同じように各部門のITシステムの状況を認識するのは、ITシステムが重要な経営資源である以上、当然のことだ。

CIOは、CEOにITシステムの重要性を認識させるべく活動をし続けることが重要なのである。そのうえで、CEOとの会話を通じて、DX戦略を支えるITシステム戦略を立て、CEOが責任者となって実行させるように持っていく責任がCIOにあると思う。

CIOおよびIT部門は、これまでの下請け根性を捨てる必要がある。そして、SIer任せではなく、自らITシステムの構築に責任をもつことを目指していくべきである。最終的には、DXを進めていくうえでは、デジタル技術者を自社で抱える必要がある。そのためには、デジタル人材を採用し、デジタル人材を育てる仕組みも構築する必要がある。デジタル人材が企業で働きやすくかつ自己実現できる環境を整備する必要がある。

そのためには、現実を踏まえて、重要なパートナーであるSIerとの協力を得ながら進めていくことが必要になる。当然、CIOあるいはIT部門は、会社の本社部門とも協議しながらデジタル人材に合わせた諸制度の創設と見直し・待遇の改善などを具体化する必要がある。SIerとの協力体制に関してこれまでと異なるレベルでの仕組みの創設が必要になる。なぜなら、人材の採用あるいは人材の教育など内製化を進めていくためには、この道の先達のSIerの協力は必須だからである。また、一気にできるわけではないので、自立していく過程においては、信頼できるSIerの支援がなくては成り立たないのである。

④SIerとの関係における課題

企業にとってITシステムは道具であり、効率が高ければどの道具であってもよいという位置付けであった。だからコスト優先で、ITシステムに関わる人材を自社で抱えるよりは、外部の安価なベンダーに委託した方がよいと多くの経営者は考えてきた。それ故に、日本ではSIerなる独特のサービサーが発展してきたのである。CEOは、必ずしもITのプロでない人材をCIOに登用したり、どちらかと言うと控えめで事業部門に頭の上がらないIT部門出身の人材をCIOに登用したりしてきた。ただそうした中でも大規模なプロジェクトを成功させなくてはならないので、CIOはSIerに責任転嫁し、CEOもそうすることで安心していたのである。裏返すと、CEOは自社のIT部門に高い信頼を置いているわけではなく、ITシステムの外部依存が高いことに問題があるとは考えてこなかったのではないだろうか。

ところが、現状はITシステム無しに事業も業務も回らない。いつのまにかITシステムは道具から自分自身の体の一部になっており、しかも、重要でなくてはならない心臓のような臓器になっていたのである。ITシステムは、体のいたるところに存在する血管や神経のような働きもする。「DX対応するにはITシステムの抜本改革が必要」などという前に、もはやITシステムは非常に重要な経営資源になっている。にもかかわらず外部へ依存した状態であり、冷静に考えれば、自社のITシステムを実質的に支えているSIerとどう向き合うかを根本的に考え直すべきではないかと思う。

ITシステムは道具であるという認識は、ある時期までは正しかったが、いつの間にか道具の域を越えたのである。日本の培ってきた文化がSIビジネスを生み、徐々に確実にITシステムの主権をユーザー企業は失ってきたのである。そういう意味で、CEOは、DXを機会と捉え、会社のありようを根本から見直す絶好のチャンスと考えるべきだと思う。そして、CEO自らが、重要なパートナーとなったSIerとの関係を見直す必要があると考える。

無条件にSIerを信じるわけにもいかない。自社に十分なケイパビリティーがない中で、本当に付き合うべきパートナーを選択していく基準を明確にする必要がある。ただし既存のSIerを無視することは極めて危険である。既存のSIerが、現状自社のITシステムを支えているからだ。既存のSIerに対して、敬意をもって接することは、人として当然のことだと思う。そのうえで、何が不満なのか何が不信の根源なのか、胸襟を開いて、CEO自身がSIerの価値を理解したうえで、SIerの経営と向き合う必要がある。そのうえで、SIerが態度を改めないのであれば、違う選択肢を検討する必要があると考える。

ただし、ITシステムのパートナー変更は、大きなリスクを伴うことをCEOは理解すべきである。仮に私が新たなパートナーに選ばれたとしたら、既存SIerの全面的な支援を前提とした条件がそろわない限り、そのお仕事はお断りする。既存のITシステムのことを何も知らないから、当然である。従って、それなりのコストを負担してでも既存のSIerの協力を引き出したうえで、異なる選択肢を検討することが重要となる。非協力的なSIerがいないと信じるが、そのようなSIerは、いずれ衰退していくと考える。顧客あってのSIerだからである。

CEOは、将来に向けて自社でITシステムを内製化できる道を示していく必要がある。そのためにも、パートナーとウィンウィンの関係を模索し、確立する必要がある。SIerとの関係は、CEO自らこれまでの経緯と関係性を整理し、十分な理解をしたうえで、将来に向けてどのように再整理するか、極めて重要な課題である。

4-2 DXの現状認識

62 91

「SoEこそがDXの本丸」という危険な風潮

DXの本丸は、新たなデジタル技術の活用によるビジネスモデルの変革である。ところが実際は、顧客への新たな経験の提供や、顧客に合った商品の提案・提供など、顧客接点の高度化を目指すことがDXの中心だと考えられている。ITシステム的に言うとSoE（System of Engagement）と呼ぶ領域である。一方で、これまでの基幹系のITシステムをSoR（System of Record）と呼ぶ。このSoR領域はDXの対象ではないと整理されていることがあるが、自社固有の重要データはSoR領域であり、SoR変革も必須である。SoEとSoRは連携しながら、バランスよく対応することが求められる。まさに、SoEとSoRは車の両輪なのである。

ところが、新しい技術の活用（ディープラーニングなどのAI技術の活用、データ分析の高度化、顧客接点の高度化、API活用による他システムとの接続いわゆるAPIエコノミー、アジャイル開発によるソフトウエアの抜本的な改革など）がDXのように考えられている風潮が強く、RPAのように既存のITシステムをラッピングし、見かけが一新される技術が無条件にDXの成功パターンと整理されている。壁紙を張り替えても、腐りかけている柱はそのままなのである。最終的な改革に向けての方法としては、RPAの活用を否定するものではないが、本質的には張り子の虎である。それどころか、問題の先送りをする方策として活用されれば、事態はより複雑度を増加させ、本質的な改革の難易度をさらに上げることになる可能性すらある。安易なITシステムの変革などない。非情な決断、厳しい現場組織あるいは顧客との調整、リスクある決断など、CEOにとってつらい決断と深い深い思慮を要求することこそが、変革なのである。

心無いCIOは、変革の肝が既存ITシステムにあることを十分認識しながら、そのリスクにおののき、切り離して活動することができる新しい技術活用分野のSoEこそがDXと称し、積極的に活動している。新しい技術分野への適応力を高めることは非常に重要であり、そのような組織・文化を育てていくだけでも大変な活動であることは間違いない。だが、このような活動も、SoEを支えるSoR変革がなければ効果は十分に出ないことも明らかである。ただ、その結果が出るのは、まだ先のことである。その結果が出たとしても、CIOが必要なSoE改革を進めてきたという事実は残る。しかし、SoR変革を無視したことが、企業自身の存続に関わるような致命的な結果になるとしたら、そして、そのことをCIOは予想できているとしたら、極めて残念な結果と言わざるを得ない。

いずれにしても、SoEこそがDXの本丸だという風潮は、非常に危険であり、耳心地の言い新たな技術、ディープラーニングとかデータアナリストとかアジャイルだとかの言葉に惑わされてはいけない。SoRも新たなIT技術への適応は必須であり、重要である。問題は何をするかであり、SoEとSoRのバランスの良い変革が求められていることを、CEOは自覚して内容を確認することが重要である。

63 91
デジタル技術を前提としたビジネス変革

DXはビジネスモデルの大変革であることは間違いないが、本来企業が持っているDNAを大事に守り発展させていくことが重要だと考える。富士フイルムは、フィルムが主たる事業ではなくなっている。携帯のカメラにより、フィルム需要は瞬く間に激減した。KODAKは2012年に倒産した。富士フイルムは、フィルムで培ったナノテクノロジーあるいはコラーゲンの技術（フィルムはコラーゲンを主成分としている）などを活用し、新たな機能性化粧品を開発している。光技術なども活用し、医療機器にも進出している。まさに、顧客から商品まで全く異なるビジネスモデルの転換に成功している。ここでポイントなのは、フィルムあるいはカメラなどの基礎技術・コア技術を核にしている点である。他分野への自社のコア技術の転用である。自社の強みを踏まえた新たなビジネスこそが、DX変革の原点であると考える。

DXはどのような変革の波をもたらすかは、自社の状況を冷静に分析することが必要である。新たなライバルは既に存在しているかもしれない。あるいは、自社マーケットを一変させる変化が既に起こっているかもしれない。私は、既に各社において、変革の兆しをつかんでいるように思う。いま一度、社内でDXの影響を冷静に分析し、仮説を立てて必要な情報を収集し、より具体的な変化を明確化することが必要だと考える。すべての産業が、「ソフトウエア」革命の洗礼を受けることは間違いないのだから。

ITシステムから見た、事業・業務の制度を全面的に見直すことが必要になる。これは、いままでは事業や業務を実現するためのITシステムであったことと比較すると、180度視点が変わることを意味している。IT技術者から見て、ITシステム化しやすい観点から事業・業務を見直すことも必要になる。また、IT技術を使うことで、事業の目的をより効果的に実現できる方法の提供、あるいはこれまでの人主体ではできなかった膨大な分析業務をディープラーニングなどを活用することで新たな事業上の発見も可能となる。製薬業界では、これらの技術を使うことで、薬品のシミュレーション業務をAI化し、製品開発を劇的に短期間に低コストで実現している。

これまでのマーケットの考えと異なるマーケット設定も可能となる。商品購入から商品の利用サービスへのサブスクモデルへの変換もある。例えば3Dプリンターと、顧客の体のサイズなどのデータを利用し、顧客にフィットした商品の提供も可能になる。このように様々なビジネスモデルの変革が、デジタル技術を使うことで可能になるのである。

いずれにしても、デジタル技術を前提に、現状の企業の強みを踏まえた新たなビジネス変革が求められる。そのためには、現場レベルの知恵を結集させることも重要である。大きな方向性を決めるのは経営であるが、新たな商品を開発するのは現場の力である。様々な現場から出る様々なアイデアが新たな事業としてたくさん創造され、その事業が切磋琢磨し、いくつか本当の意味での事業として会社を成長させていくことになると思う。そのためには、事業と業務とデジタルの人材が融合して新たな商品を作り出す、アジャイルな組織をどんどん増加させ、公平な尺度で評価し、健全な事業が継続的に創造される会社に変わっていくことが求められるのではないだろうか。

かつて「ワイガヤ」と言われた自由で活発な議論を重ねた中で、新たな商品開発を行ったきたように、自由で自律的で公平なガバナンスがこれからは求められると私は思う。これは、多くの大企業が失ってしまった文化の再構築である。日本が強敵に向かって戦い、輝いている頃の文化の再構築である。現状は、強力な統治こそがガバナンスと考えていないだろうか。すべてを正しく判断する能力を備えたCEOなどいないのは、古今東西の人類の歴史を見れば正しいのである。広く考えを募り、正しいことを正当に評価し、さらに発展させる仕組みを構築するしかない。変化の激しいときには、それまでの定説・成功体験は、逆に大きな失敗を招く。大きく変化するこれからの時代、従来のガバナンスを大きく変えるべきではないだろうか。

Amazonは典型的な文鎮組織である。それぞれのチームが切磋琢磨し、マーケットの中で生き残りをかけて戦っている。強いチームは拡大し、一定の規模を上回ると、ITシステムとともに分割される。小回りの利くチームとITシステムの方が変化に対応しやすく競争力が高いからだ。そして、競争力の高いチームは、どんどん成長し、結果的にAmazonの競争力を高めることになる。また、競争力の低いチームは消滅していく。チームの成長は、各チームの知恵と努力がマーケットに受け入れられたことを示す。競争力があるかどうかは、マーケットが決めるのである。

会社の方向性、ルール、文化などを含めて、最終的には、マーケットに良い商品を届ける確率を高めることをガバナンスの基本原則として考える必要があるのではないかと私は思う。

第5章 DXに求められるITシステムの要件

5-1 ソフトウエアの信頼性

64 91

許されないがバグは残る、現在のソフトウエア開発方法

ITシステムに求められる信頼性は、DXになるとさらに高いレベルが求められる。だが、IT技術者は、ソフトウエアにバグがあるのは当たり前だと考えている。なぜだろうか。私は、現状の日本のソフトウエア開発を行うとバグが発生するのは致し方ないが、そのままでいいとは思っていない。現在のITシステムは、様々なプログラムを順次結合しながら、最終的には多くのプログラムの集合体として構築されている。そのため、プログラムを結合するたびに、大きく3つのテスト工程で、順次品質保証を積み上げ、最終的な集合体としての品質を保証している。

第一の工程は、単体テスト工程である。この工程では、プログラム一本ごとのテストとなる。このテストは、全分岐テストと言われ、プログラムのすべての論理的なケースを洗い上げてテストをする。ここでバグとして発生する可能性があるのは、人的作業になるため、ケース漏れあるいは検証ミスなどである。このミスを最小化するには、第三者のチェック、あるいはテストケースの網羅性を担保するツールを活用することである。そうすることで、かなりの精度に品質を向上させることは可能となる。ただし、あくまでプログラム単体の品質であり、他のプログラムとの関連での機能については証明できない。

第二の工程は、サブシステム単位にプログラムを実際に結合し、テス

トをする連結テストである。ここでは、サブシステムとしての入力データのパターンをすべて洗い上げ、サブシステムとして稼働するためのデータベースなどを設定し、入力パターンごとにデータベースの更新・アウトプットデータ・出力画面・出力帳票が正しく更新されている、あるいは作成されているかを確認する。この場合は、テストデータのケース設定を網羅的に行うことが非常に重要である。そのためには、サブシステムの設計をよく理解した有識者がテストケースを洗い上げる必要がある。つまり、テストデータを洗い上げる人の能力に依存することになる。さらに、有識者であってもテストケース漏れや検証ミスは発生する。ただ、複数の有識者による相互確認などを駆使することで、品質の精度を著しく向上させることは可能になる。

問題なのは、あくまでサブシステムとしての振る舞いを検証するための入力パターンのテストケースのため、プログラム同士のすべての論理的なパターンを検証していないことにある。サブシステムだと数十本から100を超える数のプログラムの集合体であり、すべてのプログラムの論理的なケースは、とてつもなく大きくなり、到底テストをすべてこなすことは物理的にできない。従って、ソフトウエア上のバグを取り除くことは不可能になる。そのために、限定的なテストケースで、少なくとも重大なバグを検出する必要があり、テストケースの設定が非常に重要なのである。しかしながら1000分の1の確立で発生するトラブルケースをテストケースとして設定することは、極めて困難である。

第三の工程は、機能システムを構成するサブシステムを実際に稼働させてテストをする総合テストである。ここでは、各サブシステムで洗い上げた入力パターンに加えて、各サブシステムにまたがって振る舞うデータのパターンを追加し、月末あるいは利息計算などの日々の業務の流れに沿ったシナリオを作成し、それに沿って、データを引き継ぎながら複数の日程のテストを行う。ここでも、機能システムの有識者と各サブシステムの有識者が一緒になってシナリオとテストケースを作成する。また、ITシステムの再構築の場合は、同一データを同一の環境を有した現行ITシステムにも投入し、現行の出力データと新たなシステムの出力データを比較して矛盾が無いかを確認する無影響テストを行うことが一般的である。ここでも、テストケースの妥当性および検証の妥当性を100％保証するのは困難である。さらに、連結テスト以上にプログラムの論理の組み合わせをすべてテストすることは困難である。無影響テストも、新機能が存在するために、すべてが同じ結果になるわけではないので、単純に機械的な判別はできない。従って、人的作業が必ず存在し人的ミスも必ず発生する。

ここまで述べてきたように、様々な方法を駆使しても、現状ではプログラムのバグをすべて取り除くことは困難である。ITプロジェクトマネジャーとしては、フェータルなバグをいかに最小限に抑え込み、リリース時に対応が可能な範囲に品質を高めていくかしか方法は無いのである。そのために、様々な方法・手段をプロジェクト当初から駆使してマネジメントするのである。だからこそ、ITプロジェクトは規模が大きくなればなるほど、プロジェクトマネジメントが難しいのである。

いずれにしても、現状のソフトウエアの開発では、一定程度のバグは必ず存在することになる。バグがあってもいいとは思わないが、ソフトウエアにバグがあってトラブルが起きても、影響範囲を最小限に抑える方法がある。それは、できるだけ小さな機能単位で、分散して接続する方式である。例えば、東京証券取引所と各証券会社は、データのやりとりを集中し、それを大きな回線で結んでいる。すべての上場銘柄の注文データは、1つの回線でやりとりされている。そうした状況で何らかの銘柄の注文データ処理にトラブルが発生すると、すべての注文処理に影響を与えることになってしまう。そこで、例えば銘柄単位にサービスを分割し、銘柄単位に独立した処理形態に分けたITシステム構成に変えたらどうなるであろうか。

この構成なら特定の銘柄の注文処理は、ソフトウエアが正しく修正されないと正常化しないが、その他の銘柄の注文処理は、正常に処理されることになり、極めて限定的なトラブルとして対処できる。さらに、トラブル範囲も限定的なので、トラブル時の対応方法も事前に作成できる。そのため、原因追及などにIT技術者は集中し対応することが可能となる。また、独立性が高い構成なので、修正後、そのサービスだけを再稼働すれば簡単に全面復旧することが可能になる。このようなアプリケーション・アーキテクチャーの代表が、マイクロサービスである。マイクロサービス化することで、サービスを分離独立することが可能となるのである。いわば、太くて丈夫な一本の金属棒で橋をつるよりは、一本は細いがたくさんの金属棒を束ねることで強度を上げている方式と同じなのである。

機能分散を徹底し、トラブル発生時の影響範囲を最小化する。最終的には、ソフトウエアも含めた冗長構成を目指すことが重要になる

65 91
高信頼システムはソフトウエアを冗長構成にする

信頼性を高めるには、ITシステムの完全なる冗長構成が必要になる。一般的には、重要なITシステムは冗長構成をとっている。例えばサーバー機が故障した場合、バックアップとして用意されているサーバー機に自動的に数分で切り替わる。ネットワークも同様に自動的にバックアップのネットワークに切り替わる。なぜこうしているかというと、ハードウエアは必ず故障を起こすため、冗長化構成をとる必要があるからである。

しかし、ソフトウエアのトラブルに対して、現状は冗長構成をとって

いない。そういう発想でシステムを構築していない。なのでソフトウエアにトラブルが発生すると、正しく修正しない限り、正しく稼働する状況にならない。現状は冗長構成をとらず、バグの発生確率をできるだけ下げる努力を続けているが、システムによっては、ハードウエアと同じように、ソフトウエアも冗長構成をとるべきではないだろうか。

ソフトウエア開発技術が進んで、バグの発生確率を下げ、いわゆるシックスシグマ（100万個に3から4個の不良品、100万本のプログラムで3から4個の不良と考えられる）程度に抑えられたとしても、重要なITシステムがトラブルに見舞われる可能性はあると考えられる。特に、MaaSのような新しいITシステムでは、様々なITシステムがリアルタイムで接続される。極めて広範囲のたくさんのITシステムが直列に接続すると、稼働確率はすべてのITシステムの稼働率の積になるため確実に低下する。構成するITシステムがトラブルで停止すると、すべての構成要素であるITシステムに影響を与えることになる。つまり、たくさん直列でつながればつながるほどトラブルの確率は高くなり、また、トラブルの影響範囲も拡大することになる。結論から言えば、多くのITシステムがリアルタイムで接続されるデジタル社会では、直列でITシステムが接続されることなく、並列で接続する必要があるということである。従って、ソフトウエアに関しても冗長構成が必要になるのは必然である。前述したが、金融の世界でもすべての取引をリアルタイムで接続する、いわゆるt+0はなかなか実現できていない。

ソフトウエアの冗長構成とは、簡単に言えば、同一機能だが違うプログラム構成のソフトウエアを2つ以上開発し、並列に配置することである。もちろん、ソフトウエア開発体制も異なる組織を2つ以上用意することになるので、ソフトウエア開発コストは2倍以上必要になる。そんなにコストがかかるのは現実的ではないと思うだろう。逆にいえば、そう思っているから実現していないだけである。だが、みずほ銀行のトラブルも、ソフトウエアが完全に二重化されていれば、あのような事態にはならなかったと、確率上では断言できると思われる。今のところ現実的ではないが、今後のデジタル社会では必要なコストと見なされるかもしれない。

実際、マイクロサービス・アーキテクチャーでは、機能が最小化されるようだ。そして、機能と入出力（API）が標準化されれば、同一機能のエコシステムが複数提供されることになる。そのような状況になれば、アプリケーションの冗長構成も可能になると考えられる。ソフトウエアの構造改革が、信頼性を高めるのにも必要である。

5-2 DXに必要なソフトウエア開発とは

66 91
アジャイルは行動規範であり開発方法論ではない

DXに必要なソフトウエア開発とは、PFデジタル化指標の3要件、すなわちデータ活用性、アジリティー、スピードである。

このうちデータ活用性は、自社のITシステムからデータを余すことなく収集することがまず求められる。それは、他社が持ち得ないデータであり、そこには、自社が差異化できる貴重な情報が含まれている。その貴重な情報を見つけるには、収集データの品質が極めて重要である。収集データの品質とは、リアルタイムなどの「データ鮮度」、分析に足る細かい「データ粒度」、明確に定められた「データ定義」の3つがそろうことである。自社のITシステムがこれらの要件を満たす品質の高いデータを供給し続けることが必要になるが、それは当初開発したITシステムの前提を根本的に見直すことになる事案なので、既存のITシステムの全面的な見直しが必要になる。

2019年のことだが、MITのAIシンポジウムに参加した時、「AI活用するために今何をすべきですか？」との問いに、教授が「既存のITシステムを作り直すことです」と答えたのを覚えている。当時既に米国では、データ分析基盤の数倍規模の投資をデータクレンジングのために行っていた。その中心は、既存ITシステムの全面見直しなのだと思われる。

データ活用に戻ると、自社のデータのみならず、外部データも含めたデータを分析する仕組み（データ分析基盤）が必要になる。そのうえで、データサイエンスの専門家とマーケティングの専門家、ディープラーニングなどの技術者も交えた体制構築が必要となる。共同でどういう分析をするかを考え、実際のデータを活用し、新たな情報・分析を基に、これまで誰も気づかなかった新たな商品の開発あるいは未開のマーケットへの商品投入などを行う必要がある。ただ、ここの部分も、データの品質が保たれている前提でないと本質的な情報を引き出すことはできない。

次に、アジリティーとスピードについて説明する。新たなビジネスを創造するには、トライアンドエラーはつきものである。そのため、ビジネスを提供するためのITシステムは、短期間で稼働し、実際に試してその結果を受け、すぐに修正したり作り直したりすることが求められる。そのためには、三位一体の体制と、マイクロサービスなどを前提としたソフトウエア開発技術が必要である。ここで重点的にお話したいのは、アジャイル開発である。世の中的には、アジャイル開発とウオーターフォールモデルは対立概念であると整理されているが、私は、アジャイル開発はソフトウエア開発をするうえでの行動規範であって、開発方法論ではないと考えている。

図表5-1はアジャイル宣言である。ここには、どうやってユーザー要件をまとめるとか、どのようなテストを行って品質を保証するとか、一言も書いていない。スクラムも同様である。スクラムマスターの役割や

【アジャイル宣言】

- プロセスやツールよりも、人と人同士の交流を
- 包括的なドキュメントよりも、動作するソフトウエアを
- 契約上の交渉よりも、顧客との協調を
- 計画に従うことよりも、変化に対応すること

読点(、)の右と左で右の方をより重視しようと言っているのです。
左側にある項目の価値を認めながらも、右側にある項目の価値を重視するのです。

図表5-1
出所：アジャイル宣言をもとに著者作成

日々のコミュニケーションの方法などを示しているが、ソフトウエア開発方法は書いていない。そもそもスクラムは、一橋大学の野中郁次郎先生が最初に提唱されたと言われている。野中先生は著名な経営学者で、尊敬されるべき方ではあるが、ソフトウエア開発の専門家ではない。PMBOK同様に広く一般の今後のあるべき組織論を言われているのであると思う。

アジャイルとは、事業・業務・ITのメンバーが一団となって、同じ目標に向かって、サービスを常に見直し最適化しながら市場のニーズに合わせていくことである。あるいは、市場の変化に常に敏感に反応し、その変化を柔軟にサービスに反映していくための行動規範だと思う。DXにおけるソフトウエア開発スタイルは、まさにアジャイルが求められ、アジャイルの行動規範に基づくマネジメントが必要になってくる。アジャイルを実質的に回すには、10人程度の体制を上限とした、自立的で民主的な組織が自由に活動できることが前提となると理解している。

AWSでは、ピザ2枚ルール（12人を超えるとチームとマイクロサービスを分離する）を適用している。そうするには、1つのマイクロサービスがいつでも分割可能で、分割された2つのチームが干渉せずに仕事をすることができなければならない。分割後のマイクロサービスも、疎結

合になっている必要がある。

マイクロサービス・アーキテクチャーは、マイクロサービスが内包する複数のサービスがAPIで接続されているため、比較的容易にマイクロサービスを新たな2つのマイクロサービスに分割できる。アジャイル開発の行動スタイルには、マイクロサービス・アーキテクチャーのような分割容易性を担保されたアプリケーション・アーキテクチャーが求められる。現状のモノリスシステムのように、機能が拡大しても疎結合に分割できないアーキテクチャーでは、アジャイル開発は規模が拡大すると破綻する。

そういう意味では「大規模アジャイル」というのは、私には理解できない。そもそも大人数で毎日コミュニケーションをとること自体が極めて非効率である。実際、日本でアジャイル開発がこれだけ叫ばれているのに、適応されている事例が非常に少ない。失敗したという事例は非常に多いのではないだろうか。それは、モノリスシステムのアーキテクチャーのITシステムにアジャイルを適応していることが大きな原因だからである。旧来型のITシステムの設計を変えない限り、アジャイルは失敗し続けるのである。

もう一つ重要なことは、ソフトウエアの開発方法論は、ウオーターフォールモデルであることだ。仕様を明らかにする（ITシステムで何を実現するかを明確にする）。そして、ITシステムで実現するべくITシステムの設計を行う。そのうえで、設計書に基づいてソフトウエアを開発する（プログラムを作る）。結果出来上がったソフトウエアが、当初の仕様通りに動くかをテストで確認する。この流れは、どのように世の中が変わろうが同じである。そして、それぞれの工程で、「工程を始めるに当たっての前提条件と必要な情報が整備されているかを確認し、その情報を基に成果物として何を作成するかを定義し、その成果物が当初定めた品質を満たしていることを確認する」。これらの内容を各工程で定義することを開発方法論という。まさにウオーターフォールモデルこそが、開発方法論の基本的な考え方なのである。

では、なぜウオーターフォールモデルが毛嫌いされるのだろうか。既存のITシステムのアプリケーション・アーキテクチャーは、モノリスシステムである。この場合、複数のサブシステムがデータベースを共有しているため、複数のサブシステムの要件定義工程で、共有するデータベースの項目を詳細に定義する必要がある。なぜなら、共有するデータベースに変更が入るとすべてのデータベースを共有するサブシステムに影響が出る可能性があり、該当のサブシステムのうち影響がないサブシステムであっても、影響を受けていないことを確認するテストを実施する。いわゆる手戻りが発生する。

このようなことが頻発すると、プロジェクトは作業量が格段に増え、破綻する可能性が出てくる。そのため、いったん決めた仕様を横並びに確認し、整合性をとる活動と、仕様変更を基本認めないことが、プロジェクトの成功に非常に重要となるのである。各サブシステム間で一斉に工程を終了し、要件変更を最小限に抑える活動が、ユーザーサイドからすると極めて硬直的で融通が利かないと感じている。まさにこのやり方をウオーターフォールモデルと一般的には考えられているからである。実際には、サブシステムを横並びに終了する、あるいは、要件変更を認めないというのは、ITのプロジェクトマネジメントの方法の話であり、ウオーターフォールモデルで規定している話ではない。また、このプロジェクトマネジメントは、モノリスシステムという密結合のアーキテクチャーのITシステムのソフトウエア開発に適応すべき手法である。

マイクロサービスであっても、要件を決めて、設計をして、開発をし、最後にテストで確認をする一連の活動は同じである。さらにマイクロサービス・アーキテクチャーの場合は、他のマイクロサービスと疎結合関係にあり、各工程で同期をとる必要が限定される。従って、マイペースで開発をすることになり結果的に出来上がるのも早い。要件変更もマイクロサービス内で基本閉じて対応することが多いため、他のマイクロサービスに影響を与えず、要件変更を柔軟に対応することができるのである。マイクロサービスを前提としたITプロジェクトのマネジメントは、アジャイルの開発スタイルを前提として、新たな手法として確立する必要がある。

マイクロサービスでの各工程の成果物の定義あるいは作成プロセスなどは、SIerの共通の課題として、共同で方法論として標準化するべきと考える。この標準化活動こそが、今後のITシステムの開発の妥当性を保証するためには欠かせない技術だと思う。そして、経済安保にも対応していくべきための基本技術の開発になると考える。

5-3 モノリスシステムからマイクロサービスへの移行

67 91

データベースの分離はITシステムのリスクを下げる

新たなITシステムを構築する場合は、マイクロサービス・アーキテクチャーに基づいて開発することは比較的やさしい。事実、IT化が遅れていた中国・東南アジアは、ITシステムの多くをマイクロサービス前提で開発している。日本は既存ITシステムという巨大な負の遺産を抱えているので、この既存ITシステムをどのように再構築していくかが非常に大きな問題であることは繰り返し述べてきた。従って、既存のITシステムをどのようにマイクロサービス化するかが、DXに求められる非常に大きなシステム要件といえる。

まず実施することは、既存ITシステムのスリム化である。そのためには、使われていない画面・帳票・サブシステムなどを徹底的に廃棄することである。DX推進指標の項目にある「廃棄」である。

次に実施するべきことは、非競争領域の特定である。これに関しては、業界内で議論する場を早急に立ち上げる必要がある。すべての基幹系システムを1社で作るのは極めてリスクも高く、コストもかかる。そもそも、IT技術者もいない。どういう分担で、ITシステムを割り振るかを決めなくてはならない。その分担に合わせた組織に各社は組織変革をする必要がある。組織とITシステムは一体なのである（コンウェイの法則）。新たな分担に見合う機能システムを各社に割り振ることになり、それぞれのインターフェースを業界全体として決定していく必要がある。

もう一つ重要なことがある、PFデジタル化指標の評価項目に、機能システム間の従属関係を整理する項目があった。特にポイントとなるのは、共有しているデータベースが存在しているかどうかである。A機能システムが更新したデータベースをB機能システムが参照する場合のみの場合は、A機能システムとB機能システムは前後関係にあることになり、基本的には、再構築する場合、A機能システムを先に再構築していないと、B機能システムが参照すべきA機能システムで作成されるデータの構成が不明確であり、B機能システムを構築できない（再構築する計画で考慮すれば対応できる）。

しかし、同一データベースの異なるデータ項目をA/B機能システムがそれぞれ更新していると、この2つの機能システムは密結合になっていることになる。その場合は、A/B機能システムを、同時に同期をとって再構築をしていくことになり非常に難易度が高くなる。A/B間のプロジェクト同士で、頻繁な擦り合わせ、仕様の調整、手戻りが発生することになる。この場合は、項目単位に、A/Bのどちらに主権があるかを整理したうえで、同時に再構築計画を実施する。あるいは、事前にデータベースを分割するプロジェクトをそれぞれ立ち上げて、既存のA/B機能システムの従属関係を無くしてから、それぞれ個別の機能システムとして、再構築する、この２つのどちらかの選択をしていく必要がある。

個人的には、リスクが最小化される後者（事前にデータベースを分割するプロジェクトを立ち上げる）がお勧めであるが、状況に応じて判断することが重要である。お金と期間の問題で前者（同時に再構築する）を選んだ場合、難易度が高くなるので、結果的にコスト負担が重く、期間が長くなってしまうこともある。急がば回れである。データベースの分離が密結合からの脱出であり、マイクロサービス化への第一歩である。マイクロサービス化とは順次データベースを分割することなのだ。そのためには、機能システム間のデータベースの更新共有をまずは無くしていく。それが、第一歩である。

話は変わるが、みずほ銀行のトラブルの場合、機能単位に機能システムなどを分離して開発することを推し進めた点は評価できる。しかし、最終的にデータベースを機能システムなどが共有していると、データベースが機能システム間の強力な接着剤となり、大きなモノリスシステムになってしまう。モノリスシステムでは、各機能システムが密結合のために、他の機能システムにトラブルの影響が伝播し、全面的なシステム障害になりやすい構造になる。まさに、みずほ銀行の場合、振込処理のトラブルが様々な機能に広がって、ATMが使用できなくなる状態になってしまった。巨大なデータベースを共有するようなモノリスシステムのアーキテクチャーになっていたことが、真の原因ではないかと、私は勝手に想像している。

ただ、この巨大なデータベースを中心としたモノリスシステムの構造になっている既存のITシステムは、山ほどあると考えられる。ちょっとした問題が大きな問題に発展するITシステムの構造になっていることが問題なのである。既存ITシステムも、データベースを分離していくとリスクは下がっていく。つまり、既存ITシステムのデータベース分離は、無駄な作業ではなく、現状のITシステムリスクをも下げる効果があることを十二分に理解していただければと思う。

また、非競争領域を各社分担で機能システムを開発する場合、機能システム間でのデータベースの共有は絶対に避けなくてはならない。これは前提条件である。

機能システムに分割してからが再構築の本番になるが、再構築しない方法を第一優先とすべきである。つまり、外部サービスの活用である。使える外部サービスがあれば、まずは、活用すべきである。そして、ここで重要なことは、基本的にサービスをそのまま使うことである。それが、大前提である。日本企業とSIerが大好きなカスタマイズはしない。なぜなら、外部サービスは、通常、様々な制度変更への対応を保守費の範囲で実施してくれる。さらに、新たなサービスの提供も自ら開発維持するコストから考えると破格の価格で実施し、サービスレベルも高くなる可能性がある。たくさんの利用者から費用を回収できるので、1社あたりは低いコストで提供できる。いわゆる割り勘効果である。ただ、カスタマイズが入ると通常の制度変更あるいはサービス追加に別途料金がかかる。それも、割り勘無しで、サービス提供者の言い値の価格である。また、新たなサービス提供をしてもらえない可能性もある。

ただし、機能ギャップがあるのは当然である。そもそも、サービス提供している機能範囲と、自前の機能システムが提供している機能範囲が一致するとは限らない。もっと言えば、自社の機能システムが担当している組織の役割範囲と、サービスが想定している組織の役割が異なる。従って、そのままサービスを使うとなると、サービスが想定している組織と役割に自社の組織と役割を再編成する必要がある。サービスが想定する業務の流れに自社の組織の人員を合わせることが必要になる。そうすれば、そのまま使えることになる。この場合、注意しなければならないのは、いったん決めた自社の機能システムの範囲を、サービスに合わせて変更する必要があることだ。サービスも含めて、各機能システムの役割分担を再調整することになる。

外部サービスが無い場合は、いよいよ再構築である。その際、優先すべき機能システムを選定する。一般的には、様々な機能システムで参照されるデータベースのオーナーである機能システムを優先する。先ほど述べたように前後関係が存在する機能システムの「前」に当たる機能システムである。よくあるケースでは、顧客の氏名・住所などの顧客属性データベース、あるいは、商品情報を登録する商品マスターデータベースのオーナーである機能システムである。このような機能システムを優先的に再構築し、新しくデータを細分化し、マイクロサービス・アーキテクチャーで再構築する。さらに、これらのマイクロサービスから既存のデータベースを作成する仕組みを構築する。新たに再構築する機能システムは前者を活用してデータを獲得し、既存の機能システムは後者を参照する。既存のデータベースを参照する機能システムがすべて再構築されたら、既存データベースを作成する仕組みを廃止し、既存データベースも廃止する。

機能システムの再構築では、既存機能システムから新たな機能システムに移さず廃止する機能を検討すべきである。既存の機能システムでは、多くの商品、複雑な契約の商品を取り扱っている場合が多い。これらすべての商品の機能を保証するのは極めて難易度が高い。例えば、保険会社などは、特約をたくさん追加したため、現状でも、顧客の保険内容を把握するのが困難な状況が発生している。また、年金など、様々な経緯で、時期ごとに計算方式が異なる処理をいくつか重ねて、年金額を正しく手計算できる人がほとんどいなくなってしまった場合もある。このような状態に陥っている場合は、ITシステムを正しく再構築することは困難であり、できたとしても正しくできたことを証明する手立てもない。

このようなケースは、対応商品を絞り込み、契約などをシンプルにして、新たな機能システムとして開発することをお勧めする。既存の商品を購入している顧客はどうすればいいのか。それに対しては、米国大手金融機関で聞いた話が参考になる。その大手金融機関はネット専用の銀行サービスを立ち上げ、シンプルな契約で商品数も必要なものに限定し、マイクロサービスで新たにITシステムを開発した。既存の顧客に対しては、ネット専用銀行サービスへの移管を個別に進めたのである。移管をするに当たっては、限定的な優遇金利など現状の商品より魅力的な商品への移管ができるという、とてもありがたい条件を付けたのである。さらに、例えば、通常定期預金を途中解約するとそれまでの期間の定期の金利は付与されないが、この場合は、途中解約ではない扱いとし、所定の期間の金利を保証して解約できることにした。こうして、個別の顧客単位に、随時、全財産を移管できる仕組みをつくり、ある程度の時間をかければ、既存のITシステムを廃止することができる。いくつか法的な対応も必要になるが、業界一丸となって知恵を出していくことが重要である。また、デジタル対応するには、既存の制度の見直しに関して、利用者にとって不利がないことを担保しながら、これらの制度の見直しに国も対応していくべきと考える。そういう意味では、各業界で、非競争領域の共同化だけでなく、DXに対応するための共通の課題を取りまとめ、制度の見直しを当局に迫っていく必要もあると考える。

最後に、機能システムの再構築方法について、ポイントを整理する。再構築する機能システムは独立性が高いことを前提にする。同一のデータベースを更新するような機能システムは存在せず、他の機能システムに対して限定的な影響しかなく、基本独立して開発ができる状態である。

機能システムを複数のマイクロサービスの集合にしていきたいのだが、機能システム内のサブシステムは密結合であることが多い。同一データベースを更新するサブシステムが存在するので、これらのサブシステムとデータベースの関係を整理する必要がある。データベースの項目単位に、その項目を更新するサブシステムを定義し、該当データベースを最低限サブシステム単位に分割する。マイクロサービスの単位は、最大でサブシステムの単位である。それぞれのチームが10人程度の体制でマイクロサービスを担当することを想定すると、いくつかのサブシステムの規模は大き過ぎることがある。その際はサブシステムを分割する。論理的なデータ更新機能に沿って、従来でいうところのトランザクション単位でデータベースを分割し、その単位でマイクロサービス化する。

マイクロサービスの設計では、データベース分割が常に論点になる。正解があるわけではないが、最終的には、数項目程度までに分割することになると思われる。ただ理想を求めるより、マイクロサービス単位に疎結合になるように最低限分割し、それ以上は状況に応じて分割していけばいいと考える。なぜなら、マイクロサービス単位に自律的にアジャイルチームが開発できる状況になることが極めて重要だからである。その後、各マイクロサービス内で、必要に応じて順次データベースを分割すればいい。データベースのチーム内の分割は、他マイクロサービスとのインターフェースであるAPIに影響を与えず、チーム単独で対応できるので比較的容易である。モノリスシステムの開発経験が長い我々は、データベース分割という作業が極めてリスクなものと感じるが、マイクロサービスの特性である疎結合の原則からすると、通常の変更要件とさほど変わらないと思われる。

マイクロサービスに分割できれば、マイクロサービスの制御部とサービス単位の部品群を表したマイクロサービスの構成図を作成し、実際の開発を進めることになる。このサービス単位の部品の共通化が、極めて重要な知的資産となる。部品を活用すればするほど、ソフトウエアを開発する範囲が小さくなり、部品自体の品質は保証されているので、テストする範囲も最小化されるからである。

マイクロサービスは、すべてがバラ色ではない。当たり前である。新たな技術は、いきなり安定するわけではない。その技術に必要な技術開発が必要になる。マイクロサービス化するとシステム運用監視が煩雑になる。なぜなら、マイクロサービス単位でのプロセス監視、API接続は、従来型と比べて2桁以上増加するからである。リリースが1日に何回も可能となるので、いわゆるDevOpsの環境が必要になる。非同期処理が中心となるので、一部機能についてはマイクロサービス間で、あるいはサービス間で同期をとる必要が発生する（基本的には、業務要件の見直しにより同期処理をしない方向にすべきと私は思う）。いずれにしてもエラー時の処理は間違いなく複雑になる。マイクロサービスを稼働させるには、稼働環境の設定、標準ルールの設定、デザインパターンの標準化と活用などを合わせて検討することが極めて重要である。このあたりの技術開発も併せて必要になる。

5-4 企業・業界を超えたネットワーク化が進むITシステム

68 91
IT技術者のIT技術者のためのIT技術者によるガバメント

前項は企業内のITシステムを想定したが、この項では、企業の枠を超えたシステム間連携について説明する。

IoTの項で説明したが、これまで別々であったITシステムとOTシステムが接続され、生産ラインの統合管理が進み、部品の在庫管理・発注の一元化、注文に基づく生産による製品在庫の圧縮、グローバルな原料調達の最適化など、あらゆる生産活動が自動化され、無駄が最小化されていくと考えられる。さらに、運送会社との接続、あるいは、決済業者との接続など、様々な業種の複数の企業との接続により、企業のさらなる効率化と顧客への付加価値を提供できるサービスが、次から次へと開発されることになる。これは、様々な業種の様々な企業あるいは国・地方・機関が、リアルタイムに結ばれていく社会になっていくということだ。この接続は日本にとどまらず、世界の国々のあらゆる機関に広がっていくと考えられる。MaaSのようなITシステムはある意味対等に様々な組織が参加するネットワークのサービス形態であり、今後、こうしたサービスは主流となると考えられる。

このようなサービス形態では、従来とは異なるガバナンスの確立が求められる。従来は、例えば日銀の決済システムには多くの銀行が接続しているが、そのネットワークの中心には日銀が存在し、日銀が主体性をもってコントロールしていた。証券取引も、株であれば東京証券取引所が中心となってコントロールしている。このような中央集権的な考え方ではなく、民主的な考え方、法治主義的な考え方に基づくガバナンスが必要になる。これに関しては、一国でできるわけでもないため、国際的なルールをいかに整備していくか、また、違反者に対しての罰則あるいはけん制となる監視をどのようにするのかなど、いくつもの大きな課題があり、今後の「ソフトウエア」社会に向かっていくときの試金石になっていくと考えられる。セキュリティーが「ゼロトラスト」という考え方に徐々にシフトしていくように、あるいは、個人情報に関してEUと日本が相互認証を基本とした連携を始めたように、ルールとデジタル技術の両面で新しい「ソフトウエア世界」が構築されると思う。そこに参加でき、参加資格をもち続けることが、世界と取引ができることになるのかもしれない。

いずれにしても、それぞれのITシステムが自律的に、自らのサービスを守り、自らのITシステムが問題を発生させた場合も、周りのITシステムへの影響範囲を最小化できる仕組みの構築が必要になってくると考えられる。そして、同様な機能のITシステム、すなわちSaaSが、自らの責任を常に果たし、同様の他SaaSと競争し、より良いサービスをマーケットに提供し続ける。そして、サービス品質などが不十分であれば、残念ながら、新たな優れたSaaSにその場を譲ることになる。そのような、新規参入者にもオープンで健全なエコシステムを「ソフトウエア社会」では構築する技術と市場が必要になると考える。MaaSのような具体的な事例の積み重ねが、来る「ソフトウエア社会」の礎になる技術とルールにつながっていくと考える。そのような新たなコンセプトと技術の開発の中心にSIerが、主体的に取り組むことを求められているのではないかと私は考える。

このような、「ソフトウエア社会」は、相互のSaaSの信頼関係を前提に接続することはできない。もちろん信頼のできないSaaSは市場から退場していくことになるが、信頼に足る人物が、常に正しく行動をし続けるかは、全く別問題である。本人の意思とは異なり、様々な状況下で間違った行動をしてしまうのは、人間であれば仕方のないことである。それは、人間が作るSaaSにもいえる。変化が激しい社会で、常に望ましく振る舞うことは保証されない。

例えば、いつも行くコンビニエンスストアが何らかの理由（例えば、お隣が火事になるなど、不可抗力な事故が発生したなど）で利用できなかったとき、近くの別のブランドのコンビニのローソンを利用することで、欲しかった商品は買えなかったけど、代わりの商品が買えればそれなりに満足するものである。このようなことがSaaSにも必要になる。そのためには、ある意味データの共有など、競争相手と協調する仕組みと競争する仕組みが共存できる技術とルールも必要になると考えられる。それぞれのSaaSが、一個の人間として切磋琢磨し自らの技術を磨き、社会貢献を前提とした仕事を行うことで、適切な収入と社会的地位を得るように、「ソフトウエア社会」を構成する一員として振る舞える技術・

ルールも必要と考える。当然のことながら、必要な機能は、ライバルであるSaaSと協調することも前提となり、それ自身がSaaSにとって必要な機能なのである。

これまでの全体統制を基本としたITシステムは、時間がたつと困難な状況になることを歴史が証明した。会社全体のITシステムを鳥瞰（ちょうかん）できる全体システム図さえなく、機能システムレベルのITシステムも要件が様々に変わっていくことが求められるソフトウエア開発によって、さらなる改善は難しく、かといって再構築もままならない。これまでの統制を中心としたITガバナンスは、既に成り立たっていないことを示している。ITシステムは、会社自体の統制というガバナンスを否定しているのである。しかし、ITシステムは、会社の隅々の事業・業務の重要な構成要素になっており、ITシステムの要求を、会社のガバナンスとして取り込まなくてはならない現実がある。

AWSに訪問した時、「AWSには多くのマイクロサービスが存在していますが、重なったり、競合したりしているマイクロサービスは無いのですか？　どうやってガバナンスしているのですか？」と質問した。それに対して、うれしそうに「ファジー」と一言答えてくれた。これまで、同一の業務・事業は無駄であり、極力排除することが効率化であり、そのためのITシステムと考えていた当時の私には即座に理解できなかった。しかし、必要な無駄こそ信頼の根源であると考えてきた（拙著『プロフェッショナルPMの神髄』を参照してください）私には、いま一度深く考えさせられた回答であった。

AWSの中で、互いのサービスを切磋琢磨するエコシステムが出来上がっているのである。その方が、様々な新しいサービスと、既存サービスの成長を促している優れたエコシステムなのではないだろうか。AWSでは、典型的な文鎮型の組織運営をしていると聞いた。それぞれの社員とトップの間も非常に近い。少ないマネジメント資源しか必要としていないのは、それぞれのチームが、自律的に責任をもった活動をしていることになる。そのうえで、これまでのすべてを統制するという発想ではない組織運営をされているのである。この文化の違いも、IT技術を活用するための大きなポイントなのだと思う。

彼らの優れたマネジメントの中の一つに、事業を企画するとそれを実現するための予算を比較的少額に設定し、さらにその予算を下回ってマイクロサービスを構築すると評価されるということがある。このためAWSの各チームでは、既存の使えるサービスを徹底的に探して活用し、とにかく開発する量をひたすら削減することが極めて重要なことになっている。そのために、「部品となるソフトウエア」を皆が協力してより良いものに毎日成長させている。そのうえで、社内で公開し自由に活用している。特に利用頻度の高いサービスを構築した人物は、IT技術者の中で、尊敬の的、伝説の人になるようだ。そのような伝説の人たちが、様々な共通ルールを開発したり改定したりしていると聞いた。経営と全く異なる自主的なマネジメントが存在しているように見える。中に入ってみたことは無いが、そこには明らかにこれまでと異なるガバナンスが存在しているように私は思えた。「IT技術者のIT技術者のためのIT技術者によるガバメント」のようなものが、そこには存在し、事業と業務を支えるのは、新たなデジタル技術の開発と、そのデジタル技術の最大活用であるという前提に基づいたマネジメントであると考える。AWSの各現場では、「ソフトウエア」を中心としたマネジメントが行われている。各サービスを構築しているチームは独立性も高い。しかし、これまでの日本企業が大切にしてきたロイヤルティーが高いとは思えない。AWSには、自己実現をするために必要な様々な情報あるいは「ソフトウエア」を多く抱え、情報とソフトウエアが毎日充実し、IT技術者として成長ができる場でもあり、評価も適切に行われているのだ。IT技術者から見て、極めて魅力的な場をAWSは提供していると思う。

Googleのサンフランシスコのキャンパスに訪問した時、お昼の社員食堂にお邪魔させていただいた。レストランは非常に開放的で、キャンパスにいるすべての人が自由に利用できる。もちろん、無料である。食事も米国スタイルだけではなく、インド、中国、イスラム（ハラルフード）など様々な人種向けの料理を自由に取ることができる。日本のGoogleの食堂も非常に自由な雰囲気であった。AWSあるいはGoogleは、社員に働きやすく、高いモチベーションを持ってもらい自己実現を果たせるような環境をもつくり出しているのである。

69 91

ソフトウエア製品の開発力が重要

「ソフトウエア社会」では、企業・社会の仕組みを根本から見直す時代に向かっていると考える。その力の源泉は、「ソフトウエア」を中心としたデジタル技術であり、よりグローバルな視点での人類のもつべき普遍的な価値に基づく良識なのではないかと思う。SIerに求められる技術範囲とマネジメント変革は非常に範囲も広く、一朝一夕にできる変革ではない。様々な面で、世界に後れを取っているのである。

ソフトウエアは標準化が進む世界でもある。オープンソースという名の下に、ソフトウエア資産は人類共通のものになっていくようにも見える。しかし、オープンソースの代表である「Linux」も、実際には製品として有償に提供されることが多い。オープンソースは無償提供ということは、ある意味善意であり、責任が必ずしも担保されているわけではないからである。誤解を恐れずに言えば、「ただより怖いものは無い」である。厳しい品質を問われる中で、保証のないソフトウエアを利用することはなかなか難しい。ただ、オープンソースの魅力は、世界中の良識あるIT技術者が、高い志の中で、新たな技術を無償で提供し続けるという、とても素晴らしいエコシステムでもある。ハードウエアの世界での標準化は、その仕様に基づいて製品を製作する必要があり、そのためには、製品の材料と製造ラインと製品の検品の仕組みが必要である。ソフトウエアは、製品そのものが標準化となる。ソフトウエア製品は単純なコピーで作成できる。そのため、原料も製造ラインも不要であり、しかも品質は、最初のソフトウエアと同じである。経年劣化も起こさない。標準ソフトウエアは、世界に一つあるいは数個あれば十分である。

ソフトウエアは、さびないし、壊れないし、暦年劣化がない。いくら使ってもすり減らないし、性能が落ちることもない。いわば新品のままで働き続けるのである。さらに、ソフトウエアを正しく修正すれば、ソフトウエアの品質は一切落ちない。ハードウエアのように修正の跡がついて、修正を繰り返すと劣化が進み、結果的に新品に入れ替える必要もない。定期的な保守あるいは部品交換も必要ない。ソフトウエアの保守とは一般的には機能を向上することであり、ハードウエアのように同一機能を維持することではない。ハードウエアよりもソフトウエアの方が高信頼性ともいえる。少なくともソフトウエアの方が保守いらずで、簡単に機能向上を図ることができる*。

* 自動車メーカーのテスラ社は、あらゆる機能をソフトウエアでコントロールしている。そのため、よりエコな自動運転ソフトウエアを開発すると、各自動車にソフトウエアを配信し入れ替えることで機能向上を簡単に図れるのだ。購入した時の機能が多少低くても、日々機能が進化していく。これらの特性があるからこそ、ハードウエアからソフトウエアへ機能の移行がどんどん進むのである。

標準化されたソフトウエアは、無償と有償の範囲を、時とともに常に揺れ動くようになると考えられる。というのも、SBOM*のように使用されるソフトウエア部品の管理が義務付けられると、公的な基準を満たした部品が随時認められ、その部品群が標準化されていくことが当然必要になるからである。

* ソフトウエア部品表。脆弱性のあるソフトウエアに対しすぐ対応するため、どのようなソフトウエア製品を利用しているか一覧化して管理すること。

既に米国は、SBOMの標準化について、日本国と一緒に検討する働きをしているという話もある。当然認定される部品は、誰かが責任を持って管理することが条件となると思われる。それが、各国レベルと世界共通に管理するレベルでその体制も必要になってくると考える。当然、それぞれのソフトウエアを維持するには、コストが必要となると考えられる。そのソフトウエアは、世界レベル・国レベルの最低限の費用を徴収されるであろうし、個別企業が提供するソフトウエアでもあると考えられる。新しい有用なソフトウエアは、当然一定の条件をクリアすれば認定されていく。また、同一機能に対して、1つのソフトウエアが認定されるわけでもないのである。あくまで、有用性と安全性などの基準を満たせば、認定されるのである。それは、ジェネリック薬品のようなものだ。ソフトウエアの重要性の観点から、部品の公的品質保証を行う動きも出てくると考えられる。

有用な世界でも利用されるソフトウエアは、大きな利益を開発者にもたらす。標準化とは集中化でもあり、特定のソフトウエアが世界を席巻することになる。かつてWindowsがそうであり、Oracleがそうであったように。これらのソフトウエアは、基本的・共通的な機能が中心であった。日本も、トロンが携帯端末の基本ソフトウエアとして世界を席巻した。しかし、日本においてソフトウエアの価値をマネーベースに変換する力が弱かったのか、現在も、iPhoneあるいはAndroidの基礎技術として活用されているが、収益を生んでいるわけではない。事業を生み、そして継続して成長するには、利益を生むことが前提である。そのことを日本のSIerは肝に銘じるべきである。現在でも、Zoom、Skypeなどのリモート会議ツールはコロナ禍でデファクト化が一気に進み、大きな利益が集中している。この波は、アプリケーション領域にも確実に押し寄せている。SAPなどはまさにその波に乗り大きく成長しているのである。

いずれにしても、ソフトウエアの製品開発力が、今後は極めて重要となっており、様々な分野で、IT技術の蓄積がされることが、競争力の源泉になっていくと考えられる。このような世界の中では、ソフトウエアの競争は、世界レベルになっていくと考えられる。利用している人間は、毎日地域の時間に合わせて様々な活動を行っているが、ソフトウエアを提供する側は、年中無休の24時間での対応が当然必要になる。対応するのはIT技術者という人であり、地域で生活をしている実態がある。その中で、グローバルで、サービスレベルを落とさない活動体制を構築する必要がある。それぞれの社員の生活を充実させながら、対応するには、グローバルな開発体制をつくる必要がある。

同時に「ソフトウエア社会」では、ソフトウエアの求めに応じて、事業・業務が見直され、さらには国の制度・法律にまで標準化し、最終的に世界の様々な規制も標準化される。裏返すと、規制の標準化は、ソフトウエアの標準化をさらに進展されることになり、国ごとの制度の違いは、徐々に確実に廃止され、同一のソフトウエアサービスが世界中で利用できることになる。ただ、使いやすさの機能は担保されたソフトウエアになると思う。つまり、言語は、ほとんどの人が利用できる多言語化（ほとんどが重要かもしれないが、決して全部ではない。言語の標準化も間違いなく促進されると思うからである）対応、ご老人・幼児・障害のある方などの対応もされていくことも標準化が進むことになると思う。

ソフトウエア企業のコンペティターは世界中にいて、世界標準に対応できなければ土俵にも立てないことを意味する。つまり、新たなIT技術への適応と、世界に受け入れられるソフトウエア商品開発力がなければ戦えないことを意味している。国内でしかも個別の企業のニーズに基づいてソフトウエアを開発しているSIerにとっては、全く異なる経営戦略をいま現在求められつつある。すなわちSIer自身のDXが求められ、ソフトウエアをなりわいにしているからこそ、最も厳しいDXの影響を受けるのである。

第3部

SIerの未来戦略

第6章 強みをさらに進化させる戦略

6-1 世界にないSIerの強み

70/91

日本のIT技術者のレベルは高い

日本のSIerの強みをいま一度整理してみる。

まず、顧客以上に顧客の業務・ITシステムをよく理解していることだ。これに関しては、顧客からITシステムの丸投げをされてきた歴史の中で培ってきたことを何度も繰り返し説明した。顧客企業にしかないノウハウを、日本のSIerが持っているというのが大きな強みである。また、SIerは、各顧客の業務・ITシステムを、業界他社も含めて理解している。つまり、業界における企業規模の違いによって、業務・ITシステムにどのような違いがあるかも理解している。さらに、この業務・ITシステムの理解を通じて、顧客の事業にも精通している。顧客事業を理解することが、業務・ITシステムへの対応に必要だからである。SIerは、顧客企業の非常に重要な肝の部分を押さえていることになる。

もちろん、SIerごとに業界への取り組み状況は異なり、強い業界も弱い業界もあるが、情報サービス産業としては、極めて重要な情報を有している。しかも世界第3位の経済大国であり、様々な業界で世界のトップ企業を多く抱えている日本の企業群の重要な情報を抱えている。新興の中国は各業界すべてが十分発展しているわけではないので、業界の厚みを考えると、日本企業の存在は、世界でもトップクラスであることは間違いない。

デジタルに関する日本の現状は、ハードウエア・ネットワークからソフトウエアまでフルライン技術を有している。米国・中国を除くと唯一の国といえる。ただし、ハードウエア産業は、クラウド事業者の躍進により劣勢に立たされており、これらの技術に関しては、失われつつあると考えられる。ただ、半導体も含め、現時点では、再生可能であると、私は信じている。

ここで言いたいことは、日本の情報サービス産業は、あらゆる業界の事業と業務とITシステムを理解し、さらに、デジタル技術の根幹のハードウエア関連技術から、ソフトウエアまですべての階層について技術を有しているということである。これらの強みを意識し、内向きの狭い考えを捨てて、オールジャパンとして、日本のため世界のための新たな挑戦をしていくことが、重要ではないかと考える。

次に、ソフトウエア開発技術に関して説明する。日本が得意とするウオーターフォールモデルは、開発方法論としては、より進化をしていく方法論である。新たなソフトウエア開発技術は発展途上であり、特に信頼性を要求される基幹系のITシステムに関しては不十分であるといえる。大規模なソフトウエアの品質を守りながら構築していく技術は、日本が進んでいると思う。というのも、厳しい顧客との契約条件の中で、大規模ITシステムプロジェクトを実施しているのは日本だけだからだ。日本のITシステムは、総合職という役割分担が曖昧な社員向けに作っているので、様々な業務を1つの端末から実施できるようになっている。これは極めて複雑なITシステムで、現在の日本の基幹系といわれるITシステムの設計および構築に関して、非常に難易度が高い。また、日本企業はITシステムに高い品質を求め、使い勝手に関しても、稼働品質に関しても、極めて厳しい。

マイクロサービスなどのソフトウエア開発技術への取り組みは遅れているが、そもそも日本のIT技術者のレベルは極めて高いといえる。使い勝手のよいITシステムを作る技術、品質を工程ごとに確認しながら高めていく技術、顧客など第三者の話をITシステムの要件に取りまとめていく技術、など。こうした技術を有していることを強調したい。日本のIT技術者のレベルは決して低くない。それどころか、弱点を補強すれば極めて優秀なIT技術者として活躍できると思う。また、開発方法論についても、長年の厳しいソフトウエア開発の歴史の中で培ってきた方法論を新たな開発方式に生かすことで、一気に競争力をもつことができると考える。ただ、業界として、早く技術シフトを進めるためにも、業界で方法論の標準化を進め、お互いの資産を競争しながら蓄積し、日本としての競争力を磨き上げる必要がある。

国内企業のDXを推進するには、ここまで述べてきたように、前提として基幹系ITシステムの再構築が欠かせない。個別に作られたITシステムは山のようにあるので、膨大な数のITシステムの再構築ニーズが生まれる。それが進めば、DX案件として、ディープラーニングなどを活用した新しいITシステム、データ分析基盤のITシステム構築、新たなビジネスモデルに伴うITシステム、OTとの接続など、新たなソフトウエア開発需要はとてつもなく大きい。

これらに応えるには、建築業界が労働集約的ビジネスから近代的建築技術に大きく変わって、建築期間の圧縮と生産性向上と品質向上を実現したように、ソフトウエア開発方式の大変革が必要である。基幹系ITシステムの再構築ニーズを満たすには、個別に対応していると開発量は莫大な量になり、破綻するのは火を見るより明らかである。限られたIT技術者で対応するには、非競争領域を共通化し、リスクとコストを最適化していくしか他に道はない。そのためには、業務・事業・ITシステムを熟知したSIerが、主体的にそれぞれの強みを生かした事業分野で、非競争領域のITシステムをサービス化して対応していくことが、最もリスクを最小化し、IT技術者の効率的な活用につながる。その場合、SIer間の様々な分野でのソフトウエア開発の標準化を進めることが重要である。

その理由は、1社のSIerで、業界のすべての基幹系をサービス化することは非常に難しいからである。業界の基幹ITシステムに強みのあるSIer複数社で分担し、SIerを超えた連携を通じて顧客企業に全体的なサービスを提供していくことが必要である。そのためには、お互いのITサービスが連携する必要があり、ソフトウエアの標準化が非常に重要となる。

これは、SIerのビジネスモデルを大きく変えるとともに、このプロジェクトを通して、新たなソフトウエア開発技術への技術変革をする実践の場にも活用できる。つまり、IT技術者のリスキルの場として非常に有用なのである。

SIerは、これまで以上に顧客と連携し、顧客と共同で、顧客のITシステム変革を推進すべく支援していくべきだと思う。顧客に自社が投資したサービスを提供しつつ、他のSIerのサービスを組み合わせ、最適で実行可能なITシステムの全体図とプロセスを示す。既存ITシステムの改革を、自社および他のSIerのサービスの活用などを前提にすることで、実質的に規模が縮小され、実行可能なプランニングが可能となり、顧客に対して、自信を持った提案ができるようになると考えられる。

様々な顧客の課題を解決するとともに、SIerも開発受託からサービス主体のビジネスモデルに変換する。下請けではない真のパートナーとして、顧客にサービスを提供するとともに、顧客のIT技術とIT人材を支える存在として、SIer自身も生まれ変わることになる。

71 91
社会システムの合意形成にSIerの立場は効果的

違う側面で考えてみよう。1社のSIerが様々な業種の事業・業務・ITシステムに深い造詣をもち、実際に様々な業界のITサービスを提供する存在となっていくと考えると、それは極めてまれな存在で、今後、重要な役割を果たせる立場になる。

例えば、MaaSのような様々な業界をまたいで提供する社会システムは、今後増えていく。そうしたサービスを設計する際、様々な業界の知識とITシステムに精通し、また、様々なITサービスを展開しているSIerは、非常に重要なかけがえのない存在になる。米国ではNISTのような組織で、テーマ単位に適切な人材を集めて会話を重ね、設計を進めている。だが、複数業界を経験している人が少ないので、お互いの会社の文化あるいはITシステムの特異性の違いを乗り越えていくことが必要で、お互いの違いを認め合うことから始めるので難しい。顧客企業のIT部門の人材が中心となって社会システムの議論をすると、どうしても会社の利益代表としての参加になる。その中で、意見を調整し、最適化を進めるのは難しい作業である。実際は、NISTにそれなりの権威のある人材を配し、NISTがリーダーシップを発揮して進めている。NISTは予算規模も大きく、長年の様々な活動の中で高い社会的地位を構築してきている。日本のIT関連の政府機関の歴史、予算、権威とは大きな違いがあり、NIST並みの組織に成長するには相当な時間を要すると考える。

私自身の経験で話をすると、確定拠出年金の仕様を決める際、銀行・証券・保険の各社の思惑がそれぞれ異なり、一致点を見いだすのに非常に苦労した。仕様を確定させるには、複数業界のITシステムの開発を経験してきた中で、論理的な落としどころを見つけ示していくことが何よりも肝要であった。また、運営主体側の観点から、常に最適化（制度全体がうまく回るためという大義）を考えていくことも非常に重要であった。役割の論理的な落としどころは、各業界にとって、それぞれが不満に思いつつ、我慢できるレベルを見つけることである。つまり、皆が満足する落としどころはない。当然である。皆競争していて、少しでも自分に優位に持っていくことを考えているからである。

ただ、社会システムを正しく運営し、各社とも納得して参加するには、そのような論理的な制度設計を進めていく役割を誰かがするしかない。そういう意味では、各業界・各企業の役割・機能について、論理的な落としどころを見つけ出し、リードしていくことができるのは、日本ではSIerが実質的に主体となる他ないのである。私の当時の経験でも、年金の運用者である従業員サイドに立ち続け、様々な難問を解決した。面白いことに当時の法律・政省令などの制定担当者からは、様々な問い合わせがあった。ITシステムを前提とした制度設計をしなくては、スムーズな制度運営ができなかったからである。

日本のSIerは、複数の業界の顧客をもつと同時に、様々な業界を経験してきた人材も多い。つまり、複数企業が参加する議論において、最適な役割分担をベースとした設計が唯一できる。その業界の各分野に精通したSIerが数社集まり、基本的なデザイン案を作成し、その案をベースに、各SIerの業界の顧客を参加させることで議論すると非常に効率的で、デザイン的にもバランスがとれた案になる可能性が高い。日ごろから顧客の内情をよく知るSIerが顧客の窓口を担うことで、実際に検討に参加する顧客のメンバーの水準も高く設定でき、質の高い議論を行うことができると思う。もちろん、IPAなどの場で意思決定することは必須であり、決定については中立的な場が必要なのは言うまでもない。IPAからしても、必要な人材を自ら集めてすべて自前で実施するのは難しいのが実態であり、持続可能な仕組みを情報サービス産業とともにつくり上げていく必要があると思う。

社会システムの場合は、参加していない業界が後から随時参加することが想定される。米国の場合でも、NISTでの議論に、継続的に検討するメンバーを確保するのは難しく、関係各社から新たな参加を求めることになる。日本では、新たな業界の参加が必要になった場合、IPAがその業界に強いSIerを招集すれば、既存のSIerを含めた検討体制は比較的速やかに立ち上げる。その場合も、SIerにいる新たな業界の有識者が参加し、同様に基本的なデザイン修正を行うと、非常に効率的で質の高い設計ができる。SIer経由での新たな顧客参加もスムーズで、効果的に合意形成をとることができると考えられる。このためにも、SIerも含めた、ITシステムの設計・開発の標準化が必須になると考える。

結果的には、日本の開発する社会システムは、参加者の役割分担のバランスも良く、変化に対応できる品質の高いサービスになると考えられる。このような社会システムは、今後、他の諸国にも必要となると考えられるので、新しい社会システムごと諸外国に輸出することもできよう。

私自身、韓国が確定拠出年金を導入した際、様々な業界あるいは金融機関で講演を行った。実は、韓国の確定拠出年金制度は、米国型ではなく、日本型であり、日本の制度に近い確定拠出年金法を立法したうえで導入したため、私の経験が彼らに非常に参考になったのである。そして、大手生命保険会社に、私が設立に関与したレコードキーパーの業務フローを販売し、コンサルティングを1年程度継続して支援した。その時は、それでとどまったのだが、今後は、法律制度を含めた安心安全な社会システムそのものが大きなビジネスになると考えられる。

72 91
ソフトウエアこそ日本品質が生きる

さらに大きな強みが日本にはある。それは、日本品質である。日本のサービスは、おもてなしのサービスであり、非常に使いやすく、丈夫で長持ちなので、利用者からの評価は様々な業界で高い。これはソフトウエアの世界でも同じである。より使いやすく利用者に訴求しやすいソフトウエアの品質そのものが非常に価値なのである。

何よりも重要なことは、社会システムになればなるほど、信頼される国のブランドが重要であることだ。日本は、アジア各国へODAの名の下に様々なインフラ整備に関わってきた。日本が開発したインフラは各国で高い評価を受けている。また、プロジェクトのスケジュールも順守されている。これらの活動に対して過剰な見返りを求めることなく、献身的に活動していることを世界の国々はよく知っている。様々な地域で、日本人の献身的な活動は、日本というブランドを確固としたものにしてきているのである。日本企業がサービスに徹し、適切な利益を上げて、顧客に貢献するという理念を徹底してきたたまものだと思う。日本国政府は、お金を出すが、国としての戦略は存在せず、戦争に対する反省からの支援が大きかったからだと思う。

これからのソフトウエア中心の世界では、顧客の商品選定も短期間に変わっていく。顧客は、より良いものに移ろいやすくなるのだ。利用者数・利用者評価などでソフトウエアのランキングが行われ、利用者の声を確認することができる。そして、様々なソフトウエアを簡単に購入したり、乗り換えたりしているのである。ハードウエアだとコスト面などから更新時が来るまで機種変更は難しいが、ソフトウエアは乗り換えしやすく、異なるサービスに移動するハードルが非常に低い。従って、使いやすく顧客に価値を遡及する力が強いサービスは、後発であっても十分に戦えるのである。遅れている日本が、品質の高いソフトウエアで巻き返すハードルは低いのである。

日本は、例えばアニメ、キャラクター、ゲームなどの分野で非常に強いことは確かである。20年前、米国へのお土産で日本のポケモンあるいは戦隊もののグッズなどは非常に喜ばれた。今は無いが、ニューヨークのトイザらスにはポケモンコーナーもあり、日本の子供たちと同じように米国の子供たちも熱心に見ていたことを覚えている。様々な日本のコンテンツは世界で受け入れられている。日本は非常に優れたユーザーインターフェースを持っているのだ。

made in Japanの素晴らしい商品は、たくさん存在する。OT分野との接続が非常に重要なDX分野になると想定されるが、この分野においても日本は個々の企業としての製品力は極めて強い。同様に、自動車・バイク・トラック・鉄道車両などの陸上交通に関しても極めて強い。航空に関しても、ボーイングとエアバスに対して、中距離航空機・自家用航空機などにも挑戦し実績も出始めている。医療機器・電気発電・農業機器・建築機器など様々な分野で世界に日本品質の製品を提供し高い評価を受けている。農業に関しても、コメを筆頭に果物あるいは肉類も高い品質が評価され、競争力を高めているのである。しかしながら、日本の製品は、常に単独商品として品質を高めていくことに徹しているように思う。

デジタル技術は、つなぐ技術である。例えば、靴下を製造する技術にデジタル技術が加われば、様々なことを「つなぐ」ことが可能になり、従来にない付加価値の高いサービスを提供できる。自分の足に合った靴下を自宅に届けてくれるサービスはどうだろう。個々人の足のデータを登録し、そのデータに合わせた靴下を製造し、発注者に届ける一連のサービスである。発注者の注文データに合わせてカスタマイズを同一ラインで実施する、あるいは、注文データの商品に合わせてコントロールすることで製造商品を複数同一製造ラインで製造し、製造ラインを統合し効率化を進める。また、製造に必要な部品に関しても、工場全体で必要な部品をまとめて管理することで部品在庫・発注を最適化する。発注に基づく製造を原則とし、商品在庫を最適化するなど、製造ライン全体での最適化をITとOTがつながることで実現できる。DXでは、様々なものがつながり、情報を共有することで、システム全体の最適化を可能とし、単独での活動より圧倒的な優位性がある。いくら優秀な個々でも、連携のとれた平凡な個々の集まりであるチームには決して勝てない。こうしたサービス提供は、デジタル技術の活用が大きなポイントである。

もちろん個々の力も重要だが、つながることを前提としたうえでの個々の力であると私は考える。全体として、おもてなしの心を持った使い勝手のよいITシステムの上で、個々の製品そのものの競争力がより高いサービスを提供していくことになると思う。それが、これからの日本の競争力を高めていくことになると思う。つまり、それぞれの企業がオープンで、それぞれの領域で適切な競争を行いながら、全体としては調和のとれたトータルなシステムとしての商品を提供していくことが求められていると思う。まずは、日本の企業各社からつなぎ、確立された後は、様々な国の優れた製品も受け入れながら、常に競争の中で、いいものを提供し続け、日本企業が輝き続けるようにしていくべきかと考える。そのつなぎこそが、ソフトウエアであり、ソフトウエア産業が培ってきたノウハウを活用すべき領域だと考える。

日本は戦後、世界が驚く発展をしてきた。明治維新では、東洋の遅れた封建国家から瞬く間に世界の一等国になった。それを支えたのは、高い教育水準と高いモラルを持った国民性であると思う。まだまだ、世界からいい意味で不思議な国・日本と思われている。これまでの先達が実践してきた、世界の人たちにより良い商品を届けるという日本の使命は、デジタル時代になってもなお必要である。そもそもの日本の強みは、知恵と歴史と文化、すなわちソフトウエアにこそあると私は思う。

厳しい自然環境で、共に助け合うことで生き残ってきた日本人は、人と人とのつながりを大切にして社会生活を送っている。「人様に迷惑をかけない」「陰日なたなく働く」そのような気持ちが、日本の企業人には共通してあると思う。それは、企業単体で生きていくというよりは、様々な企業の協力があってこそ生き残れると考え、だからこそ、他社に迷惑をかけず、自社の責任を全うすることが大切だと経営者も考えていると私は思う。企業と企業が協力して、ソフトウエアを仲介して、有機的に商品が結びつくことで、新たな付加価値を提供できる商品を開発することができる。日本企業は、世界にそうした商品を提供する責任を果たしていく必要があると私は思う。

第7章 弱点を克服し世界と戦う戦略

7-1 日本の3つの弱みを克服

日本の弱みは、大きく3つあると考えられる。1つ目は、日本企業全般にDXへの取り組みが遅れていること。2つ目は、デジタル技術に関して、日本の取り組みが遅れていること。そして、3つ目は、SIerのグローバル化対応が進んでないことである。

73 91

弱み1「DXへの取り組みの遅れ」を克服する戦略

1つ目の「DXへの取り組みが遅れ」という弱点に関しては、とにかく早く取り組むべく、立ちはだかっている既存ITシステムの変革を実現するために、情報サービス産業として技術的な対応を急ぎ、業界を挙げて変革の道を示していくべきだと思う。各業界の実態をよく知るSIer同士が前を向いて、SIer自身のためにも共通の課題に向けて一歩足を踏み出すべきではないだろうか。そのうえで、それぞれの業界単位に大きな方針を示し、各業界単位に強みがあるSIerが中心となって連携し、非競争領域のサービス提供などの具体的なプラン・推進体制などの合意形成をしていくことが必要と考える。

DX推進については、業界を超えた日本国共通の課題であり、経産省をはじめとした行政と足並みをそろえていく必要がある。DXの推進にはデジタル技術に対応しやすい制度・法律も含めた見直しも必要で、国としてのアクションプランを作成する必要がある。行政側は高い問題意識をもっており、いくつかの手段あるいは方策を既に実施している。しかし行政側の体制は、志と対照的に脆弱である。また、各省庁間の壁が推進の障害になっているのも事実である。民間側の積極的な関与が求められている。

情報サービス産業側では、具体的な再構築に関する技術開発を共通に進める必要がある。前述したように、再構築ニーズは非常に高まると考えられ、競争状況というよりは、業界としてその需要にどう対応するかの方が重要である。まさに、電力不足の中での電力会社同士の電気の融通と同じである。電力会社同士の融通の場合、東西で周波数が異なることが大きな課題になっている。まさに、標準化が重要なのである。日本のITシステムは独自開発にこだわり、それこそが競争力と考えられてきたが、世界のIT技術は常にオープン化の流れの中で標準化が進んでいる。特にソフトウエア開発に関しては、標準化を進めるとIT技術者の育成・流動化が促進される。現状では標準化が進んでいないため、社内異動でも工程の定義や成果物、マネジメントが異なり、実質的に稼働するには相当な期間が必要になっている。会社が違えばもっと異なる。今後、企業が内製化を進めるには様々な人材が必要になるが、開発方法が異なると戦力になるまでに時間がかかる。各企業のルールが異なるとその企業ごとに対応が必要になるため、企業も含めた日本全体のルールにしていくことが重要である。実際、ユーザー企業の中でも複数のSIerのルールが混在し、ルール・成果物が異なり、ガバナンスを適切にかけることもできない状況になっているケースも散見される。顧客企業からすると、SIerごとに異なる成果物を押し付けられており、それがSIerへの不満にもつながっている。

技術的負債を克服する技術開発を具体的に進めていく必要がある。本書ではIPAの成果物を中心に、技術的負債に対するアプローチの考え方や、既存ITシステムの重要情報を遡及する方法と考え方について解説してきた。しかしIPAの成果物は、各社が実際にすぐ活用できる状況にはなっていない。前述したが、クリティカルな課題への対処の考え方は整理されているが、具体的な手順までは整理されていない。そのため、具体的な成果物の詳細な定義、それを作成するためのツールなどの環境整備、それぞれの具体的な活動の定義などを整備する必要がある。実際に各顧客に適用するには、数々の実務的な活動を行わなくてはならない。さらに、1社のSIerでは限界があるため、マルチベンダーでの解決が必要になり、標準化が前提となる。いずれにしても、再構築に向けた具体的な方法論の開発が極めて重要である。

そうした技術は、実は非常に重要な競争力のある技術である。世界の先進国は、どの国も技術的負債を抱えている。EU諸国はもちろん米国の伝統的な企業にもまだまだ多くの技術的負債が多く存在している。特に、政府系など公的な仕組みは独自の機能であり、サービスを利用しようにもそのようなサービスは他で提供されるはずもない。競争がないので再構築に踏み切る動機もない。日本でも、日銀決済の仕組みは日銀にしか必要ない。証券取引所、証券保管振替機構、年金機構なども、まさに独自機能で、自ら単独で、ITシステムの再構築を行うしか方法はない。日本だけでなく先進国にはこのようなニーズが多数存在する。この分野は、「そーっとしておけばいい」という意見もあるが、日立・富士通などがメインフレームから撤退するなど、現状のITシステムが前提にしているハードウエアのサービスそのものが危機にひんしているのである。米国国防省は、IBMのメインフレームの部品を20年分確保しているという話を聞いてから随分たつが、いずれにしても、非常に危険な状態に置かれている公的なITシステムは多い。

巨大な再構築マーケットが世界にあると考えてもよい。特に難易度が高い日本企業での実績が大きな競争力になる。このことは、サービス化の可能性さえある。標準化が進むというのは、各国の制度が同一化されることになり、各国のITシステムの機能も標準化されることにもなる。

つまり、各国の中では唯一のITシステムであっても、グローバルで見ればサービス提供が可能な領域である。こう考えれば、市場は先進国だけでなく、これから諸制度を整備していく後進国をもマーケットとして捉えることができる。それも、制度とパッケージの両方を導入することが可能になる。

技術的負債にまみれている日本は、この状況を克服することができれば、大きなマーケットを切り開くことにつながる。各国のITシステムはそれぞれの国のインフラを支えており、高い品質と信頼性を求められるので、信頼の国・日本ならではのビジネス展開が可能である。

74 91
弱み2「デジタル技術への取り組みの遅れ」を克服する戦略

2つ目の弱みは、デジタル技術への取り組みの遅れである。この弱みに対しては、ハードウエア・ネットワーク・データセンターを含めたデジタル基盤である日本版クラウドの構築が有効だ。諸外国への輸出を前提に、日本らしいクラウドを開発すればよい。前述したように日本からのサービス提供でなくパッケージとして提供し、各国が自立的に運用できるクラウドサービスとする。データセンター・ITシステム運用・ソフトウエアの維持なども各国が行い、各国で自立したクラウド運営をできることが必要である。もちろん、各国の実態に合わせて、各国の自立的な範囲を自由に設定・変化できる仕組みの構築が必要である。そして、各国が自立的に日本の支援をも含めた継続的な安心安全でサービスにしていくことである。決して最新鋭ではなく、安心安全なクラウドサービスの提供を目指すのである。自国のITシステムが稼働するクラウドは、自分自身で責任を持って、運営できる必要がある。そのクラウドが停止することはすべての国の仕組みが停止することになる。国のクラウドは、まさに国のインフラのインフラなのである。従って、他国あるいは一外国企業に依存するのは極めて抵抗感が強い。その選択肢が米国と中国という2者択一しかないという状況は、日本にとっては、技術力だけでない日本の信頼というブランド力が力を発揮できるチャンスだと思う。

重要なことは、最新のディープラーニングなどの技術ではなく、既存のITシステムの変革支援を技術的な差異化ポイントにすることである。ITシステムの再構築技術を背景に、再構築に至るステップを実現するための様々な方法論に基づいたツール群と、SIerの技術支援をセットでクラウドを提供することで、メガクラウドベンダーと伍（ご）していく戦略である。

クラウドベンダーとしてのGoogleは、AWS・Microsoftに比較して伸び悩んでいる。新しい企業にとってGoogleは極めて魅力的なプラットフォームである。Googleの提供するネットワーク・ハードウエア・AI関連技術などは、他のクラウドベンダーと比較しても上回っていると思う。しかし、彼らのプラットフォームは、クラウドネーティブを前提としているため、技術的負債を抱えている企業にとっては敷居が非常に高い。

実際、クラウドネーティブのアプリケーション・アーキテクチャーは、マイクロサービスなどを想定している。

マイクロサービスの優位性に関しては、最近では、半ば常識化している。前著の『IT負債』では、マイクロサービスの優位性について述べているので参照願いたい。一言で表現すれば、既存のITシステムの生産性・スピード・品質を一桁以上押し上げることが可能だと考えている。DXの求めるソフトウエア開発のアジリティーとスピードを達成するには極めて重要な技術なのである。既存のITシステムは、モノリスシステムのアーキテクチャーを前提としている。つまり、巨大なデータベースを前提として既存のITシステムは作られている。このデータベースは、機能システムをまたいで利用されていることも多く、関連するITシステムを一括して再開発し、移行するのは困難である。従って、ある程度の段階に分けて、順次データベースの項目ごとに新たなマイクロサービスに再構築する必要がある。

その場合は、ITシステムの再構築が終了するまで、既存のITシステムは既存のデータベースを利用し続けることになる。しかし、移行されたデータ項目は、新しいマイクロサービスが稼働すると既存のITシステムのデータベースの該当データ項目は更新されないことになる。その不整合を回避するために、新ITシステムでデータ更新した場合は、随時、旧データベースの該当データ項目を更新する仕組みが必要になる。その仕組みを、いくつもの環境の異なるITシステムの再構築のたびに開発するのは負担が大きい。

既存のITシステムは、構築されているデータベースの仕組みも異なり、稼働環境（IBMであればSNA手順でIMS）などもばらばらであり、そのような仕組みを毎回その環境に合わせて作る必要がある。また、クラウドと既存ITシステムは物理的にも離れて存在するため、外部回線経由で遠距離通信が必要になり、データ通信の時間がかかり、いわゆるレイテンシーの確保が難しい。回線障害なども起こる可能性があり、ITシステムとしての安定性にも課題が残る。

重要な情報の場合は、特に注意が必要になる。例えばAWSなどは、いったんリフトというステップをとり、既存のITシステムの構造を変えずに、AWSで動作させる。統一的な環境にそろえることを目的とした移行を行う（例えば、プログラムは基本そのままだが、データベースはOracleに変更するなど）。これに関しては、単純な移行なので難易度は比較的低く、比較的大きな規模での移行が可能であり、短期間で対応できる。リフトした段階でも、ハードウエアあるいはネットワークコストが抑えられ、3割程度のコスト削減も実現できる。AWSなどは、リフト用の環境をわざわざ用意し、Oracleなどのデータベースが稼働できるようにしている。Googleは、そのようなリフト環境の提供が弱いために、既存のITシステムを抱えている企業からすると現実的な選択肢になりにくいのである。

そういう意味では、日本のクラウドは、既存ITシステムの分析支援ツールなどを含めて、既存ITシステムの再構築ステップを丸ごと支援するスキームにするというのはどうだろうか。実際に再構築できるSIerとセットでクラウドを開発すると、極めて競争力のあるクラウドになるのではないかと考える。いずれにしても、技術的負債にまみれた日本のITシステムを国産クラウドに移行するにも、これらの技術開発は一丁目一番地なのである。これがないと、使われない国産クラウドになってしまうのである。

もう一つの大きな課題は、ソフトウエア開発技術の遅れへの対応である。これこそ何度も述べてきたが、情報サービス産業でソフトウエア開発方法論と標準化を早急に進め、共通的な教育カリキュラムを策定し、それに基づいて一気に研修を進めていく必要がある。重要なのは、実際に実施する案件を確保することである。再構築の方法論あるいはツールは、実際の適応をしながら順次見直しが必要であり、各種ツールの改善・充実も必要である。さらに、マイクロサービス・アーキテクチャーに基づく既存のウオーターフォールモデルを発展させた開発方法論、各工程での成果物の定義、各工程を支援するツール群、成果物の統合的な管理方法とツールなども、順次実際の適応プロジェクトを実施しながら改善・充実していく必要がある。これらの統合化されたツール群もいずれ共同で開発していく必要があると考える。

開発方法論であるウオーターフォールモデルと行動規範としてのアジャイル（スクラムは日本発）を融合させ、マイクロサービス・アーキテクチャーに基づいたソフトウエア生産技術は、世界的に見ても競争力のある技術の獲得になる。

これまでは、これらの方法論あるいはツール群は、SIer独自のものであった。その大きな目的は、企業の独占化にあったと思う。これは、結果的にはSIerのソフトウエア開発力の提供の限界、また、受託契約のリスクを分散するため、ある程度の規模を超えたソフトウエア開発を、顧客サイドもSIerサイドも、分割発注・分割受注を受け入れてきた。そのため、いくつかの異なるソフトウエア開発方法と開発環境が、企業内に存在することになった。顧客からすると非常に維持することが難しい環境になり、SIer依存が進む背景にもなっている。他のSIerが担当しているITシステムの再構築対応は非常に難しく、業界への知見が高いにもかかわらず、適切な競争が阻害されているのが実情である。各社で成果物の体系あるいはプロセスが異なり、その内容も開示されていないので、他社の成果物を確認することは難易度も高く、当然コストもかかる。つまりそれが、ベンダーロックインという状況を招く原因になっている。

経済安保推進法では、インフラ企業のソフトウエアの安全が担保されているかどうか確認することを求めているが、ばらばらの開発方法・成果物だと安全を確認するのは極めて困難である。SIer自身が自らの正当性を第三者から見て検証できなければ、自らを守ることができないことを意味している。

かなり詳細な部分を含めて標準化を進めていく必要がある。実際、建築業界では、国土交通省において、かなりの建築設計・建築工法などの標準化が進められている。もちろん、民間各社が国土交通省に出向者を出し、技術的に支援しつつ、業界と一緒になって適正な標準化を推進している。建築業界では、つくり方の斬新な方法は認めながら、基本的なつくり方は標準方法を基本とし、建築基準法という最低品質を法的に規定したうえで、デザインあるいは機能性などの本来的な提供商品の優位性とコストで各社が競い合っている。極めて健全である。日本の建築業界は海外と比較しても競争力はあり、安心安全な使い勝手のよい建造物を世界中で開発し評価されている。建築の日本市場はオープンであるが、技術的な壁が高く、ほぼ日本企業が独占している。ソフトウエア業界から見て非常に参考になる事例である。業界と経産省も含めた安心安全なソフトウエア提供ができるスキームと体制構築が急務である。

マイクロサービスによるソフトウエア開発が進むとソフトウエアの部品化が進み、開発量が激減し、開発工程での大量人員投入は無くなることは既に述べた。これは、SIビジネスモデルの崩壊だけではなく、中堅以下のソフトウエア企業の仕事が激減していくことにつながり、多重請負構造も解消されていくことになる。ソフトウエア業界の構造が大きく変わるのである。

しかし、中堅・中小企業は、小回りが利き新たなソフトウエア開発技術への適応も容易である。私の知る地方の中堅企業は、新たなソフトウエア開発技術を身に付け、それを武器に大手有名企業と合弁企業をつくっている。順次仕事を他のSIerから引き継いでいく予定である。大きく成長する可能性がある。新たな技術は、これまでのような巨大なモノリスのITシステムではなく、小ぶりなエコシステムが主流となるのである。従って、技術力さえあれば十分に中堅・中小企業もチャンスがある。動きの遅いSIerにとって代わることも十分あり得ると考える。いずれにしても、技術変革に成功した企業が規模の大小にかかわらず生き残り、変革に失敗した企業は姿を消していくしかないと考える。ソフトウエア産業はDXの洗礼を受けやすい業界であることは間違いないのである。

75 91

弱み3「SIerのグローバル化対応が進んでいない」を克服する戦略

3つ目の弱みは「SIerのグローバル化対応が進んでいない」である。

これはいくつかのポイントがある。①グローバルデリバリー体制、②日本語の問題の解決、③ソフトウエア開発のグローバル化標準の3つについてお話したい。

①グローバルデリバリー体制

まずは①グローバルなデリバリー体制の構築である。世界的な諸制度の標準化の流れの中で生き残っていくサービスは、世界で利用されることになる。生き残ったサービスは、世界に対して常に同等のサポート体制が必要になる。ITシステムの問題に関しても24時間体制で対応する必要がある。そのために、IT技術者を24時間体制で、例えば東京で3交代体制対応にするのは現実的ではない。重要なITシステムのサービスを維持するには、優秀なIT技術者の確保は必須である。24時間を3交代制で働くのが労働条件となるなら、相当な高額の給与を出しても持続可能性があるとは思えない。これについては、例えば、東京･ニューヨーク･ロンドンの3カ所で対応できるIT技術部隊を少なくとも構築する必要がある。また、各デリバリーセンター間の情報共有、新商品開発に必要なソフトウエア開発の分担など、全体として最適化されたマネジメントの仕組みも必要になる。それ以外でも、個別の国ごとの異なるニーズの把握や、それに伴うソフトウエアを開発するために、東南アジア、アフリカ、南米などに必要な拠点を追加していく必要がある。

②日本語の問題の解決

次に②日本語の問題の解決である。外国語に弱いのはIT技術者共通の認識だが、自動翻訳を活用すればいいと考えている。現状の翻訳の仕組みは英語ベースであり、いったん英語に訳したうえで日本語に翻訳するなどの多言語化対応をしている。その方が効率的である。英語との間の翻訳精度を向上すれば、自然と他言語の翻訳品質が向上する。ただ、

2重翻訳はどうしても翻訳ミスの確率は高くなる。日本としては、特に重要な言語に対しては、日本語と直に翻訳する方が翻訳ミスも少なくなると考えられる。その意味では、日本語翻訳の仕組みは、日本共通の仕組みとして開発すべきだろう。ITシステムを設計するには、正しく言語で表現することが極めて重要である。そのためにも、特殊な言語である日本語のハンディキャップに対応することは非常に重要である。さらに、ソフトウエア開発の打ち合わせ、事業・業務のメンバーも入った打ち合わせは、多くの言語を前提とした打ち合わせの仕組みを構築する必要がある。例えば、多言語リアルタイムで参加メンバーの言語に合わせて表示したり、音声に変換したり、チャットなどでそれぞれの言語に変換したりして、外国語を意識しない環境の構築が必要になる。議事録などの自動生成と参加者に合わせた言語変換を行うなど、現状のコミュニケーション方式を進めてグローバル化が必要と考えられる。

また、グローバル環境でのリモート会議、あるいはメールなどのコミュニケーションツールも独自に開発する必要がある。これらの会議内容には、ITシステムに求められる重要度に応じて厳しいセキュリティー対策が求められる。実際の画像データあるいは音声データの管理は極めて重要である。現状は、比較的このあたりに関しては、まだまだ不十分な状況である。日本国内ならまだしも、グローバルな対応をするには、コミュニケーションツールも含めた開発が今後は必要となる。そうすれば、グローバルに受け入れられる商品になる可能性が強い。お気軽な会話ではなく、機密性の高い会話などの需要は高いと考えられる。

③ソフトウエア開発のグローバル化標準

最後に、ソフトウエア開発のグローバル化標準について説明する。SIerのグローバルな開発体制を敷くとなると、成果物のグローバル標準を整える必要がある。少なくとも、開発方法論・ツールなどはグローバルベースでの標準化、設計情報の登録・参照などのレイアウト（あるいはフォーマット）などは、言語以外は標準化していく必要がある。言語も、日本語あるいは英語での対応は必要であり、ソフトウエア開発で必要な共通的な言葉の定義は、互いの言語で明確に定義する必要がある。そこでは自動翻訳システムを活用すればよい。

SIer単位に、設計情報のグローバルでの共有、開発環境のデリバリーセンター間の共有など、一定のセキュリティーを保証したうえで、様々な情報・環境を共有することが必要になる。様々なチームで開発されるマイクロサービス（あるいはマイクロサービスの構成要素であるサービス）は、共通な部品として、デリバリーセンター間で活用できる必要がある。

プロジェクトの進捗状況あるいは検討資料なども、必要に応じてデリバリーセンター間で共有する必要がある。進捗、課題・問題、各種会議の議事録、顧客のクレーム情報など、様々な情報に対して、セキュリティーを前提とした情報共有の仕組みが必要になる。このような仕組みを構築していくことが今後は必要になると考えられ、そのような仕組みも含めて競争力につながっていくと考えられる。情報サービス産業として共通に取り組む必要がある。

第8章 ユーザー企業と新たな関係を構築する戦略

8-1 SIerの立場を整理する

76 91

SIerは下請けのようなお気楽な立場ではない

DXを進めるには既存ITシステムの変革が必要なことは繰り返し述べてきた。変革の主な対象はSoR（System of Record；基幹系システムのこと）であり、そのSoRをよく知るのは、担当しているSIerである。顧客企業は実質的な制御権を失っているといえる。SIerはこうした状況を「見て見ぬふりをしている」のではなく、恐らく「顧客企業が既存ITシステムをしっかりマネジメントしている」と勝手に理解しているというのが実態であろう。顧客は目上の存在であり、その顧客の制御権を奪っていることを想像できないのである。顧客に対して「パートナー」と言いつつ、「パートナー」にふさわしい働きをしていないケースが非常に多いと思う。SIerのメンタリティーとしては、顧客の下請け企業に安住しているように思える。「顧客の言うことを実施すればいい」と、思考停止状態になっているように思う。

SIerの方と話をすると、「どこかにいい案件はないですかね？」「あのプロジェクト大変みたいよ」という発言をよく聞く。これは、顧客のことではなく、自分の仕事のことである。SIerの仕事の一つは、顧客の相談を受けて提案することだが、「提案内容を何とか実現することと、価格の水準」にのみ重きを置いているように思える。顧客の要求は絶対と考える傾向がある。これが顧客第一の精神なのだろうか。顧客にとって提案内容がどのような意味を持っているかを考え、代替案も含めてより良い提案にするのがパートナーだと思う。

本来は、顧客が信頼するIT技術の専門家として、提案を求められる前に顧客と課題を共有する。そして、顧客のパートナーとして対等に、しかも専門家として顧客と一緒に議論する。そのうえで、顧客がやるべきことをSIerが整理し、今後の計画に落としていく。そのような役割を果たす必要があるのではないだろうか。

昨今では、顧客企業が既存のSIerを排除し、ITシステムの再構築を遂行しようとしているケースも散見される。そのようなケースは非常に危険であることは既に述べたが、顧客が一方的に悪いのかというと、そうでもない。顧客が他のベンダーに任せるという無謀な考えを抱くようになった根本には、SIerが顧客に対して十分な説明をせず、不信感を積み重ねているからだと私は思う。

私が知っているケースでは、SIerが顧客の求めを真っ向から否定したり、無視して聞く耳をもたなかったりしているように見えた。SIerは「顧客の要求は間違いである」あるいは「急に言われても実現できない」と思っているのだろうが、「なぜ間違いなのか」「どうしてできないのか」「ではどうしたらいいのか」について説明しない。「どうせ顧客に説明しても理解できない」と高をくくっているように、私には思える。

私自身、顧客に不信に思われているプロジェクトに何度も投入されてきた。その都度やることは同じである。現在の状況を整理し、我々自身の問題を明らかにし、謝罪し、そのうえで、顧客の協力を求め、実行可能なリカバリープランを提示し、誠実に遂行していくだけである。問題が発生したら隠すことなく、顧客に説明し、対応について理解を求める。この繰り返しである。そのうち、なぜか信用されていく。顧客にプロとして、しかも謙虚に、顧客を支援することを第一に説明責任を果たし続けることが顧客からの信頼を得る道だと信じている。

SIerは本当に顧客のパートナーになる気があるのか、はなはだ疑問に思う。私が思うパートナーとは、顧客の横に居て、顧客と一緒に顧客の問題を見つめ、一緒に解決する役割の人だと思う。まずは、顧客の課題・問題と真摯に向き合うことが一番重要だと思う。顧客がどんな悩みを抱え、それに対してどんな手助けができるかを、まず議論する必要があると私は思う。経営でも、そして顧客とともに過ごしている現場でも、あらゆる階層で、顧客と向き合い顧客とパートナーとしての会話が必要ではないだろうか。

SIerは顧客に言われたまま部分最適を繰り返し、顧客の技術的負債をどんどん大きくしている。その結果、ITシステムの運用負担は大きくなり、面倒を見るSIerへの支払いがどんどん増える。これではまるで、顧客は負債づくりをSIerに依頼し、年々増える利息をSIerに払っているようなものだ。つまり、SIerは顧客を借金漬けにしているのである。

SIerは売り上げの大半を確定した顧客の利息から継続的な収入として得て、盤石な基盤を築いた。この成功体験が強烈で、もはや継続的な利益を生むSIビジネスにしか興味を持てなくなってしまったのだと思う。SIビジネスが限界に来ていることを感じているにもかかわらずである。

昔、消費者金融のITシステムを構築したとき、オーナーから金貸しの極意を教わった。それは、「お金を返す人にお金を貸すこと」。借金を返せなくなると、消費者金融はその金額全額を「貸し倒れ」として損金計上しなくてはならない。借金まみれにしてお金を返せないようにしては駄目なのだ。その会社では、利息の支払日が来ると、返済してない全員に連絡して返済を促す。遅延利息が高いので、支払いがきつくならないように指導するのが大きな目的のようであった。またテレビドラマの半沢直樹の名セリフに「貸すも親切、貸さぬも親切」という銀行マンの融資姿勢を問うものがあった。顧客の言うままに対応することへのプロとしての戒めなのだと思う。

借金まみれの顧客が返済に行き詰まるようでは元も子もない。SIビジネスに置き換えると、これこそが2025年の崖である。SIerからすると、崖から落ちれば顧客はいなくなり、同時にSIerの収入も無くなる。いくつかの主要な顧客が崖から落ちれば、必然的に顧客に引っ張られながら共に落ちていく。それがSIerの運命である。

それだけではない。顧客の要望を無条件に聞いて部分最適を繰り返してきた。その結果、顧客からお預かりしている大切なITシステムを傷つけ、壊し、立つのもやっとの状況に追いやっている。「顧客の要望は絶対だ」という理由で、顧客の望むことをしてきたから、仕方がないとそう思ってないだろうか。はっきり言って、お客さんは素人だ。なぜ素人の言うことをプロであるSIerが信じるのか意味がわからない。お客さんは自分の言っていることが正しいのかどうか不安である。だからプロのSIerに聞いているのではないのか。にもかかわらず、顧客の責任にするのはプロとして無責任だと私は思う。

ITシステムが代替可能であれば取り換えればいいだけであるが、顧客の既存ITシステムは、簡単に入れ替えが難しい。既に会社の体の一部になっており、下手な対応をすれば、会社の命に関わる。既存ITシステムの問題を日々対応しているSIerは、誰よりもそのことをよく知っている。顧客が既存ITシステムの改修に対して、コスト・期間・実現できる機能について、いつも不満を持っていることに憤りを感じることがあると思う。それは、顧客のITシステムに対する理解不足が原因だが、それは顧客だけの問題ではない。SIerにも十分な責任があると私は考える。

ステージは変わったのだ。今やITシステムは道具ではなく、顧客の体の一部である。それを支えているSIerは、無意識のうちに顧客の極めて重要なパートナーになってしまった。この現実を、まずはSIerが自己認識することが求められている。SIerは下請けのようなお気楽な立場ではない。例えるとしたら、重病人を抱えた主治医である。顧客の命を預かっている存在である。SIerで働く大半のIT技術者は、顧客のために日々懸命に努力し汗を流している。そこは疑いようがない。しかし、本当の意味での自分自身の価値と責任を認識し、まずは、顧客と現状について相互に理解を深める必要がある。それは企業の命に関わる問題である。IT部門だけでなく、経営も含めた様々な層で相互に認識し合うことが重要である。

現状の既存ITシステムの状況を最も知る主治医として、まずは、患者である顧客の病状を明らかにし、今後の医療計画を主治医として示す責任がある。そのうえで、デジタル技術の専門家として、今後の顧客のビジネス変革に対して、パートナーとして全面的に対応する責任と覚悟が必要である

8-2 顧客のSoR改革の推進

77 91
SIerの技術戦略

DX推進には既存ITシステムの変革が必要で、変革の主な対象はSoRである。ここからはITシステムの変革を、SoR変革として書いていく。

SIerはSoRを変革する責任がある。もちろんSoRのオーナーは顧客だが、顧客は現状を正しく理解しているとは言えない。前節でITシステムを病人に例えたが、自分自身の病状は分からないものである。ITシステムを道具と位置付け、軽視してきた顧客にはなおさらである。SIerは客観的な事実を顧客に示していくしかない。同時に、顧客に対して希望を与えることも必要である。

まずは、顧客の経営目線で、現状のSoRをどう見ているかを考えてみ

よう。恐らく、自社のSoRがどのような状態にあるのか分からないし、何が分かればいいのかも分からない。ただ、現場の声は聞こえている。SoRへの対応が恐ろしく遅い、対応されても最低限の対応で使いにくく、財務的に費用が膨らみ巨額になっている。経営としては非常に問題であると認識している。最近はSoRのトラブルが発生すると大変な事態に発展し、最悪経営責任を問われることも十分に認識している。IT部門からリクエストが上がってきた場合、対話しようにもIT部門の担当者の説明は専門用語を並べるのでとにかく分かりにくく、最終的にはIT部門の言うことに従わざるを得ない。このように見ているのではないだろうか。

一方で経営者は、外向きにはDXに前向きな姿勢を見せている。経営者自身はデジタル技術を学ぼうとする意識は低いが、そのような面は決して見せず、DX認定あるいはDX銘柄に選定されるよう、DX推進指標などの評価が高くなるように指示する。そんな企業もあるのではないかと感じてしまう。

顧客の経営がどのようなスタンスなのか、SIerはよく理解していると思う。もし知らないのであれば、内向きに過ぎると反省し、まずは、顧客企業の経営のスタンスを確認すべきだ。そのうえで、顧客経営にどのようにアプローチしていくかを考えていくべきだと思う。

SoR変革のキーパーソンは顧客企業のCIOである。CIOはSIerと一緒になってSoR変革を推進する立場である。だがCIOの中には、現状のSoRの厳しい実態を知っており、変革の必要性を理解していながら、自分自身の保身のため先送りする人もいる。あるいは、歴代のCIOが見て見ぬふりをしているのを単に継続している志の低いCIOもいると思う。

SoR変革を成し遂げるには、CIOが高い志をもつ必要がある。現在のCIOの志が変わらないなら、経営トップがCIOを代えるしか道はない。同時に、経営トップはCIOに権限を付与し、リーダーシップをとれる仕組みをつくる必要がある。CIOとSIerの一体的な推進体制がとれるように、戦略を立てることが極めて重要である。そのような体制・仕組みをつくれるように顧客に働きかける。その責任はSIerにはあると私は思う。

顧客経営とSIerは、PFデジタル化指標などを用いた見える化ツールを活用し、既存SoRの状況を明らかにしていく必要がある。既存SORを担当するSIerは複数いる場合が多い。今後のことを考えると他のSIerと協力体制を築いて問題点を洗い出すことは必須である。ここで重要なことは、他のSIerをいかに巻き込むかである。各機能システムの内容を押さえているのは、担当するそれぞれのSIerである。現状では、それぞれのSIerの距離感は微妙なので、顧客と進め方を合意する必要がある。顧客に全面に立ってもらう必要も含めて戦略を練る必要がある。ただし、自社を含め特定のSIerが情報を独占しようとしたり、全体の主導権を無理にとろうとしたりすると、極めて危険でありやるべきではない。あくまで、顧客の成功を第一としたSIerの協力体制を築くことを大前提に置く必要がある。ある程度の情報共有は必要になる。機能システム単位でのSIer間の役割分担も、論理的に整理することが重要になる。再構築の順序、あるいは、実現方式に関しては、関係者間で共有することが大前提になる。

そのうえで、顧客の全体システムを見える化し、全体のITシステムの変革計画をつくることが必要になる。変革計画を実行するには、関連するSIerが同意しなければ絵に描いた餅になる。これらの活動を通じて、顧客がSIerへの信頼を取り戻していくことが非常に重要であると考える。

計画作りの中では、既存SoRの構築リスクをいかに少なくしていくかが重要な課題となる。そのためには、業界内で非競争領域の共同化が必要になる。これに関しても、積極的に顧客とともに連携を図っていくことが重要である。他の顧客のSIerとも連携をとる必要がある。SIer自身が積極的に関わろうとすることが大切である。

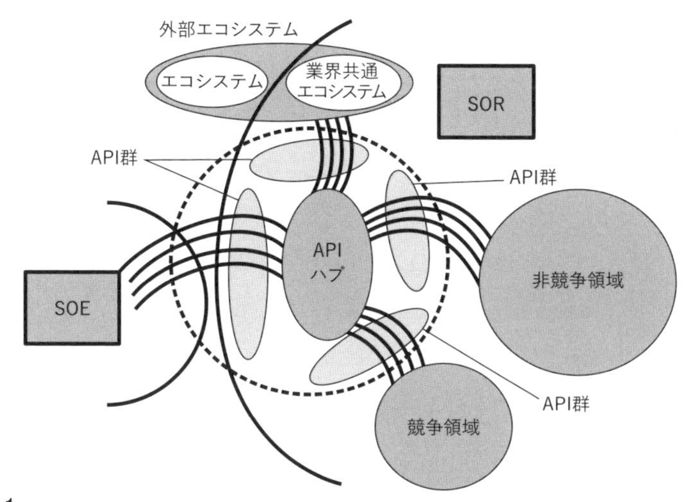

図表8-1
出所：『IT負債 基幹系システム「2025年の崖」を飛び越えろ』（室脇慶彦著、日経BP）

計画では将来的な顧客のあるべきSoRを明確にする必要がある。つまり、スピード・柔軟性を備え、新たなデジタル技術の適応力、あるべきシステム構成、IT部門の自立、SIerとの関係なども整理していくことが必要である。そのためには、SIerが将来のイメージを示し、そのうえで各社の状況を踏まえたあるべきSoR、および、顧客にITシステムの全体案を提案していく（**図表8-1**）。

そして、計画に基づいて、不要なITシステムの廃止、優先順位に従ったITシステムの再構築、あるいは、エコシステムの導入、SoI（System of Insight）と言われるディープラーニングを活用できるデータ分析基盤の構築を進めていくべきと考える。これらを進めるには、ビジネスモデル変革、あるいは、デジタル技術活用を前提とした全面的な業務の見直しを実施したうえで、それに対応できるITシステムの機能を再構築しながら順次備えていく必要がある。

安全に計画を進めるには、機能システム単位に、順次ITシステムの再構築を進めていくことである。計画フェーズごとの断面の状態のITシステムの構成を明らかにし、その断面ごとにITシステムが正しく稼働するように準備する。順次入れ替わるということは、新しいITシステムと既存のITシステムが併存することになる。その場合、新旧ITシステムの間に矛盾が起こらないように、データの整合性をとるような仕組みを、フェーズごとに特別な仕組みが必要になる。分かりやすく言えば、高速道路を拡張する場合、側道を一時的に活用する、あるいは、センターラインを一時的に移すなどの移行処置を考えていくようなものである。これらすべてのストーリーも含めた技術的なサポートもSIerに求められることになる。

これらを実施するためのSIerの活動項目をすべて洗い上げ、体系的にサービスメニュー化する必要がある。SIerが活動できるような具体的な技術開発と、個別企業の実情にあった計画策定を行うための立案体制もSIerは構築する必要がある。計画策定チームが今後顧客を導いていく大切なチームの核となっていくのである。そのチームを全面的に支援するような体制と仕組みもSIerは構築する必要がある。SIerにはやるべきことが多くある。目指すべきITシステムを実現するために必要な技術と、それを行うためのプロセスの定義、それを実行するための仕組みをすべて開発していく必要がある。これらの活動を着実に推し進めていくことが、まさに、SIerの技術戦略そのものになっていくと私は考える。

8-3 ユーザー企業と共創関係を構築する

これまで述べてきたことを整理しつつ、顧客とSIerが共創関係を構築するには、「顧客のIT自立に向けた顧客体制の強化活動」「顧客が必要とするサービスの提供」「顧客が安心してSIerを信頼し続けるための活動」の3つが必要になる。順に説明する。

78 91

顧客のIT自立に向けた顧客体制の強化活動

顧客がDXを推進するには、ITの主権を取り戻す、つまり、現在丸投げしているSIerから主権を取り戻す必要がある。SIerはそのことについて、ほとんど抵抗しないだろう。SIerは、顧客が本来行うべきことを実施した方が、より良い仕事ができると思っているからだ。SIビジネスの必要性がなくなりつつある現状では、新たな顧客との関係を再構築する必要もあるからだ。

マイクロサービスなどの新たなソフトウエア開発技術は、ソフトウエア部品の活用が前提となり、これまでのようなすべてを一から作るという必要がなくなり、開発時に大量の人員を必要とせずに安定的な体制で、これまで以上の機能のソフトウエアが開発できることになる。技術変革によりユーザー企業が安定的な体制で、十分にソフトウエア開発を完遂できることが可能となったのである。

しかし、顧客企業がITの主権を取り戻すには抜本的な体制強化も必要になる。新たな体制を立ち上げるには、まず、IT人材の補強が必要である。そのためには、IT人材が安心して働ける環境、IT技術者として研さんできる環境、IT人材に対する正当な評価、そしてキャリア制度の整備が必要になる。制度を単に導入しただけでは、仏作って魂入れずになってしまう。制度を運営する人材と仕組みがなくてはならない。そのためには、経営・管理職・社員の各層に、IT技術者の評価あるいは育成の経験ある人材の増強が重要である。さらに、それぞれの層の関係性を明確にし、人材育成プロセス・人事評価などに関して一貫した理念の中で実施する。IT技術者の育成は、一朝一夕でできるものではなく、専門性ごとに身に付けるスキルの整合性をとり、長期的な計画に沿ってステップアップが図れるようにすることが重要である。

こうした制度の導入や運営には、IT人材を育成してきたSIerが支援するのが極めて自然だと思う。かつて銀行が各企業にCFOを提供したように、CIOあるいはCIO補佐クラスの人材をSIerが提供する。ここでのポイントは、銀行と異なり片道切符が基本であるということだ。財務も極めて重要であるが、ある意味CFOは、お金の供給元である銀行とのパイプ役が期待されている。企業側は、財務的な支援を受ける側である。しかしITに関して言えば、顧客企業は発注側であり、利益相反を起こす可能性がある。SIer側も相当な覚悟で人材の提供を行うことが必要になる。

その他、各層で人材交流が必要になってくると考えられる。これは、今後、事業・業務・ITの各人材が三位一体となって活動することが必要になるからで、SIerのメンバーと多面的な人事交流を行うことは非常に重要である。顧客のIT人材にとっては、自社では経験のできない幅広いIT技術を学ぶことができる他、SIerのIT技術者が日々自社のために働いている姿を直接見ることができる。このような交流があって初めて、本当の意味で両者の信頼関係を築ける。SIer側のIT人材も、顧客の実業務を経験することで、IT技術だけでなく顧客業務を肌で感じることができ、利用している人たちの実態を知るいい機会となる。こうした交流は2年（長くても3年）を限度とすべきで、顧客側がSIerの人材を採用するようなことは、厳に慎むべきだ。もちろん自由意志に基づく転職を止めるわけではないが、このような関係を継続するには必要な歯止めだと考える。

教育面に関しては、SIerの研修講座を顧客企業に開放し、新しい技術教育を継続的に受けられるようにする。また、人事あるいは人材育成の運営など、定期的な情報交換、あるいは、人事・人材部門との人事交流なども含め継続的な支援も必要だと考える。

このような様々な面からの総合的な顧客のIT自立に向けての支援を、サービスとして提供することがSIerには求められているのではないだろうか。共創関係となるためには必要なことだと考える。

79 91

顧客が必要とするサービスの提供

SIerが顧客に提供するサービスは大きく3つあると考える。

第一は、エコシステムの提供である。顧客が既存ITシステムの変革を進める中で、リスクを低減するには、業界内で非競争領域を共同で開発することが重要であることは既に述べた。その非競争領域のサービスをSIerが提供することで、顧客のリスクが低減する。これは、顧客のリスクをSIerが自らのリスクで肩代わりすることを意味する。まさにこれこそが、共創関係である。しかもこのエコシステムの開発には、顧客企業の協力なくしてできるものではない。その協力相手こそ、顧客であり共創相手なのである。

前項で述べたように顧客のITの自立には、体制の整備が必要である。そのためにまずすべきことは、顧客のIT人材のリスキルと競争分野へのシフトである。すべての分野において自立する必要はない。まずは競争分野を自立させることが重要である。顧客のIT部門の多くの人材が、非競争領域に集中している。エコシステムを活用するとその領域に必要な人材を大幅に縮小できるので、競争領域に人材を振り向けることが可能になる。

そういう意味でも、SIerは顧客に必要なエコシステムの開発を継続的に行い、顧客のIT人材の負荷を減らす必要がある。それにより、SIerもサービス中心のビジネスモデル変革に積極的に取り組める。結果、SIerのIT技術者は、SIビジネスを担当するIT技術者をエコシステムの開発あるいはエンハンスメントの人員にシフトすることが可能になる。すなわち、SIerは、人材面でもSIビジネスからシフトできるのである。

第二は、これまでSIerが行ってきたIT技術の提供である。これまでのSIerが行ってきたIT技術の提供は、実質的には外部委託の形態によるソフトウエア開発技術者の提供であった。今後は、準委任契約中心のタイムマテリアル的なIT技術者の提供が中心となる。内製化を進めても、開発体制の7割程度を顧客自身がもつくらいがリーズナブルだと私は思う。そういう意味では、一時的に必要になったときに増員できる体制をSIer側が用意することになる。ある程度の体制をSIerも用意していないと顧客とのリレーションあるいは開発できる環境の維持は困難となると想定される。当然のことながら、SIerのIT技術者の提供は、これまでの価格と大きく異なることが想定される。外部コストが高いということが、顧客自身で内製化を推し進めるインセンティブにもなる。SIerの技術者も、自分自身のIT技術者としての価値を高めるためにさらなる研さんに励むことになる。まさに、ウィンウィンである。

顧客に対して、SIerが提供すべき重要なIT技術がある。開発主体そのものが顧客に移管されることにより必要となる技術で、それこそが、マイクロサービスの開発方式である。マイクロサービスで必要となる非同期対応のデザイン、あるいは、APIの監視・トラブル対応などの新たなソフトウエア開発に必要とされる方式も含めた総合的なソフトウエア開発環境の提供である。マイクロサービスの開発を効率的に行うには、ソフトウエア部品の活用が必須である。顧客のITシステムを担当してきたSIerは、ソフトウエア部品の供給力も高いと考えられる。

前項でも述べたSIerの研修メニューに、当然これらの環境を踏まえた講座も設定することになる。従って、顧客がその講座を受講することで、必要なスキルあるいはノウハウを学ぶことができる。そういう意味では、SIerは、「ソフトウエア開発を直接提供する」立場から、「顧客のソフトウエア開発を支える」立場に変わることを求められているのではないだろうか。まさに、SIのサービス化を進めていくことが必要だと考える。

今後の技術変化に顧客も随時対応する必要がある。例えば、最新のソフトウエア開発環境あるいはDevOpsなどの開発から実際の稼働環境までのリリースの自動化・新たなクラウド技術対応・ディープラーニングなど幅広い範囲での技術対応を顧客は求められる。これらの新しい技術の情報を整理し、対応の可否を判断する必要が顧客IT部門に求められる。これら、変化の激しい技術に対して適切に対応することは、顧客の本業とは異なり、負担も大きいため、SIerがサービスとして提供することが求められる。

今後は、本格的なソフトウエア開発そのものに様々な規制が始まると考えられる。現状でも、セキュリティーの強化、あるいは個人情報保護法への対応強化など、ITシステムに関する規制が強化されつつある。こういった対応を顧客がタイムリーに実施するのは負担が大きい。

経済安保推進法の規制がインフラ産業において始まり、ソフトウエアも対象となる。今後、SBOMの標準化などについて、海外とも共同で実施するようになると想定される。これらの対応は、インフラ産業から他の産業にも広がっていく。ソフトウエアのバグにより、人命・個人の財産などが奪われる可能性が日に日に高まっている。この中で、ソフトウエア構築の妥当性を第三者から見て検証可能な状態で構築することを今後は求められると想定される。そのためには、顧客のITシステム全体の状況を可視化し、その状態を維持する必要がある。セキュリティーなど24時間の常時監視が必要なものもあるし、ソフトウエア開発そのものを新たな規制に対応するべく順次見直しをしていく必要もある。このような規制の情報収集、ソフトウエア開発の見直し、規制対象のITシステムの洗い上げ、ITシステムの24時間365日の監視などに関して、顧客は単独では到底対応できない。このような総合的な対応を含めたサービスの提供を顧客から求められると想定される。

第三は、今後のビジネス変革の支援である。ここでは、大きく2つのことをお話したいと思う。一つは、顧客との共同体制によるビジネス参画である。いわゆる顧客の競争領域への直接的な支援である。もう一つは、今後のビジネス展開において、SIerだからできる支援についてである。

まずは、顧客との共同体制によるビジネス参画である。これは、顧客の新サービス検討チームを直接支援する形態が考えられる。前項でお話した形態は、顧客の人的不足に対応するための、主にIT技術者の一員として活動に参画する形態を念頭に置いていた。ここでは、顧客側が新たなビジネスを検討するときに、IT側のリーダー格のIT技術者の提供あるいは顧客にない技術提供を念頭に置いている。

顧客の新ビジネスの根幹を担当するリーダー格のIT技術者は、顧客内でも急に育成できず、人材は不足している。もし対応できるIT技術者を提供できるなら、顧客から見ると非常に心強い。顧客からは、業務支援のみならず人材育成も期待される。つまり、SIerのリーダー格のIT技術者と一緒に働くことで、顧客のリーダー格のIT技術者を育成することも期待されるのである。

SIerにとって、このようなリーダー格のIT技術者を育成するのはハードルが高いが、SIer自身のエコシステム開発でリーダーを務めてきた人材なら十分な資格がある。エコシステムでマイクロサービスを経験していれば、IT技術については問題ない。また、エコシステムを通して事業を立ち上げた経験は大きい。あと必要なのは顧客事業の理解だが、マイクロサービス型の事業開発は比較的規模は小さく、事業内容を理解することは、エコシステムを立ち上げた経験のある人材には難易度は低いと考えられる。IT技術者の立場に立ってみると、顧客の中で新ビジネス担当として活動することは非常に重要な経験である。

顧客に派遣したIT技術者の組織的なバックアップ体制が必要になるが、SIerのIT技術者のキャリアパスの中に、顧客での経験を入れて設計してもいいと思う。いずれにしても、顧客の自立支援と、顧客が困っていることの支援は、SIerにとって共創相手としては欠かせないサービスと考える。

リーダー格の他、特定分野のIT技術者の提供も求められるだろう。例えば、ディープラーニングの技術者、クラウド基盤の技術者、特定のエコシステムに精通する技術者・ITシステムの評価あるいは診断など顧客単独では育成できないIT技術者の提供である。これらのIT技術者に関しては、一時的な常駐型支援、あるいは継続的な週何回かの支援、リモート環境の支援も含めた非固定的な支援が中心となる。つまり、スポット的に活用できるサービスが求められると思う。これらのIT技術者は、SIerの技術部隊あるいはITコンサルティング部隊と連携するスキームを開発することが重要となる。これらの顧客ニーズは非常に高いと考えられる。SIerは、一定程度の対応人材を固定的だけではなく、流動的に補完しながら確保することが求められる。なぜなら、このような高度IT技術者は、技術変化が激しいため技術習得の機会を継続的に与えないと技術レベルを維持できないからである。

そのためには、社内で専門性の高い技術習得の活動が必要になる。具体的には、SIer自身が実施する新たな技術を使うプロジェクトである。こうした経験をしていないと、顧客が新技術を導入する際、実務的な支援ができない。ある意味SIerは、顧客に対して新しいデジタル技術の水先案内である。このような実践を経験した高度なIT技術者を提供するには、常にIT技術者の技術のレベルアップを実現できる仕組みを構築することが重要になる。顧客へのサービスは、一定程度の時間的な制限などをつける必要がある。そのような高度なIT技術者は、複数の顧客の中でシェアしていく必要があるからだ。その制限は、サービスレベルを保つために必要であることを顧客に理解してもらうように説明することも非常に重要だと思う。このような高度なIT技術の領域を継続的にサービス提供することは、顧客との共創関係を築くだけでなく、顧客との信頼関係を築くためにも非常に重要である。

次にお話しするのは、顧客の新たな事業展開に対して、直接的に支援する活動である。DXの大きな流れは、業界を超えた新たなビジネスモデルの構築にあると考える。私自身、例えば銀行のお客様に有価証券などのITシステム導入などの支援を行ったことがある。それ以外にも流通系のお客様に金融系の新ビジネスに必要なITシステムの構築など行ってきた。顧客はSIerに、総合的なITシステム力を求めている。この傾向は、今後もますます高まっていくことは間違いない。顧客からすると他の業界の業務知識あるいはITシステムは、喉から手が出るほど欲しい。SIerには、他業界の業務あるいはITシステムに詳しい人材がいる。顧客からするとSIerは「打ち出の小づち」なのである。

DX型のビジネスモデルは、様々なプレーヤーを接続して新たなサービスを顧客に提供するようになる。例えばMaaSのようなものをイメージしてもらうといい。その中心は、それぞれの企業をつなげる「ソフトウエア」である。この「ソフトウエア」の出来不出来が、新たなビジネスモデルの競争力に直結する。さらに重要なことは、新たなビジネスモデルを提供するには、そのビジネスモデルを運営する機能・場が必須になることだ。その機能・場の運営こそ新たなビジネスである。そのビジネスモデルには、他業界、顧客と同じ業界の企業も含め、接続してくる企業が多くなればなるほど利便性も増し、ビジネスが拡大していく。これは、そのビジネスモデルを運営する機能・場を提供することによる新たなビジネス収入が期待できることになる。いわゆる場所代である。このような新しいビジネスが増え、様々な合従連衡を繰り返しながら、さらなる新しいビジネスが構築されていくと私は考える。企業単体の競争も重要だが、他の企業の強みと自社の強みを掛け合わせることでさらなる競争力を獲得し、新たなビジネスを創造していく世界になっていくと考える。

そのようなDX時代においては、様々な業界の業務とITシステムを熟知しているSIerは、共創相手としては非常に魅力的である。また、SIer

の顧客同士での連携となると、連携相手の人脈も含めた状況を把握しているSIerが間に入ることで、スムーズな連携が可能となる。さらに重要なことは、連携相手双方の立場、あるいは業務・ITシステムを理解しているため、中庸を保った適切なITシステムをデザインできることである。

このようなつながるITシステムは、当初始めた企業だけを優先するという既存の考え方ではビジネスは発展しない。顧客サイドからすると、新たな業界の企業と連携することでサービス範囲は広がり、他の有力な企業が加入することで、顧客の商品の選択肢が増える。つまり、様々な企業がつながっていくことが、新しいマーケットをより魅力的にしていくのである。

そのためには、多くの企業・組織がつながる場を設ける必要がある。新たなマーケットを運営する「ソフトウエア」が重要になるのだ。その場合、運営する立場、接続する各企業に対して平等なビジネス機会を提供していくことが求められる。従って、各企業の利害を調整し、中庸の立場での「ソフトウエア」の設計と提供が必須となるのである。そういう意味では、SIerは、それぞれ異なる業界と中庸な役割分担で、つながる「ソフトウエア」を提供できる能力を有している。SIerは、これからの「ソフトウエア社会」で極めて重要な役割を担っていくことになると私は思う。

80 91

顧客が安心してSIerを信頼し続けるための活動

SIerと顧客は相互の不信感を抱いている。その背景には何があるのか、省庁を例に探ってみる。

各省庁にIT部門はほとんど存在せず、SIerへの丸投げは顕著である。契約条件もSIerに不利な条件となっている。このような不幸な結果を招いた一因は、SIer側が仕事内容や価格に関して十分な説明と情報開示を行ってこなかったことが大きい。これが、SIer側への不信感を抱く主な要因である。

省庁側からすれば、内容が十分に理解できない中で、SIerに巨額な発注を繰り返してきた。国民に説明責任が果たせていないことから、こともあろうか入札制度を導入し、さらにITシステムの新規構築と保守の分離を原則とした。これが実情と合っておらず、SIer側の発注側への不信感を抱くきっかけになった。

入札制度は理論的には理解できるが、あまりに現実離れしていて、国民に対して責任を放棄しているとしか私には思えない。国民からすれば、適切な価格でITサービスを速やかに提供してもらうことが最大のメリットである。そのためには、能力のあるSIerが、適切な価格で、公明正大に仕事を行うことが一番だと私は思う。

省庁側は、残念ながら、能力のあるSIerを選定する能力も、妥当な価格であるという見積もり能力も、公明正大に仕事をしていることを判断する能力もない。ただ単に、外から見て妥当性を説明しやすい価格を全面的に判断基準としているのである。

見積もり能力のない発注者が価格重視で取引先を決めることがいかに危険な選択であるか、誰が考えても自明の理である。恐らく建築業に形態が似ているため、入札方式をとったのではないかと思う。建築の場合、敷地面積あるいは敷地の形状、周りの環境あるいは規制が異なる中での建築であり、完全オーダーメードで建物を構築する。ITシステムも、各省庁などの制度に合わせたオーダーメードの開発であった。しかし、建築業界は、建築基準法・建築士の資格認定・検査機関などの最低品質を保証するとともに、工法などについても見積もりも併せて標準化されている。ITに関しては、そのような規制が全くない。建築業界では、法をはじめとした規制・基準を必須条件としてクリアしており、最低限の機能を国が保証しているため、安心して価格を「優劣条件」として発注先を決めているのである。

省庁を例に説明したが、民間においても同様なことは発生している。

SIer不信の根源は、SIerが説明責任を果たしていないことにある。さらに言えば、SIerの十分な説明もなく、フォローもないので実質的に選択能力が顧客サイドに無いということが、根本的な原因であると私は考える。SIerの顧客への説明責任が極めて重要なのである。

ここまで私が述べてきたことは、ある意味SIerの擁護という側面を感じられた方も多いと思う。確かに現実的な解としては、既存のSIerの活用であると私自身そう信じている。しかし、最終的には、SIerの行動変容が保証されなければ、既存のSIerとの関係を見直さざるを得ないと考えている。SIerが自らの行動を反省し、しっかりとした説明を果たすことが、まずは、信頼を得るための第一歩である。

私がSIerに最終的に求めるものは、「SIerが担当しているITシステムをいつでも他のSIerあるいは顧客のIT部門に変更できる状態を保持し続ける」ことである。それと同時に「SIerが担当しているITシステムをいつでも再構築できる設計情報を保持し続け、誰でも再構築できる」ことである。この2つの状況を実現できれば、極めて透明性の高い状態を顧客に示すことができる。そのうえで、顧客へのIT技術あるいはエコシステムの提供、そして、ITシステムのデザイン力など、SIerが正々堂々と誇れる領域で力を発揮すればいいのだと思う。競争力を維持・発展させるべくSIerは、切磋琢磨を続け、他のSIerなどと健全な競争をしていく必要がある。そうでないと、新たなITベンダーに徐々に確実にその場を奪われていくと思う。特にソフトウエア開発技術が大きく変わろうとしている中で、SIerの対応が遅れている現時点では、その可能性も日々高まっていると思う。

そのためにも、早急に情報サービス産業全体として、ソフトウエア開発の標準化を進める必要がある。少なくともSIerは、自らの開発方法論あるいは実際の実装方式に関してはオープンにし、まず自ら公明正大にソフトウエア開発を進めていくことの宣言が求められるのではないか。また、開示できるレベルに新たなソフトウエア開発方式も含めた方法論も整備していく必要がある。

SIerと顧客の不信の根本を見つめ、IT技術のプロとして、SIerが先頭に立って情報を開示し、自らの正当性と確かな技術力を顧客に示すことがとても重要なことだと私は思う。

第9章 SIerの社内会議

9-1 SCSK編

本章では、SCSKの数人の社員と議論した内容をオープンにしようと思う。まず、筆者が本書の前半に相当する内容を社員に講演し、その後、「SIerとして、どのように進んでいくべきか」というテーマでフリーディスカッションをした。当然のことながら、それぞれ個人の立場で発言したものであり、会社を代表した意見ではない。それぞれの参加者が、様々な観点で日ごろ考えていることを発言した内容である。議論は2022年6月に実施。参加メンバーは、ソリューションデリバリ責任者、新規事業開発部長、金融向け開発課長、産業向け営業課長、産業向け開発課長、広報部長、広報部部員、そして筆者である。なお、筆者（私）以外は、個人が特定できないようにしている。

81 91

現状の私たちを取り巻く環境認識について

筆　者　：講演を聴いて、ざっくばらんに話していただければと思います。まずは、顧客向けのDX事業について、現状をどのように捉えていますか？

SCSK社員：会社にDX専任組織はあるものの、「DXの事業化には少し時間がかかるな」という実感を持っています。昨年、従来の延長にとどまらない、よりダイナミックな発想で当社グループ発の事業創出にチャレンジすることを目的とした「SCSKグループ みらい創造プログラム」に参加しました。参加者全員パッションはありましたが、"器"の話が多く、「DX事業では顧客にどのような価値を提供するのか」といった、具体的な議論は薄かったように思いました。

筆　者　：では、どうすればよいのでしょうか？

SCSK社員：既存の（SI案件の）顧客において、その顧客の事業に近しいところを徐々に任せていただいているので、そうした案件で愚直に貢献し、顧客の事業と課題を整理しつつ、新規事業を創出していくしかないと考えます。しかし、当社が掲げるグランドデザイン「2030における共創ITカンパニーの実現と売上高1兆円企業への挑戦」を実行するのであれば、DX事業化だけでなく、M&Aや戦略提携なども考えていく必要はあると思います。

筆　者　：「顧客に愚直に貢献していく」というのはSCSKらしいと思います。そのアプローチでは、DX事業を短期間で大きくするのは難しいと感じているということですか？

SCSK社員：少なくとも、DX事業を短期間で急激に大きくしていくのは難しいと思います。現在、私はある業界向けにデジタルマーケティングサービスの展開を検討しています。知見の少ないB2C領域なので、重要なパートナーや技術を押さえつつ地道に進めざるを得ず、爆発的に規模を拡大するには時間がかかりそうです。

筆　者　：新たな領域に挑戦するのは時間がかかると思います。だとすると、SCSKが強い領域を攻めていくのがいいと思いますが、SCSKの強い領域はどこだと考えますか？

SCSK社員：SCSKは、長年、企業の基幹系システムを中心に開発・保守運用でのサポートをしており、その分野が一番強い領域だと考えます。ただ、講演で指摘していた（本書に書いている）

ように現在は「非競争領域」だと思います。

筆　者　：かつて、ITシステム化の範囲の拡大が企業の競争優位性を高めたため、基幹系システムは競争領域でしたが、ITシステム化が一巡した今日では、非競争領域になったといえます。過去、競争領域であった基幹系システムは顧客ごとに個別開発したため、非常にコストが高くなっています。我々は、その個別開発したシステムの保守を行うことで収益を上げている現状もあります。本書で私が提案していることは、非競争領域となった基幹系システムを業界内で使えるようにサービス化することですが、皆さんのところでは検討されていますか？

SCSK社員：担当している金融系では、そのような話は進んでいないです。現在、法人向けオートリースビジネスをメインに担当していますが、顧客と検討しているのは、「資産化している自動車を利用したサービスを提供できないか」ということです。

筆　者　：自動車を活用するのは、本来自動車メーカーがすることでは？

SCSK社員：本来そうかもしれませんが、自動車メーカーは、オートリースを利用している法人、またはその社員が、自動車をどのように使っているのか把握できていないので、利用者向けサービスとして何が求められるのか分からないと思います。

筆　者　：従来の自動車メーカーは顧客を管理しておらず、ディーラーが管理しているのが実態です。ただ、これからはどうでしょうか。例えば、EVで有名なテスラ社は、車のソフトウエアをネット経由でダウンロードできるようにしていて、当然、個々の顧客も管理しています。自動車のトレンドはハードウエアからソフトウエアに変わってきているので、日本の自動車メーカーもテスラ社のように顧客を管理するようになる可能性は低くないと思います。

SCSK社員：そうかもしれませんが、自動車メーカーが自動車以外のサービスに乗り出すのは難しいと考えていて、自動車を中心とした新しいビジネスの可能性を顧客と検討しているのです。

筆　者　：そういう取り組みを続けることは重要だと思います。だが実際のところ、顧客のビジネスそのものにSCSKがコミットするのはかなり難しいのではないでしょうか。だからこそ、「SCSKがコミットできる範囲はどこまでか」、それにより「顧客に何をサービスとして提供するのか」といった我々のビジネスについて、真剣に検討する必要があるように感じます。

SCSK社員：私の顧客は通信キャリアで、消費者向けサービスの基幹系システムを中心に担当してきました。顧客のビジネス環境は低料金競争なので、基幹系システムへの予算が削られ、将来の状況について不安視しています。

筆　者　：基幹系システムは競争領域ではなくなってきているので、顧客としても予算を抑えたいのは当然のことだと思います。ならば、サービス化する有力な領域という見方はできないでしょうか？

SCSK社員：その認識は持っていますが、まだ、具体的な検討は進んでいません。

筆　者　：どの通信キャリアも価格競争が厳しい状況にあることは変わりないと思います。とはいえ、通信キャリアの基幹系システムは、社会インフラになっています。従って、信頼性は担保しなくてはならない領域です。

SCSKの中で、自分たちの強みについて議論することはないですか？

SCSK社員：顧客の業界ごとには議論しています。

筆　者　：そうした議論で、基幹系システムのサービス化は話題にならないですか？

SCSK社員：通信キャリア業界の基幹系システムに含む「料金計算」のサービス化を検討したことがあります。競争領域ではないので、ノウハウを他業界に横展開してはどうかという話です。

筆　者　：その業界の顧客にとって競争領域ではなくても、他の業界では競争領域になるかもしれないですからね。自分たちの知見・強みを持っている領域を見直し、横展開を検討してチャレンジすることは非常に良いことだと思います。

SCSK社員：消費財メーカーを担当していますが、今のままでは事業成長に限界を感じています。新たなサービスの検討を模索した時期もありましたが、ボトムアップでのサービス開発は難しいと感じていて、今取り組んでいることは、顧客によるアプリケーション開発の支援です。顧客からは好評なのですが、普段我々が使っている開発ツールとは異なるので、そうしたツールに熟知している人材を育てています。

筆　者　：それはエンジニアリング的に面白い取り組みだと思います。ただ気になったのは「サービス開発は難しい」と感じている点です。最大の壁は何でしょうか？

SCSK社員：新サービスの企画はいくつか出てきますが、「そのサービスは顧客に価値を提供できているのか」について実感がもてないというか、精査が不十分だと思っています。そもそも、「サービスを企画するとはどういうプロセスなのか」、分かっていないように思います。

SCSK社員：お客様にアンケートをとればいいのではないでしょうか。そうすれば、ニーズを確認できますし、使いたい企業がはっきりしているなら、その企業にスポンサーになってもらえる可能性もあると思います。（投資リスクを抑制して）横展開していけばよいかと思います。

筆　者　：SCSKは顧客個社ではなく業種業界などの視点でマーケット調査をすることが弱いかもしれませんね。

SCSK社員：顧客のターゲッティングが中途半端な場合もあります。

筆　者　：マーケティングで顧客ターゲットが定まっていないとニーズもぶれます。また、顧客の属性を分析して機能を設計しないと提供価値がぶれると思います。

SCSK社員：SCSKは、ITテクノロジーを活用してソリューションやサービスなどの価値に変換する力がまだまだ足りないと考えています。エコシステムではAPI連携などになると思いますが、そこまで考えが及ばず、現状のITシステムを前提に考えていると思います。（ITシステムを前提に）中小企業向けのサービスを検討したことがあるのですが、多機能で複雑なトランザクションになってしまい、これでは柔軟性がなく、もっと簡単な方法でないとうまくいかないと思ったことがあります。また、SCSKはセクショナリズム的なところがあり、他部署との横のつながりを活用するところが弱いと思います。

筆　者　：今のビジネス（SI）を大事にし過ぎている面はありませんか。例えば、SIをサービス化すると売り上げが下がってしまうから受け入れたくない、などと感じていませんか？

SCSK社員：それはないです。ここ数年で、SIのサービスモデル化が必要だということは、浸透してきたと思います。

筆　者　：それは良かったです。でも、SI的な思考から完全には脱却できていないですよね。先ほど、スポンサーを探してリスクを下げるという話が出ました。そのようなケースもあるとは思いますが、サービス化するということは、自ら製品開発を手掛けるということです。当然、先行投資が必要で、すべての投資が成功する保証はありません。つまり、ノーリスクのビジネスは存在しないのです。SIでは、リスクを顧客に持っていただくようにする考え方が多いように思います。このような思考も含めて、SCSKが従来のSIビジネスからの脱皮を求められているのではないかと思います。

82 91

顧客に求められるSIerの姿

筆　者　：今後、顧客はSCSKに何を求めると考えますか？

SCSK社員：顧客からSCSKは「いろいろな会社を見ていて、様々な状況を知っている」と思われています。顧客は自分の会社しか知らないので、「自分たちでは気づけない潜在的な課題を指摘してほしい」と言われています。また、SCSKは、先進技術を知っているわけだから、それを活用してほしいとも言われています。

筆　者　：どんな先進技術が求められていますか？

SCSK社員：クラウドの技術適応については、よく求められています。

筆　者　：アプリケーション開発に関してはありますか？　品質・コスト・納期などに関する要望です。

SCSK社員：現在、毎月デリバリーしており、納期に特別な要望はないですが、生産性を高めてコストを下げてほしいとの要望を受けています。

筆　者　：一般的には、デリバリーが早くならないとコストは下がらないね。

SCSK社員：少し話は異なりますが、顧客の要望として、特に大企業で多いのですが、顧客の部署間の連携、上下の連携をお願いされることがよくあります。最近は減ってきましたが、DXを推進してくれることをSCSKに期待されるケースもあります。

SCSK社員：顧客もSCSK同様に縦割りになっているということですね。

SCSK社員：顧客の右腕として働いてほしいとのうれしい言葉をいただき、顧客内の部署間の調整が苦手な担当者を助けて、顧客の社内調整をしたこともありました。

筆　者　：顧客内部の資料作成なども依頼されてないですか？

SCSK社員：予算の根拠などの資料をお手伝いしたりすることはあります。

筆　者　：顧客のリクエストが多種多様に及んでいるのは、皆さんのお話からもよく分かりました。顧客のIT部門はSIerを頼りにしているところがあります。それだけ自分たちに力がないと考えているわけで、比較的うまくIT活用できている企業は、既存のパートナー(SIer)とうまく付き合っている所のように思えます。最近は、顧客企業が内製化を進めるケースがありますが、自滅するケースも散見します。我々がもっと顧客のために役立つことを提案していれば、このような不幸な事態を防ぐことができるのではと思います。顧客からのリクエストが正しいかどうかを見極めて伝える、こうしたことも求められているのではないでしょうか。

顧客の要望から言えることは、従来の「単純な人月ビジネス的な要望」から確実に変化していることです。SCSKが目指している「共創関係」は、顧客も求めているように思います。

83 91

SIerとして何をしていくべきか（ビジネスモデル、技術、マインド）

筆　者　：では、SCSKとして何をしていくべきでしょうか？

SCSK社員：顧客のニーズが、人が欲しい⇒システムが欲しい⇒効果（サービス）が欲しいという流れに変わってきているように思えます。内製化の要望もあるのではないかと思います。

筆　者　：IT部門の育成も含めた内製化を求められるのではないでしょうか。こうした顧客ニーズをビジネス化していくことを、もっと考えていかなければならないと思います。

SCSK社員：システム構築の提供なのか、ビジネスの提供なのか、様々な知見を組み合わせで考えていくしかないと思います。お客様のIT部門のケイパビリティーを高めつつ、SCSKの知財資産を活用する共創関係の構築も必要だと思います。当然、ITの提供など、従来型の支援も続けていく必要があると思います。

SCSK社員：最近は、SCSKの技術者流出もあり、最新技術への対応が必要だと思われます。

筆　者　：残念なことに、どこのSIerも明確な技術戦略がありません。この40年、ビジネスモデルも基本的なソフトウエア開発も大きく変わっていないことが大きいと思います。ただSCSKは、専門性認定制度など、制度がしっかりしており、技術をないがしろにしている感覚は私にはないですけどね。

SCSK社員：確かに、制度を作る側はしっかりと考えています。しかし、その制度を活用できているかと問われたら、ばらつきがあるように思えます。

SCSK社員：課長以上で、最新の技術を分かっている人が少なくなっていると思います。新しいソフトウエア開発について語れる人も少ないと思います。管理職がその技術の価値を理解していなければ、新しい技術を生かせる仕事をとることはできないと思います。そうすると、エンジニアが成長する機会が与えられないから新しい開発ができる人材も育たないと思います。

SCSK社員：技術者が大切だというエンジニア文化は強いと思いますが、

新しい技術への適応に関しては不足していると思います。

筆　者　：新しい技術を身に付けるために何をすべきかを早急に検討する必要がありそうですね。このままだと、お客様の方が最新技術をよく知っている状況になる可能性もありますね。

SCSK社員：まず、現状をしっかり知ることが大切だと思います。そして、必要な技術について、管理職以上も含め共通の課題認識をもつことが必要だと思います。専門性の制度については、策定側は理解していても、管理職が理解していないと評価にもつながらないと思います。

筆　者　：ソフトウエアの社会になろうとしている中、SIerが変わらないと社会を変えられないという使命感をもつべきだと思います。SCSKの責任も大きくなると思います。

SCSK社員：2年前にも社内で課題として挙がっていました。今も同じことを議論している状況に問題を感じます。議論が前に進んでいないのではないでしょうか。

SCSK社員：本部長以上と現場社員との意識に乖離（かいり）が大きいように感じます。経営方針、事業戦略に対しての基本的な考え方などが現場に浸透していない面があるように思います。経営と現場での共感がもっと必要に思います。

筆　者　：500を超える分室があります。しかし、横の交流が非常に少ないように思えます。各チームの人数が少ないので、同じ世代の社員が少なく、刺激が少ないようにも思います。同世代同士の技術の切磋琢磨がもっとできるようにする仕組みを考えた方がいいかもしれないですね。今は、完全にたこつぼになっているので、自分自身の成長度合いも分からないように思えます。

SCSK社員：今は、従来のSIモデルでも大丈夫だと思いますが、5年後10

年後は非常に厳しくなっていると思います。

筆　者　：SCSK社員は意外に自社の強みを分かっていないと思います。外部から来た私からすると、顧客の内部情報を含め顧客の状況をかなりつかんでいるように思います。それも、SCSKが担当していない部分も含め顧客の全体の状態を押さえているケースも何度か目にしました。顧客のITシステム全体に対して提案できる力を持っているのに気づいてないように思えます。ただ、自分の弱みも分かっていない部分もあります。自分の担当しているITシステムレベルに他のITシステムを理解しないと、SCSKとしては、安心して他のITシステムに提案できないなどの思い込みを感じます。何となく自分を卑下しているように感じることもあります。また、社外との交流あるいは海外調査など外に対しての働きかけも十分でないように思います。しかし、技術者魂が残っており、顧客に対して誠実に仕事を遂行するという基本的な強さは持っていると私は思います。

SCSKが検討するべき項目を議論できたと思います。実際の技術の担い手、そして現場を支えているのは、本日ご参加の皆さんの世代だと思います。皆さんの層が積極的に活動し、SCSKを変革していくことが必要だと思います。SCSKは、自由な社風もあり、皆さんが行動を起こせば応援してくれる方もたくさんいるように思います。顧客のために、そして日本を支えるSCSKを、皆さんが中心になって築いていただければと思います。本日はありがとうございました。

第4部

SIerが切り開く日本の未来

第10章 SIer主導型の日本型DX

10-1 日本のSIerへの期待

84 91

ソフトウエアを中心とした総合型商品の提供

これからは「ソフトウエア技術」が世界をけん引していく。ハードウエアも進歩するが、その進歩はソフトウエア技術が担うので、「デジタル社会」をリードするのはソフトウエア技術となる。

これから起きることは、様々な存在がつながった新たな価値の創造だ。その組み合わせは無限に存在するので、想像もできない価値創造が起こると思う。これまで、様々なモノがつながる世界をIoTと呼んでいたが、これからの世界は、ソフトウエアも含んだすべてのモノがつながる「IoA（Internet of all things）」と呼ばれるかもしれない。その世界の秩序は、民主的なルールの下、信頼性と機能性と経済性に優れた構成要素（エコシステム）が必然的に生き残り、それ以外は淘汰される世界（エコシステム）を形成することになると思う。

その世界では新たなIT技術が必要になる。新たなIT技術は、これまでの世界の制約条件を解消することにつながるからだ。ただ、こうしたIT技術はいずれ世界で共有され、順次コモディティー化が進んでいくだろう。そして、新たな価値を創造すること、すなわち新しいビジネスモデルの構築も同様に進んでいくことになる。新しいビジネスモデルが公開されれば、追従するコンペティターがすぐに現れ、熾烈（しれつ）な競争が発生し、いくつかの特長あるエコシステムに収束されていくと考える。その後も、新たなエコシステムが参入し、既存のエコシステム同士での切磋琢磨が続くと思う。このような競争が日々発生し、デジタル社会が発展していくと考えられる。実は、同様の機能をもつ複数のエコシステムが存在することは、安定した世界（エコシステム）を維持するうえで非常に重要である。

もちろん、新たなIT技術開発、あるいは新たなビジネスモデルの開発は、先行者に巨大な利益を一時的にはもたらすため、今後も激しい開発競争は続き、デジタル社会の進歩を促していくと考えられる。

一つひとつのエコシステムに求められる最も重要なもの、それは信頼性である。信頼性の裏付けとなるのは、エコシステムを開発するプロセスと方法論、つまり、バグを限りなく0に近づけるソフトウエア開発技術である。エコシステム自体、およびソフトウエアの開発に対して、透明性の確保が求められる。それは、エコシステムが正しいプロセスで、適切に品質を管理し、その証跡も含めて開発されていることを外部に明らかにする必要があるからだ。そのためには、第三者からの監査・検査をいつでも受けることができ、すべての証跡が第三者機関に公開されていることが必要になる。ソフトウエアは、人類の命と財産と個人の情報を守る重大な使命を負うことになる。

ソフトウエアの正しい製造プロセスを順守することが求められる。これは、利用者を守るだけでなく、ソフトウエア技術者の活動の正当性を証明し、ソフトウエア技術者を守るためにも必要である。さらに、ソフトウエアを製造している組織および個人の能力を認定する必要がある。当然、適応するエコシステムの重要性・機密性などを踏まえたレベルが設定され、そのレベルに見合う提供者の資格要件が明確化される必要がある。そのうえで、国などから指定された第三者機関の認定を受けることになると考えられる。

品質を高めるには、品質が保証されたソフトウエア部品を多用することが必要となる。実際、現在のITシステムは多くの部品を活用して構築されている。経産省でもSBOMの標準化の検討を進められていることは既に述べたが、ソフトウエア部品そのものの認定・規格化が今後は求められると思う。認定機関は上記第三者機関がなり、エコシステムで利用される新ソフトウエア部品群の検査機関として活動する必要があると考える。品質が保証されたソフトウエア部品の認定を行い、そのソフトウエア部品の流通を促進することになると考えられる。

従って、エコシステムは、第三者機関のソフトウエア部品を最大限活用し、そのうえで、SIerなどの提供者が保証するソフトウエア部品を活用し、最小限の新たな機能を開発することになる。それにより、開発量の低減と同時に品質保証範囲の極小化も図れることになる。当然、開発工程ごとにおのずと品質の保証方法は異なり、これも含めた品質保証プロセスの構築が必要になると考えられる。

信頼性に関して重要なのが、エコシステムの冗長構成である。つながるデジタル世界では、リアルタイムに世界中のエコシステムが接続される。これらのエコシステムが相互に直列で接続されると、接続の数が増加するごとに稼働率は減少する。例えば、90%の稼働率のシステムが2つ直列につながると90%×90%で稼働率は81%に下がる。当たり前であるが、稼働率100%は当然不可能である。厳しい条件のITシステムの場合は、その稼働率は99.999%であると一般的には考えられている。この稼働率で想定される年間停止時間はおおよそ5分である。いわゆるFive9 Five minutesである。複数のエコシステムを直列で接続すると、99.999%の稼働率を実現することは不可能になる。

従って、ミッションクリティカルなエコシステムは、並列接続が前提になる。そのために、複数の同一機能のエコシステムが存在する必要があるというわけだ。同一機能のエコシステムが複数存在しない場合、工夫が必要になる。国のITシステムは機能的に集中しているので日本に一つしかなく、日銀決済システムあるいは証券取引所などの重要なインフラも一つしかない。このような場合、全く異なった組織で同一のエコシステムを提供するか、2つの同一業務を行う組織をつくるなどの方法が考えられる。前者は、例えば航空管制システムのITシステムを異なる部署で別々に開発し、相互にバックアップできる仕組みを構築するなどが考えられる。ある意味無駄が多い方法だが、ITシステムの重要度からすると、このようなことも今後は検討する必要がある。後者は、例えば証券取引所を西日本と東日本で分離するような方法だ。この場合、東日本の取引所で問題が発生すると、東日本の証券会社は西日本の取引所で取引を執行する方式が想定される。今後は、つながる範囲が広がる中で、エコシステムの冗長構成という新たな設計思想が必要になると考えられる。

エコシステムでは個人情報を扱わないことが原則であるが、扱わざるを得ない場合は、取り扱い方法などを明示し、厳格に管理・破棄する仕組みの構築が必須になる。エコシステム提供者の適格審査も必要になり、最も厳しいレベルが想定され、定期的な第三者検査も必要になると考えられる。

今後も、個人情報については規制が厳しくなる一方である。過去に取得した情報も含め、削除を要求されることも当然あり、削除したことの証明も必要になる。また、IT技術の進展によって、個人情報の範囲は変化していくだろう。個人情報を守る義務は、将来的には基本的人権の確保と同等の扱いになり、将来的には憲法に明記されるようになってもおかしくないと私は思う。

すべてのエコシステムは、信頼のおけるクラウド上で稼働することが前提となる。そこで重要になるのが、クラウドの信頼性である。特にミッションクリティカルなエコシステムの場合、高い信頼性と自立性がクラウドには求められる。ミッションクリティカルなエコシステムの場合、データを確実に守る・クラウドの運用の主権を守る・トラブル発生時に根本的な原因追究と抜本対策を運営者がとれる、などの要件が、クラウド自体のミッションクリティカルな要件に付加されてくると考える。ある意味、機能性よりも安全性と利用者の主権を確保することが重視される。そういう意味では、国産クラウドの必要性は極めて高いと考えられる。また、日本が進めるクラウドは、日本だけでなく海外にも提供することが必要と考えられる。海外においても、自立性の高い安全なクラウドの需要が高いと考えるからである。そのため、日本から直接サービスを提供する形態は少数であり、各国で主権をもって運用できるクラウドサービスという形態になるだろう。

エコシステムはこのような信頼性の担保をしたうえで、競争を勝ち抜くには機能性が大事になる。その機能性を追求するために必要なIT技術は、様々な存在をつなぐ力をもつこと。このつなぐ力は、異なるエコシステムを接続することで新たな価値を創造する力であると考えられる。そのためには、異なるエコシステムを熟知しているIT技術者が必要である。様々な業界、あるいは企業のサービスを熟知した知恵とITシステムのデザイン力が求められると私は考える。

これらの条件を満たすのが日本のSIerである。様々な業界・企業の事業・業務・ITシステムの知を蓄えており、非常に厳しい日本国民の要求に応え続けた実績がある。SIerの社員は、厳しい環境で鍛えられたIT技術者であり、ITシステムの品質を研ぎ澄ます能力と、それを仕組み化する能力は高い。トヨタに代表されるように改善を繰り返し、日本品質を作り出す能力は業界を問わず日本のお家芸だと思う。モノリスシステムにおける開発の方法論、ソフトウエア開発の品質管理（品質の作り込みと品質保証）は、私が様々な国のIT技術者と会話した中では、日本は非常に高いと感じている。

マイクロサービスなどの新たなソフトウエア開発技術は、ミッションクリティカルなITシステムへの適応はまだまだ十分でないと感じている。この分野は、日本のSIerにとってお得意分野であり、他の分野でも方法論あるいは製造ラインでの品質管理について、日本は特に評価されている。いわゆるmade in Japanである。比較的取り組みが遅れているミッションクリティカルな分野の新たなソフトウエア開発技術を提供すれば、優位性を確保できる。また、日本の基幹システムの抜本的対策をしたならば、当然、様々な方法論・ツールが開発され、その実例が蓄積され、そのまま欧米諸国に適応することが可能となる。欧米諸国には、技術的負債を抱えた伝統的な企業・組織が多く存在しており、極めて強力な商品として輸出できると考える。災い転じて福となすである。さらにユーザーインターフェースの作成においては、日本のWebシステムは海外のシステムに比べても負けないレベルである。使い手の立場で考える「おもてなし」の文化が浸透しているからだろう。アニメ・ゲームなどのコンテンツの活用など、これまでと異なったオールジャパンのアプローチが重要になると考える。

これからの主要な商品は、ソフトウエアを中心とした様々なエコシステムがつながって提供される総合型商品になると考えられる。例えば、未来都市のような巨大なエコシステム一式や、ある機能に特化した鉄道のエコシステム一式などである。既に鉄道などは、新幹線一式で販売されている。これからは、新幹線に関してだけではなく、予約・顧客管理、バスあるいはタクシーの予約、あるいはホテル・旅館の予約など、幅広いサービスを統合的にソフトウエアで接続して最適化されたエコシステムとして販売され輸出されていくことになる。幅広いサービスには、特に信頼性が求められることになる。サービスが停止すると広範囲に影響が出るからである。信頼性の高いエコシステムには、ソフトウエアだけでなく様々な日本製のハードウエアを組み込み、さらには、信頼性を求められる企業サービス（例えば事故の少ない航空運営そのもの）も接続された社会システムの提供が考えられる。つまり、非常に付加価値が高く広範囲の商品を一括して提供することができる大きなビジネスになると考える。これまでは、個々の製品の品質で勝負してきた日本の産業界である。これからは個々の製品の強さに加えて、様々な日本の他社製品の強みを掛け合わせた信頼性の高い総合商品で競争することが、日本にとって重要な戦略だと思う。

未来都市のような巨大な規模の総合商品は、法律あるいは制度なども含めた提供になってくると考える。その中心はソフトウエアであり、その担い手であるSIerの責任と将来性は極めて大きい。その新しい総合商品群は、極めて裾野の広い商品群であり、日本のあらゆる産業の成長を支える原動力になると考える。世界中に新たなmade in Japanを大きな幸せとともに届けることを切に願う。潜在的には、世界から期待されているように思う。

10-2 デジタル化がもたらす負の側面への対応

85/91
信頼できるバーチャル世界は日本しか提供できない

デジタル化はすべてがいいわけではない。最近、堤未果さんの著書『デジタルファシズム』が話題となった。すべてが真実だとは思わないが、共感する部分も多々あったのは事実である。メガクラウドが徐々に世界を支配する可能性が高まっているのは事実である。

日本は、デジタルに関しては様々な恩恵をこれまで世界から受けてきた。半導体もそうであったし、パソコンもそうであった。メインフレームも世界中で人気を博した。もちろん、サーバーもそうであった。携帯電話の基本ソフトウエアは、世界を席巻していた。だが、今はどうだろう。半導体も韓国・台湾に、パソコンも今は見る影もない。メインフレームは製造中止になっている。サーバー系はハードウエア企業の撤退が続いている。ネットワーク企業も携帯電話で厳しい競争にさらされ、固定電話はさらに厳しい状況に追い込まれている。日本の国内市場が過去それなりに大きく、複数の企業が同一マーケットに乱立しても許される規模であった。しかし、20年の間経済成長が止まったままの日本市場は、相対的に小さくなっている。日本企業は、その小さなマーケットも海外に奪われつつあり、日本のデジタル企業は窮地に追い込まれている。

ハードウエアも、ネットワークも、データセンターも、ソフトウエアも、サービスも、メガクラウドに雪崩を打つように集中している。Amazonには、個人ごとの膨大な購入履歴が世界中から集まっている。私自身、一消費者としてAmazonプライム会員であり、時々ポチッと購入している。翌日には品物が届き、価格的にも満足している私がそこにいる。Googleには、世界中の人が何に興味を示しているかといったデータが集まっているし、Androidのスマートフォンで写真を撮ると、いつのまにかGoogleクラウドに写真がアップされ、どこで撮った写真なのかも自動的に記録される。何年か前の写真が自動的にピックアップされ、それを見てその出来事を思い出している自分がいる。たくさんの国の人の写真データを自動的に収集している。メガクラウドは、いつのまにかたくさんの個人情報を収集し、個人ごとに様々なフィードバックをしている。我々の様々な個人の重要な情報を、彼らだけが日々収集している。しかも、個人の無意識下である。最先端のデジタル技術により、膨大な個人データから私たち一人ひとりを判定することは可能であり、それは個人にとって脅威以外の何物でもない。中国では既に始まっているが、メガクラウドは個々人をランク付けし、そのランクに従って借りられるお金、使えるカードが査定することも可能になるのかもしれない。

メガクラウドは、圧倒的なデジタル技術を持っている。メガクラウド1社の研究開発費は、日本のデジタル企業の合計をはるかに凌駕（りょうが）している。また、様々なサービスがメガクラウド上で展開され、サービスが集中すれば利便性が高まり、さらにサービスが集中するというサイクルを生み出している。メガクラウドは、まさに巨大なバーチャルな空間を提供している。デジタルな世界は基本バーチャルな世界であり、デジタル社会とは、バーチャル空間の上に成り立つのである。

バーチャル世界を提供するということは、バーチャル世界を牛耳ることでもある。バーチャル世界の統治者は、このままではメガクラウドになってしまうかもしれない。メガクラウドのルールによって、参加できるサービスと参加できないサービスが決まる。サービス提供できないなら、事実上、デジタルビジネスに存在していないことになる。メガクラウドは、バーチャル世界を支配することで、個人とビジネスの双方を支配する可能性を持った存在である。

これにいち早く気づいたのは中国である。中国からすれば、メガクラウドは最大の脅威である米国と同じである。そこで中国は、国自身が実質的なメガクラウドを構築し、米国とは異なるバーチャル世界を構築している。この2つの国は、メガクラウドの背後に存在し、全世界を2つの勢力に分離し、大きな分断を図ろうとしているようにも思える。

これに対して西側諸国も危機感を募らせている。EUはGDPRを発動し、巨額の制裁金をメガクラウドに科している。日本とはGDPRと日本の個人情報保護法の相互認定を行っているが、米国とは一線を引いている。政府システムを防衛するために、EU諸国は様々な方法を活用し、メガクラウドの影響を最小化しようと試みている。

日本も経済安保推進法を定め、インフラ産業の日本国内での自立化を目指し、クラウドに関しても国内で開発する方向で調整に入っている。

世界を見ると、米国と中国の両方とうまく付き合いたいと考えている国、あるいは、米国も中国も信用していない国もある。米国や中国は世界から好かれているわけではない。バーチャルな世界の争奪戦が、リアルな国同士の勢力争いになっているかのようである。

このような中で、安心なバーチャルな世界の実現を目指していく必要がある。そのためには、バーチャル世界の公平なルールによる統治が必要になってくると考える。まずは、第三の安心なバーチャル空間を構築する必要があると私は思う。メガクラウドの最大のポイントは、バーチャル空間の場を提供しているクラウドサービスを提供していることにある。これにより、クラウドが提供しているハードウエア・ネットワーク・基本ソフトウエアなどのサービスを独占し、その他のデジタル企業をその市場から撤退させることで、利用者側からの選択肢を奪っていることにあると私は考える。

これを解決するには、新たなクラウドを提供するしかない。それができるのは、前述したように日本にしかないのである。技術的には大幅に遅れているが、メガクラウドと違う戦略を立て、クラウド環境を提供することが必要だ。メガクラウドの機能を一部分散することにより、すべての情報をメガクラウドに集中させないことが重要である。また、日本が提供するクラウドは、国あるいは地域単位に独立したバーチャル空間を構築できることが重要な戦略であると考える。ある意味、バーチャル空間が世界中にいくつか存在し、様々な情報が一企業あるいは一国に集中しない状況を生み出すことが非常に重要だと思う。また、新たなバーチャル空間では、バーチャル空間の運営者に対する様々なルールを設定するなど、民主的な運営ができる仕組みも併せて策定することが極めて重要だと考える。

バーチャル空間の民主化が非常に重要な考え方だと思う。先日、京セラの稲森さんが亡くなった。彼は、アメーバー組織を唱え、現場が独立して自分自身で考え、考え抜いて行動することが、経営にとって極めて重要と考えられたと思う。そして、行動を起こす際の行動規範として、フィロソフィーを極めて重視された。そのフィロソフィーこそが、バーチャル空間での行動規範に当たるものであり、アメーバー組織がエコシステムに当たるものだと考えられる。トップでいらした稲盛さんは、常に謙虚な振る舞いを旨とされていたと聞く。

バーチャル世界をどのような組織で運営し、適切な運営費を徴収して民主的な運営を行うという仕組みが重要である。バーチャル世界に参加する構成員をどのようにマネジメントをしていくかも非常に重要である。民主的な運営が基本になると思う。例えば、三権分立のように、執行機関、ルールを規定する機関、ことの良しあしを判断する機関を独立させるなど、いずれにしても民主的な運営を前提とした仕組みづくりが重要である。日本がこのようなコンセプトを含めた仕組みをつくり上げれば、日本がつくるバーチャル空間は世界から信頼される。その中心はソフトウエアであり、それを担うSIerは大きな責任を果たす必要がある。

ここまでバーチャルな新しい世界での新たな秩序の話をしてきたが、リアルな世界においてもデジタル技術の影響は極めて大きい。ここからはリアルな話をしよう。

まず、すべてが電子化される。これまで紙で取り扱われてきたものは、すべて電子化されていくと考えられる。既に、お金の電子化は電子マネーあるいはデビットも含めカード決済というかたちで進んでいる。中国は、ほとんどの決済がアリペイなどの電子決済になっている。米国では、コンビニエンスストアや食事のデリバリーなどの少額決済もカード決済が基本になっている。日本は現金主義が強いが、着実にお金の電子化は進んでいる。チケットも電子化は急速に進んでおり、チケット販売のお店も急速になくなっている。

証券の世界も、株券・投資信託などの証券もすべて電子化されている。今後は、保険証券なども順次電子化されると思われる。会計においても、証票類の電子化は法制度化されつつあり、紙での保管義務は無くなり、逆に電子化が推奨されつつある。

本も電子化の流れは急速に進んでおり、電子出版のみの本もたくさんある。確実に本屋は衰退し、特に雑誌はネットからの情報があふれる今日、非常に厳しくなっている。郵便も減少傾向は激しく、年賀状を送る風習はだんだん無くなり、友達同士ではLINEなどに切り替わっている。デジタル化の中で、新型コロナウイルスの接種券がいまだに紙であることに驚いている。選挙も相変わらず紙である。多くの人が紙は不便だと思い始めている。

結果的には、スマホなどの個人所有の端末に様々な情報が集約されつつある。スマホなどにはGPS機能も搭載され、親が子供を見守る、あるいは認知症の老人を家族が見守るツールとしては画期的だが、位置情報を常に教え合うのは、家族といえどもプライバシーを侵しているように私には思える。

スマホを持ち歩かないと生活を送るのに様々な支障があり、論理的に言えば、必ず持ち歩くスマホを通じて、すべての人の行動を監視することが可能となっている。これまでは、少人数を一定期間監視するのも大変だったが、デジタルの世界では、すべての人の行動を24時間データとして記録することが可能になった。あらゆるところに監視カメラがあり、そのデータと行動をひも付けることで、個々人の詳細な行動さえも把握できるようになったのである。実際、Amazon Goでは、監視カメラの情報を自動処理し、個々の客が、何をいくつ購入したかをすべて把握している。

画像認識処理も進んでおり、本人の特定を監視カメラの映像から逆探知することも可能になると思われる。この手法を使えば、一連の本人の位置情報から、銀行のATMなど個人を特定できる行為を見つけ出し、本人を画像データから特定できることになる。我々が意識していない中で我々一人ひとりの行動は既に監視されているといえる。私は、家から会社までの通勤を考えると、ほぼ全域で、監視カメラから逃れることはできない現実に驚かされる。監視カメラのデータは着実に残っている。そして、日々蓄えられている。将来何かあったとき、過去に遡って行動をチェックされるのである。

当時としては許される行為でも、時間が進むと問題とされる行為があるかもしれない。あるいは、その場・その時では許される行為も、時間がたち状況が変われば許されない行為に変わることもある。悪意を持った人がこれらのデータを活用しないとはいえない。個人情報の管理と運用に関しては、非常に大きな問題として幅広い立場を異にする人たちで、オープンに議論する必要があると考える。

異なる視点で考えると、デジタル化が進むということは、既存の仕事が破壊されることにつながっていく。第一次産業革命でも多くの肉体労働を中心とした仕事が失われていった。同じように、デジタル技術により、比較的単純な作業、人間がミスを犯すような作業、記憶力が重要な作業などは、順次デジタルの仕事となっていく。また、弁護士あるいは医師などの知的な仕事も徐々に確実にデジタル技術が補い、専門家としての価値が変わっていくようにも思える。手術などは、ロボットの方が繊細なメスさばきもでき、最新の術式もデータ化されればすぐに適応できると考えられる。このように、様々な領域で仕事が無くなり、今は想像できない新たな仕事に置き換わる、あるいは人間の仕事そのものが減少していくのかもしれない。社会での働き方が大きく変わると考えられる。

デジタル技術は、これ以外にも様々な問題を我々の社会にもたらしていくであろう。デジタル技術を理解したIT技術者が、様々な場面でしっかりとしたフィロソフィーを持って、方向性を示していく必要がある。これからは、デジタル技術抜きでは何も語れない社会に変わっていくことは紛れもない事実である。デジタル技術を前提とした制度・社会システムとなるからである。そして人間は、リアルで生きていくことに変わりはない。リアルを認識したうえで、デジタル技術の適応と抑制をいかに両立させるかが、これからの人類の知恵の見せどころである。IT技術者もその中の柱として、重要な役回りをしていく高い覚悟とフィロソフィーに基づいた行動が求められる。

第11章 より良い日本経済へ向けての提言 官・学・業界の取り組み

11-1 官に期待すること

86 91

官自身のDX

政府や地方公共団体などの日本の公的機関では、ITシステムは完全に調達というくくりで今も考えられている。それは、新規ITシステムの構築だけでなく、ソフトウエアの恒常的なエンハンスも含まれる。エンハンスとは、機能向上を含む保守活動を指している。これは、何を意味しているかというと、ITシステムは建物の扱いと同じで、完全に外部業者に委託していることを表している。

ところが、様々な書類はデジタル化と称して電子化を進めている。例えば、住民台帳・年金・マイナンバー・健康保険・パスポート・運転免許証など多くのものが電子化されていくと考える。これらの国民の重要情報を多くの公的機関は既に電子化し管理している。電子化される前は、重要な情報として役所の中で厳重なカギを掛けて職員が責任を持って管理していた。物理的に完全に外部から遮断され、いつ、誰が、アクセスしたかも含め厳重に管理されていたと思う。もちろん、その情報にアクセスできるのは、限定された職員であると考えられる。その情報の重要性に関しては全く変わらないが、デジタル化に移行することで、大量のデータを瞬時に、しかも、原本と同じ品質のデータを盗むことが容易になってしまった。さらに盗まれたデータは、無限に同一の品質を確保してコピーすることが可能であり、全世界に向かって発信することもできる。

また、公共機関は、航空管制システム、信号管理ステム、消防システム、救急システムなどの直接命に関わる重大なITシステムを多く抱えている。これらのITシステムは、そもそも職員が行ってきた仕事を肩代わりしたもので、まさに、国民の命に直結し、命を支えているITシステムである。これらのITシステムは、新規構築時だけでなく、例えば航空管制システムでは、新規飛行場の追加あるいは滑走路の拡張、新たな航空会社の増加などの様々な状況変化に合わせて、的確にソフトウエアをエンハンスしていく必要がある。また、ITシステムのハードウエアの故障・利用者の間違ったオペレーション・ソフトウエアバグなどの様々なトラブルに対して、的確に早急に対応することを求められている。

つまり、ITシステムは、職員の重要な仕事そのものを行っているといっても過言ではない。例えば航空管制システムが導入されたために、管理すべき飛行機数、滑走路数などの増加を少人数の航空管制官で運用可能としているのである。ITシステム化が前提となって、様々な重要な業務が成り立っている。さらに、様々な業務の自動化、すなわちITシステム化が進むことで、省力化と職員のミスそのものを最小化している。ITシステム化により、重要業務の品質向上を図っている。ITシステムへの依存は、今後も着実に進んでいくのである。

つまり、公的機関のITシステムは、既に公的機関の機能そのものであり、ITシステムがなければ、すべての公的業務は停止し、国民の命を守るという最大の使命をも守れない。みずほ銀行の頭取がITシステムのトラブルで辞することになった。ただ、みずほ銀行のトラブルで誰一人亡くなっていないし、誰一人けがもしていない。恐らく経済的な被害を受けた人も、それなりの処置がなされていると想定される。少なくとも、銀行が果たすべき、預金者の財産を守るという責務は果たしている。にもかかわらず、頭取辞任という責任を、世間は当たり前と受け止めている。

仮に公的機関のITシステムのトラブルで、人が亡くなったら誰が責任を取るのであろうか。みずほ銀行の例で言えば、内閣総辞職になっても驚かない。しかし世間や公的機関は、SIerの問題にする。公的機関は、その重大な責任を負うITシステムをすべて外部に委託している。建物や公用車や、極端な話、鉛筆などと基本的に同じ扱いで、それらのトラブルは外部委託先のSIerの責任として処理されてしまう。これは間違っていると思う。

東京証券取引所のトラブルで、富士通の納入した製品が原因であったと報道されたが、富士通ではなく東京証券取引所が責任を取るかたちで収束した。そもそも、東証のような危険なITシステムの構築を、トラブル発生時の責任も含めて受託する民間企業などない。契約の内容を知る由もないが、一日の売買額が数十兆円規模の巨大な金額が動くビジネスの責任をSIerが受けるはずがない。それは、受託責任を大幅に超えた責任となり、事業者サイドが責任を取るしか道はない。SIerは、ITシステムの受託の範囲で利益を出しているのであって、顧客事業そのものの事業利益とは無関係である。顧客が現実的な事業の最適化を考えて富士通を選択したわけである。従って富士通は、受託している責任の範囲でしか責任を果たせない。この場合は、問題のあった製品を無償で入れ替えるのが妥当な範囲だと思う。そもそも、自前で、ITシステムを導入した場合でも同様の問題は発生する。もっと言えば、現状の日本企業のケイパビリティーで考えると、SIerが実施した方が安全である。従って、ITシステムで発生した事業損害をSIerに転嫁するのは理屈が通らない（もちろん、SIer側に不正があれば話は変わる）。

公的機関のITシステムを受託しているのはSIerである。日々、現場で働いているIT技術者は、想像を絶するプレシャーの中で、ITシステムの稼働を24時間体制で見守っている。その厳しい中で、日々発生する様々な対応のためにソフトウエアを更新し続けているのである。そのような現場の多くのIT技術者は、SIerに向かって仕事をしているのではなく、利用者の命を預かっている使命感を持って対応している。私自身、現場でIT技術者をしているとき、前述したが厳しいトラブルを何度も経験し、あと30分遅れたら総額1000億円の決済に影響が出るケースもあり、一晩中ものすごいプレッシャーを感じながらも、多くの顧客を守らなくてはいけない一心で、懸命に皆で対応したものだ。そのようなことが毎日どこかで起こっており、IT技術者の献身的な活動で、トラブルが未然に防がれているのは紛れもない事実である。

ITシステムは、作ったようにしか動かない。たとえ内閣総理大臣が指示しても、正しく動くようにITシステムを作らないと動かないのである。いかに正しく作るかが重要であり、そこをSIerの技術者が担っているのである。

長々と説明したが、ITシステムを調達している公的機関の考え方は間違っていると思う。ITシステムは、行政そのものの働きを担っている。その事実を総理大臣以下全員が認識することが重要である。国民の命と財産を守っているかけがえのないITシステムを、外部のSIerにすべてお任せしているのである。企業のIT部門を内製化すべきという話は既にお話したが、自立化していない企業ですら、必要なIT技術者の3割程度は自社で抱えている。公的機関は1割も自前で抱えておらず、文字通り丸投げである。それでいて、「SIerは信用できない」との声が聞こえてくる。SIerに感謝している声を、特に幹部層から聞いたことがない。日々この国がつつがなく過ごすことができているのは、SIerのIT技術者のおかげである。それも、国あるいは国民のためという極めて高い志を持っている多くのIT技術者が、体を張って守っているのである。

私自身、SIerを全面的に肯定しているわけではないが、そこに働く多くのIT技術者はまっとうで、志が高い人たちだと私は思う。さもなければ、すべてを丸投げにされている中で、曲がりなりにもITシステムが動き続けるはずがないからである。SIerのビジネスモデルは、そもそも性善説である日本でしか成り立たない。日本の公的機関のITシステムは、日本のIT技術者だから成り立っている。外国企業の外国人には決して理解できないビヘイビアを前提にしている。日本のIT技術者の行動はグローバルスタンダードを完全に逸脱しており、グローバル化の中で、その行動を継続する根拠は何もない。つまり公的機関は、最終的にSIerからITシステムの主権を取り戻す他、道がない。SIerからすると、あまりに非道な責任を押し付けられている状態からを早く解放してほしいと思うのが普通だと思うが、状況を知っているだけに、じっと耐えているのかもしれない。

公的機関は、客観的に現状を見つめてほしい。ITコストが高くSIerが不当に利益を上げていると考えている幹部がいると聞くが、ITの専門家がいない中で、コストの妥当性をどのように判断しているのか全く理解できない。同じ指輪でも、銅製とプラチナ製では全く違う。プラチナなのか銅なのかも分からず、「値段が高い」と声高にいうのは、反社会勢力と何ら変わらない論理と倫理観ではないかと私は思う。

SIerの公的機関を担当しているセクターが高い利益を出しているという話を聞いたことがない。公的機関は受注リスクが高く、赤字になりやすいので基本的に受注しない方針のSIerもある。このままでは、SIerは公的機関のITシステムの受注を辞退し、グローバルスタンダードに基づいた海外ベンダーが受注することになり、日本国民の命をグローバルスタンダードなIT技術者の行動に任せることになると理解すべきである。

デジタル庁の設立は結構なことであるが、体制はあまりに貧弱である。現状の体制と権限では、やるべきことと比較して、あまりに作業量が多く、疲弊していくのではないかと心配している。せめて、現状の日本企業並みの体制をそろえる必要がある。公的機関全体で見ると数万規模のIT人材は必要と考える。この体制を築くためには、現在公的機関を支えているSIerのIT技術者の参加なくしては何もできない。日本の一般企業より、SIerへの依存度は高く、さらに依存している業務内容は国民の命に関わる業務である。また、国民の重要な個人情報を最も所有しているのも公的機関である。本来であれば、公務員自らすべき仕事そのものなのである。早急に、ITシステムの主権を公的機関が執行できる状態をつくる必要がある。

また、デジタル庁の仕事の範囲と省庁との役割分担も抜本的に見直す必要がある。デジタル庁から各省庁に派遣されたIT技術者が、実質的なIT部門を各省庁に提供することが必要になると考える。国のIT技術者はデジタル庁で集約して採用し、人事体系・評価・勤務体系・収入などあらゆる面で従来型の雇用形態と全く異なるキャリアプランも含めた制度が必要である。当然民間企業との人事交流などを前提とし、IT技術者を自前で育成できる仕組みも必要になる。

デジタル庁は、内閣総理大臣直下の組織として、各省庁が守らなくてはならない共通のITシステムに関するルールをつくり、効率的で最適なITシステムを国民に提供することになる。さらに、各省庁間で異なるルールの統一化など、各省庁間調整、あるいは共通業務仕様の決定権などの権限を有す重要省庁とすべきである。ウクライナのデジタル大臣は副首相である。企業においても、CFO並みの権限を有すべきと考えるが、政府においても財務大臣並みの権威と権限が必要になると考える。

恐らく、政府最大の組織になると考える。地方公共団体あるいは政府諸機関もどのような体制で構築するかをゼロベースで考える必要がある。昔、各自治体で住民票のフォームが違うのはなぜかと質問した際、「自治の独立だ。憲法の条文に書いている」という意味不明の回答をされたことを思い出した。国民主権の立場から、プライオリティーの低い条文を盾に取るなどもっての外である。そもそも、今後はITシステムの出来不出来で、地方住民の利便性が大きく異なることになる。生まれた場所でサービスレベルが違ってくる可能性が高い。これこそ、平等の精神に反すると思う。地方の特色を認めることと、ITシステムの利便性を高めることは、基本的には異なる。従って、住民に対してのサービスを国民の立場に立ってもう一度議論し、ITシステムの提供に関しても見直す必要があると考える。特に、災害時などは様々な公的機関の情報連携が必要であり、公的機関全体のITシステムのデザインが求められ、ITシステム全体の再構築が必要と考えられる。

これら公的機関の現状のITシステムを知っているのは、残念ながら限られた複数のSIerに集中している。そのため、公的機関のITシステム変革と体制づくりは、長期的な視野と計画の下で、SIerとの関係を根本的に見直し、パートナーとしてSIerに協力を要請していくしか道がないと考える。現在のSIerには問題があるのも事実で、SIer自身も変革していく必要がある。いずれにしても、現状を互いに確認し、事実を踏まえたうえで、互いの課題を出し合い、前向きな関係を再構築する他ない。

公的機関のITシステムの主権を取り戻すには、ITシステムの大変革が必要である。まずは、ITシステムの規模を縮小することが第一である。そのためには、無駄な機能を徹底的に廃止し、地方公共団体など共通化できるところは徹底的にITシステムの標準化を進めることが重要である。そのうえで、根本的にアーキテクチャーを見直すことが必要になる。同時に、各ITシステムの標準化を進め、IT技術者はその標準化した技術に対してリスキルを実施し、1人がどのITシステムにも対応できるようにする。IT技術者のリスキルと、国の抜本的なDXを進めない限り、ITシステムの主権を手にすることはできない。

デジタル庁が法律を審査し、デジタル化に反する法律を指摘すると報道で知った。大きな一歩だと思う。法律に従ってITシステムを作るのではなく、デジタル技術が活用しやすいように法律をつくるのである。国を守っている最大の勢力がITシステムであり、ITシステムを効率的に活用できる制度にすることが極めて重要である。なぜなら、ITシステムが実体としては国民を守っているのであり、ITシステムの要件は現場の声そのものであるからだ。

現状の国のITシステムは部分最適の極みであり、中身を知らない官僚の予算査定も続いており、国のITシステムは、現状維持ですら限界に達していると想定される。技術的負債の度合いが極めて高く、国の抜本的なITシステムの変革は避けて通ることはできず、再構築のリスクも最も高いと考えられる。ITシステムを再構築するには、現状の制度を根本から見直す必要がある。それは、国民に新たな負担を強いる可能性が高い。かつて消えた年金の問題が発生したが、年金で例えると、「年金額」の問題では無く、そもそも「もらえなくなる」というレベルの問題である。このようなITシステムを再構築する場合に最も重要なことは、国としての最低限の約束を守ることを基準として、制度の抜本的改定を図ることである。つまり、今後は、約束を守ることのできないITシステムは明らかに悪であり、開発してはいけないのである。様々な問題があり法律改定も必要になるが、国としての覚悟を示す必要がある。

いずれにしても、ITシステムの総点検を早急に行い、問題点を洗い出す必要がある。同時に、SIerも含めた共同体制を早急に整え、中長期的な計画に従って、ITシステムの変革を進めていくべきである。その場合、政府全体としてのITシステムのグランドデザインを明確化したうえで、各省庁単位にプロジェクトを進めていく必要がある。遅れている日本の企業の先頭に立って自ら改革を進め、各企業の手本となってほしい。もちろん、新たなクラウドサービスの活用など、国としての戦略事項を優先的に挑戦し、強い日本の産業育成にも資する役割も演じてほしいものである。

87 91

官に対する政策的な提言1
新たな企業が生まれる環境づくり

官に対して申し上げたいことは、まずは、日本企業のDX推進の後押しである。日本企業が躊躇しているITシステム変革を促進するために、DX銘柄の選定条件と、PFデジタル化指標などの連動を図ることが効果的だと思われる。そうすることで、経営者が自社のITシステムに目を向けるようにし向ける。DX先行企業として、最低限必要な活動である。

インフラ産業に関しては、重要なITシステムに指定された場合、PFデジタル化指標などを参考にしたアセスメントにより、ITシステムの状況の見える化を定期的に実施し、該当情報を提出させるなどにより、重要ITシステムが適切な状況に保たれているかを担保させる必要がある。当然、正しく自己で評価しているかどうか、立ち入り検査などで確認する枠組みも必要である。特に重要な項目、重要な項目、対応が必要な項目に分けて、不備があれば対応計画の策定義務を負わせ、義務を果たさない場合は罰則を科すことも必要になる。

さらにインフラ産業に関しては、基幹系のITシステムの共通化を進めることを義務化する。競争領域と明らかに明確化できる範囲以外は非競争領域とするなど、政府共通のガイドラインを内閣府など法律主幹機関が示す。そして、そのガイドラインに沿って、業界としてのITシステムの共通化を行う範囲を明確化し、開発計画・新システム移行計画などの必要な計画を業界として策定・実行していく。業界ごとの特性に対応するために追加すべきガイドラインがあれば、主幹機関の承認を経て、業界ごとにガイドラインを追加し、計画に追加する。計画などの実行状況も定期的に監督官庁などに報告義務を負うことになる。

ただ、ITシステムの変革に伴う諸制度の改定に関しては、ITシステム化を前提とした制度変更を施行し、監督官庁は極力柔軟に対応する必要がある。また、監督官庁に要望した内容は、主幹機関と連携し、業界要求および監督官庁の対応が技術的にも道義的にも妥当かを判断し、両者に改善命令を発行できることとする。つまり、前述した公的機関と同様、インフラ企業にとっても、ITシステムが実質的な業務機能そのものであり、ITシステム側の要件が業務要件そのものであるからだ。

いずれにしても、インフラ産業の重要システムは、国民の命と財産を守るうえで、国民視点に立って、デジタルを前提とした大変革を着実に進めていく必要がある。

日本には、技術的負債にほとんど浸食されていない企業群がある。それは、中小企業である。そもそも中小企業はITシステム化が遅れており、いわばITから取り残された企業群であった。ITシステム化をしようにも、パッケージソフトが主流で、パッケージソフト間の連携もなく非効率であった。また、パソコンの設定あるいは定期的なバージョンアップなど、ITの素人にはなかなか難易度が高いものであった。特にパソコンが古くなり買い替えると大変であった。手動でデータを移行したり、データを入れ直したり、また、一から操作を覚える必要もあった。

ところが、クラウドのおかげで、インターネットさえつなげれば、バージョンアップもデータの引き継ぎも無くなる。パソコンを変えてもITサービスにログインすれば、すぐに使える。それも、初期投資もなく、安い月額料金で済む。パソコン操作に慣れている世代が増えているので、一気に最先端サービスを受けることができる環境にある。ITサービスベンダーは様々な業務機能を提供し、それら機能間でデータ連携も可能で、金融機関ともつながっている。まさに、大企業並みのITシステムが手に入るのである。

中小企業の中には、デジタル技術を駆使して成長を始めた企業も多く存在している。ある企業は、職人の金属加工技術をデータ化し、電子図面から様々な部品を削り出すことに成功した。少品種大量生産の薄利多売の製造業から、多品種少量生産、しかも直接販売する高付加価値の製造販売企業に変身し成長している。さらに、データを米国に送り製造することで、米国にも販路を広げ、NASAにも納品している。このような中小企業（既に中堅企業に成長している）が多く存在している。

現在の日本市場の主役たちは、DXの荒波に対応できない企業も出てくるだろう。例えば、携帯電話にカメラが搭載されたことでコンパクトカメラの市場がほぼ消えた。また、ネットバンクの出現で、これまで最大の競争力の源泉であった銀行の支店が負担になるなど、従来のビジネスの根幹が揺らいでいる。DXの進展は既存企業の存在を危うくし、変化に適応しないと生き残ることすら難しい。日本経済を強くするには、新たに成長する企業が生まれてくる必要がある。その大きな選択肢が、技術的負債もなく、DXの恩恵を受ける可能性が高いのが中小企業なのである。

中小企業向けに莫大な予算が使われているが、ほとんどが砂漠に水をまくような施策だと感じている。例えば、日本の宝といえる技術やノウハウをもった中小企業を選定し、徹底的にIT化を進め、特色ある中小企業をつなぐことで、新たな価値創造を促してはどうだろうか。ポイントは、違う分野を組み合わせることである。100社くらいの情報交換ができる仕組みをつくり、そこにデジタル技術者を専属させれば、新たなビジネスが創造されるだろう。アイデアのある大企業も含めたコミュニティーの設立などを実施すると面白いかもしれない。

上記は一つの例だが、新たなビジネスが起きる環境を用意するのは国にとって重要な施策であり、成長を確実にするポートフォリオ戦略である。中小企業に対する支援施策を特に検討すべきと考える。

88 91

官に対する政策的な提言2　標準化と個人情報管理

官には、ソフトウエア開発の標準化・ガイドラインの策定を提言する。これまで立ち入り検査の必要性について触れてきたが、そうした検査を機能させるには、ソフトウエア開発の標準的な開発手法（プロセスなど）およびアウトプット（設計書など）の共通化が必須となる。ソフトウエア開発の妥当性をチェックしようにも、企業やプロジェクトによってプロセスやアウトプットがばらばらでは、検査自体が困難になる。

だからといって、官が策定したガイドラインを一方的に守らせるのは危険である。なぜなら、ITシステムは特性によって開発手法も設計情報も異なるからだ。制御系のITシステムはユーザーインターフェースが無いこともあり、そうすると画面に関する設計情報は無いが、制御がどのように変化していくかを示す状態遷移図のような設計情報は必須である。

ガイドラインで示すのは、一般的なITシステムに必要なものであり、必要な情報の粒度を示すものでしかない。今後も続く技術革新により、アウトプットも変化していく。従って、ガイドラインに沿って、必要な標準化の範囲、あるいはアウトプット情報を、業界・企業・ITシステムごとに適切な理由を明示しながらカスタマイズしていくことが必要になる。そのカスタマイズの妥当性を検査することが重要になる。そして、このようなカスタマイズの事例が、ガイドラインそのものの向上に活用できる。ソフトウエアは柔軟性が大きな特徴であり、変化もしなやかである。この特性を理解したうえで、検査の目的を達成できることを第一に、柔軟な検査をできることが必要になる。逆にこのような検査ができる検査官の育成も大きな課題になると考えられる。

実態としては、ソフトウエア業界団体を中心に原案を作り、その内容を、公的機関が利用者側の意見を確認しながら最終決定していくことになる。この公的機関は、ガイドラインの策定・整備および企業に対して検査などを行う専門機関として位置付ける必要がある。現状、ソフトウエア業界団体はいくつか存在し、それらの役割を整理しないと統一的なガイドラインの原案策定すら困難である。このあたりの整備も含めた進め方を業界団体と合意していく必要があると考える。

ソフトウエア開発の標準的な開発手法（プロセスなど）およびアウトプット（設計書など）の他、SBOM、ソフトウエア部品の規格認証、技術認定なども併せて検討する必要がある。ソフトウエアが今後の輸出品として大きく取り上げられると想定する中で、ソフトウエアの品質保証が非常に重要な論点になると考えられる。そして、その標準化は、世界的にも広がっていくと考えられるが、日本が保証するソフトウエア品質は、常に世界最高レベルを達成していることが大きな競争力の源泉となる。ソフトウエアおよびハードウエアを含めたデジタル製品のブランドとして、made in Japanを世界に発信していくことが重要だと思う。そのためには、しっかりとした品質保証体制と整備実施を国としても支えていく必要があると考える。

個人情報の管理は、「品質」観点で極めて重要である。安心して任せるには、個人データの安全性は欠かせないからである。ところが日本の現状は、まさに個人情報にあふれている。気軽に住所などの情報を個人に書かせ、登録している。私が新型コロナにかかった時、個人情報をすべて明らかにし、システムに登録していた。これについては公的機関も一般企業も同じで、気軽に個人情報を記入・入力させている。ネットでは、そのたびに個人情報の取り扱いの長い文をスクロールして確認させている。全くの無意味である。あれで確認したことにするというのは、裁判を起こされると、恐らく敗訴するように思う。そもそも誰も読んでいない。保険会社の約款が無意味なのと同じであると考える。あのような意味のないルールを作って、本当に個人情報を守れると思っているのか理解に苦しむ。

結論から言えば、民間企業は（まだ十分に普及していないが）マイナンバー以外は取得することを禁じる必要があると考える。個人情報は、国が一元管理するのである。そして、国が審査した事業者に対して、必要最小限の個人情報を提供すればいいのである。その事業者が顧客のマイナンバーで個人情報にアクセスした場合は、どのような情報をいつアクセスしたか、該当本人に紹介できるような仕組みを提供するのである。不審なアクセスがあればすぐさま対応できる。あるいは、その事業者に対し本人の申し出で提供を止めるなどの機能を提供する。当然ながら、事業者選定の責任は国が負い、事業者の状況を監視、あるいは立ち入り検査などのチェック体制を整備していくべきと考える。そうすれば、ちゃんとした企業なのかを気にせず国民は安心できる。民間企業から個人情報の管理を無くし、個人情報は国で一元的に管理すべきだと考える。

恐らく、監視カメラの情報管理・携帯の位置情報など、国が管理すべき新たな個人情報は随時追加されていくと考えられる。それらの情報も公的機関が適切に管理できるようにITシステムの拡充が必要になるとともに、公的機関が個人情報を利用した場合も含め、国民にモニタリングされる仕組みを構築する必要がある。なぜなら、様々な情報の活用による国民の選別などを国がしているとしたら特に危険である。デジタル技術の活用により、国家が、国民の自由を束縛することのないように、利便性と過剰な統制を峻別（しゅんべつ）しながら行政を進めていただきたいものである。そのためには、個人情報を何のためにいつ活用したかを常に本人確認しながら、場合によっては、記録を消す権利を認めながら、オープンにしていくことが重要だと考える。そして、国のデータ活用方式は、状況あるいは時間の進展の中で、是非も変わっていくものであるから常に見直しをかけていく必要があると考える。

個人情報を守ることは、デジタル社会における国の重要な役割になると考えられる。まさに、民主主義の根幹となる課題だと思う。セキュリティーに関しても重要になることは間違いない。これに関しては、政府も様々な施策を順次対応しているように思う。そのため、あえて触れないが、個人情報とセキュリティーは明確に分離して議論することが重要である。セキュリティーの大きな目的の一つに、個人情報の保護がある(セキュリティーには、ITシステムそのものを守るなどいくつかの重要なミッションがある)。この部分に関しては、十分な連携を図ることが必要であることは当然である。また、昨今、外からの攻撃だけでなく、内からの攻撃も含め、ゼロトラストの考え方が主流になってきている。デジタル社会になればなるほど、多面的な防御が基本となると考える。様々な防御方法が今後とも考案されると考えられる。この分野の守りは、常に新たな脅威との戦いの連続であり、攻撃に対して許される対応時間は確実に短くなっている。そういう意味では、一の丸、二の丸、三の丸などの多重化も含めたセキュリティー防護の構えも必要になってくる。個人情報の管理については、1人の人の情報を1カ所で管理するのではなく、分離して管理する。そうすれば、個々の情報はそもそも個人情報ではなくなる。こうした管理方法については、個人情報管理側との連携が必要となる。この分野は国の防衛戦でもあり、デジタル社会の防衛力そのものである。国のトップが高い関心をもち、必要な体制を順次拡大・確保し、研究開発も含めて十分な予算を確保し続けることが重要である。

89 91

官に対する政策的な提言3
デジタル基盤としてのジャパンクラウド

官への提言の最後は、にデジタル産業の再構築である。日本のデジタル産業は、ハードウエアに関してはかなり厳しい状況に追い込まれている。ソフトウエア業界も、AWSをはじめとしたメガクラウドにデータセンタービジネスが侵食され、ITシステム運用も同様の状況である。Zoomなどの海外のSaaSは非常な勢いで日本に進出しており、アプリケーション分野でも明らかに劣勢である。特にSAPの進出は目覚ましく、確実に日本のSIerの領域に侵出している。

ソフトウエア時代が到来すると、デジタル技術の提供力が国の競争力に直結する。現状の日本のデジタル産業の劣勢は、あらゆる分野に影響することが考えられる。特にソフトウエアは、ハードウエアを制御する位置付けになるため、かつてのハードウエアのおまけがソフトウエアではなく、ハードウエアがソフトウエアを実現するための手段という位置付けになると考えられる。比較的ハードウエアに強みのある日本は、その強みを最大限に生かすためにも、ソフトウエア力を高めることが求められる。

そのためには、メガクラウドと共存できるジャパンクラウドを開発し、デジタル技術全般においてメガクラウドに追従していくことが、まず一番重要である。この分野を押さえない限り、デジタル技術で大きく離されることになり、日本のハードウエアは、単品提供の部品提供者になってしまう。この立場になれば、価格勝負に追い込まれ、付加価値の高い産業にはならない。競争力の高い単品製品より、複数の商品を連結したサービスの方が、結果的には付加価値が高くなるからである。

極めて有用な製品を供給していたとしても、資金力のあるメガクラウドがその製品領域に進出すると、非常に厳しい戦いを強いられることになる。現状でも、AI用のCPUすなわちNVIDIAのGPUは競争力を持っているが、Googleは既にTPUを独自開発している。AWSあるいはMicrosoftもその方向に動くとNVIDIAは大変厳しい状況に追い込まれると思われる。そういう意味では、Intelなども大いなる危機感を抱いていると思う。これは、クラウドが、デジタル製品の最上流の最大の発注者になっていることを示している。そのため、自社で開発した方がよいと判断した製品は、順次内製化している。MicrosoftがSkypeを買収したように、製品だけでなく顧客も含めた買収も行っている。莫大な資金を持っているとともに、デジタル製品を活用する巨大なマーケットを持っているからである。

一朝一夕でメガクラウドのような好循環を日本のクラウドがつくり出すことはできないが、まずはクラウドを製品化することが必要である。その際に大事なことは、日本のクラウドが利用されることである。つまり、実際に活用されるマーケットも併せて確保すること。まずは公的機関が利用するのはもちろんだが、インフラ産業の重要システムへの適応を制度化する必要がある。ここまで来れば、他の産業分野でも、安心なクラウドとして活用されることは間違いない。前述したように、独立したクラウドサービス提供という形で諸外国にも提供できると考える。そういう意味では、経済安保推進法に絡めた活用を明確にする必要がある。

あらゆるものがつながっていくことで新たな付加価値が発生していくと考えられ、デジタル技術を核に制度・ルール・製品群を含めた総合的な商品が創造され、その塊が輸出されると考えられる。このような検討を進めるための具体的な方法について、仕組みを検討する場を提供することが必要である。このような商品は、当然のことながら業界を超えたところにこそ新たな付加価値が生まれる。これまでの日本の行政はあくまで縦割りで制度設計をしていたが、これでは互いの主権争いが発生し、新しい知恵を生み出すどころか、新しい知恵をつぶすことになりかねない。また、DXが進むということは、当然省庁間での連携が必要になるのは目に見えている。従って、省庁間あるいは業界間をまたがるITシステムの案件を担当し、適切な各省庁間あるいは業界間の役割を定めたうえで、ITシステム全体を設計する機関が必要になる。かつその組織は、内閣直下で各省庁間の調整を可能とする権限を有しないと機能しない。

業界間の機能調整も、結果的には、省庁間の機能調整になると考えられ、同一の機関で行うことになると考える。そして、極めて高いITシステムのデザイン力を求められることになる。SIerの活用無くして成り立たないのである。

その機関は、フリーハンドで、新たなビジネス創造ができる場を提供する機能も併せ持つことが必要だと考える。そして、新たなビジネスが稼働するようになれば、運営そのものにも一定の関与をしながら、一定の利益を享受し、新たなビジネス創造の原資に活用することも考える必要があるのではないだろうか。いずれにしても、民間活用と公的な役割を整理しながら受益者負担の原則を考えていくことは必要だと思う。サステナブルな社会をつくるには、継続的にサービスを提供し続けることが必須であり、そのためには、適切な収益を安定的に生み続けることが大前提なのだと私は考える。

いずれにしても、クラウドの構築を進めながら、同時にITシステム変革を強力に進め、新たな分野のサービス構築を進めることで、既存の日本企業の競争力を高めることができる。そのとき、ハードウエア・ネットワークなどの産業の再構築を進めることができると考える。特にソフトウエア産業は、新たなIT技術の適応の場を多く実践でき、新たなソフトウエア開発技術にリスキルが可能となる。さらにSIerは、全体のITシステムをサービス化、あるいは、前述した非競争領域のサービス化などをすることで、SIビジネスモデルから脱却できると考える。

ソフトウエア品質保証の高度化、つながるITシステムを検討して促進する場の設定など、総合的な施策を進めることで、デジタル時代に適した新しい形で信頼されるサービス開発の仕方を日本が世界に発信することができると思う。ものづくりの日本は、新たな形で付加価値を進歩させたものづくり日本に発展し、世界にさらなる貢献をしていく必要があるのではないだろうか。

11-2 民が主体となった学との連携

90 91
実務に役立つ教育は「学」で、新技術に遅れない体制を

私のコアスキルはITシステムのプロジェクトマネジメントである。これはプロジェクトの規模によって3つの段階がある。一番小規模なプロジェクトは、ほぼアジャイル相当の規模のチームマネジメントである。これに関しては、『PMの哲学』という本にまとめた。2番目はPMBOK相当の大規模ITシステムのプロジェクトマネジメントである。これは『プロフェッショナルPMの神髄』という本にまとめている。3番目が最も大きく、一般的にはP2Mといわれる、複数の大規模ITプロジェクトを同時にマネジメントする方法である。この方法は極めて適用事例が少ないので、本として出版しても対象者は極めて限定される。その一部分は、IPAに在籍した時に「変革手引書」として公開している。

『PMの哲学』と『プロフェッショナルPMの神髄』は、業界の中でもそれなりの評価を受けており、SCSKにお世話になるきっかけにもなった。ITプロジェクトマネジメントでは、ソフトウエアの生産技術も重要である。私自身、アプリケーションエンジニアではあるが、ソフトウエア生産技術に関して長年研究してきた。生産技術の責任者として活動をしていたこともあるが、情報処理学会との接点は全く持たずに過ごしてきた。IPAに在職中に、DX推進指標の分析に関して論文を共著で出したのが初めてである。大学の先生と関わりを初めてもったのは、情報サービス産業協会の仕事をするようになってからである。協会の技術関連部会の会合で何度かお会いする機会があり、国の委員会などに参加して初めてお会いした方も多い。ソフトウエア生産技術を担当していた私でさ

えそんな状況である。

自分のこれまでを振り返っても、民と学の関係が非常に遠い関係であることが分かる。他業界のように、大学と一緒になって技術開発を実施するようなプロジェクトはほとんどない。大手のSIerでも、そのような活動をしているのはごくわずかだと考えられる。大学の先生は何とか社会の役に立ちたいと考えているが、民との接点が限られるので実情をあまり把握しておられない。しかし行政からすると、その道の有識者は大学の先生である。AIあるいはディープラーニングなどの先端技術あるいは特定の技術分野に関して非常に詳しい方もおられるが、多くの先生は企業のITシステムに強いわけではない（誤解のないように書いておくと、企業のITシステムに詳しい先生はもちろんいらっしゃる。例えば南山大学の故青山幹雄先生、放送大学の中谷多哉子先生、名古屋大学名誉教授の山本修一郎先生、東洋大学の野中先生など。多くの先生方にお世話になった。こうした方の多くは民間を経験されて研究者の道に入られた方である）。

米国では学と民が非常に近い関係にある。大学では、コンピューターの基礎であるコンピューターサイエンスはもちろん、基本的なプログラミングのお作法を含めた実践的な教育もされている。例えばマイクロサービスなどの新しい技術も順次教科として追加され、実務に役立つ教育がなされている。もちろん、先端的な研究もされ、それをIT企業が支援している。

SIerが新たなソフトウエア開発技術の適応に遅れた原因の一つは、ここにあると思う。今後は、大学とSIer業界が交流し、ソフトウエアに関しての情報交換と、学の支援をしていく必要がある。まずは、情報処理学会などとの連携を図ることから始めるべきだろう。大手SIerは協調してお金を出し、業界活動の一環として、学との連携を図る第一歩を踏み出すべきと考える。

大学時代からソフトウエア開発の標準化に基づいたソフトウエア開発を学ぶことは、ソフトウエアの標準化が確実に進むことになる。そして、学生は基本的な正しいソフトウエア開発を大学時代に獲得することになる。ソフトウエア開発をなりわいとする企業にとっては極めてありがたいことである。さらに、海外のデジタル技術先進大学との交流も多い先生方から最新の技術の動向を取得することも可能となる。特に変化が激しく分野が広がるデジタル技術において非常に有用な情報となることは間違いないのである。「学」との連携は、ソフトウエア産業においても極めて有用なのである。

11-3 変革を迫られる情報サービス産業業界

91 91

デジタルの中核、責任をもった行動を

最後に、情報サービス産業業界に提言する。私自身、JISA（情報サービス産業協会）の理事、JUAS（日本情報システムユーザー協会）の監事、ITCA（ITコーディネータ協会）評議員などを経験しており、当事者でもあったわけである。その後はIPAにも在籍し、関係が継続していた。そうした中で感じていたことを率直にお話したいと思う。

第一は、ソフトウエアに関する業界団体が多く、意見集約が図りづらいことである。先の団体以外でも、最も歴史ある大手ハードウエアベンダーの協会であるJEITA（電子情報技術産業協会）がある。大手SIerの主流であるハードウエアベンダーは、基本的にこちらの協会に属している。また、パッケージ関連企業など、様々なIT企業が参加しているCSAJ（ソフトウエア協会）、組み込み系のソフトウエア開発企業も参加

しているJASA（組込みシステム技術協会）、新進企業が集う日本CTO協会、最近設立された日本IT団体連盟（ITrenmei）など多岐に及ぶのである。

これからは、ソフトウエアを中心としたデジタル産業が主流となる中で、日本国内でソフトウエアおよびデジタル技術に関する様々な業界としての課題がある。既に述べたが、ソフトウエア開発の標準化、各業界の非競争領域に対するサービスの提供など、様々な議論と協調していく活動が必要なのは当然である。特に主要であると考えられる、JEITA、JISA、CSAJ、JUASが、共同で議論し、その他の協会にも参加を求めソフトウエア業界として何をしていくべきか早急に始めていく必要がある。SIer大手が中心となり、議論するテーブルに着くことが必須である。まずは、JEITAの主要なSIerとJISAの主要なSIerが中心となって、原案を策定していくことが必要と考える。そのうえで、特に新興の団体の意見・ユーザーサイドの意見を真摯に聞き、ソフトウエア業界として、協調して取り組む活動を明確化することが必要である。

大きなポイントは、各種ソフトウエア関連の標準化、ソフトウエアにおける行政からの検査も含めた第三者評価の方式の確立、複雑化した既存ITシステムの変革のための方法論の共同開発が必要である。さらに、ソフトウエア開発方法論などの標準化などに合わせたソフトウエア技術者のリスキルなどを協調して取り組むことが必要である。テーマ単位に早急に行動計画をまとめていくべきである。

そのうえで、経済産業省なり、総務省なり、デジタル庁と調整しながら、各省庁に関係する部分は内閣府も巻き込みながら、新たな技術と将来を見つめ、業界として協調しながら行政への助言・提案を進めていくべきかと思う。恐らく、日本国の公的機関などへのデジタル化に対する全面的な支援についても併せて行政と議論をしていく必要がある。公的機関は、前述したように当事者能力に欠けているのが現実であり、業界が協調して、公的機関に進言していく責任があると考える。

前項で取り上げた「学」との連携も必要になる。特に人材の交流、大学カリキュラムの連携、技術の共同研究など、文科省・学会・大学との連携を深めていく必要がある。

いずれにしても、日本の大きな危機の中で、デジタルのど真ん中の業界活動が、現状の仲良しクラブの状態から、本当の意味での健全な業界活動に変革されることを強く望むとともに、協調すべきところと競争すべきところを明確にし、顧客企業・団体に対して適切なサービスを提供し続ける業界となってほしい。それが、日本の将来に対しての業界の責任でもあると考える。

SIerとしてのこれまでの活動も最後の時を迎えようとしている。今後は、「D」igital技術とサービスを提供し、企業・業界を越えて進むべき方向「D」irectionを照らし、企業・経営者などの意思決定「D」ecisionを助ける、3つのDを統合「I」ntegrateする「DIer」として、日本、世界をけん引していく存在になってほしいものである。

あとがき

最後まで読んでくださり、ありがとうございました。私にとって4冊目の本となりますが、恐らくこれが最後の本になると思います。毎回そうですが、本を書くのは体力が必要だとつくづく感じます。集中して書いている時に新型コロナウイルスにかかり、ホテル療養となり、1週間近くホテルの部屋で生活しました。ワクチンを打っていたので、ワクチンの副反応より楽な症状で助かりました。しかし、ホテルでの生活は少々つらい経験でした。ホテル生活の期間に本書を執筆できるかと思ったのですが、思うほど筆が進まず編集者の方には迷惑をかけました。

本書は、私の40年を超えるIT技術者としての活動を検証し、結果的に現在の状況をつくってしまった罪を自分自身に問い続ける内容です。ソフトウエア開発技術の発達が不十分であったことが最大の原因ですが、技術変化への対応に遅れ、仕方ないで済まされない大きな問題をつくり続けた責任は重いと思っています。なぜ、このような結果を招いたかを考えるに、いくつかの基本的認識の誤りを犯していたことに気が付きました。それは「ITシステムは道具」という認識です。この認識を突き詰めると、「ITシステムはビジネスに本質的に関わりを持たない」ということだと思います。つまり、「IT技術者は所詮ビジネスの周辺部分を支援しているにすぎない立場であり、ビジネスの中心を担っている社員より立場が低い」という自虐的な意味も含んでいます。事実として、企業および組織内において、IT部門は決して高い立場にはいません。「ITシステムは道具」という考え方がいまだに主流であるということだと思います。それが意味することは、ユーザー企業もSIerも、ITシステムの本質的な重要性を理解していなかったということだと思います。

ITシステムは、営業パーソン、経営企画社員、人事社員などと同等で、企業にとって重要な経営資源そのものだと思います。事実、ITシステムは、会社の社員業務そのものを自動化と称して内部に取り込み続けてきました。大企業は、ITシステム化の範囲拡大こそが企業の業務品質を上げ、生産性を上げると考え、自社固有のITシステムを作り上げました。結果的に、社員が行ってきた業務そのものをITシステムに隠蔽し続けたのです。そして、そのITシステムは、企業の業務の考え方・組織・文化を内包し、まさに企業そのものに成長してきたのです。企業独自で開発したITシステムは、唯一無二の存在となってしまいました。それはもはや道具とは呼べません。道具だと信じていたITシステムは、どこからも手に入れることのできない道具、すなわち道具の概念（いつでも外部から取得できる）を大きくはみ出していることになっているのです。

長いITシステムの開発の歴史において、いつでも代替可能な道具だと勘違いしたまま、ITシステムを頼む側も、頼まれる側も、過ごしてきたのです。事業・業務を優先し、事業・業務に従属するITシステムの都合など聞く耳も持たず、ITシステムを作り続けてきたのだと思います。その結果、いわゆるスパゲティのように複雑で難解なITシステムとなり、技術的負債になったのだと思います。

気が付くと、ITシステムのトラブルは会社存続を脅かす存在になり、公的機関も命を支えるインフラ産業も、あらゆる活動がITシステム無しには成り立たない状況になってしまったのです。しかも、負債化した状態でITシステムは日々稼働しているのです。現状の多くの企業が、負債化したITシステムという危険な乗り物に無意識に乗車しているのです。

「ITシステムは道具」であるという認識で生じたボタンの掛け違いから、今日のITシステムの危機は始まり、今後もその危機は危険度を増大しながら成長するように私には思えます。この認識をもつことが、私自身非常に遅かったと自省する日々です。

ボタンの掛け違いを是正しない限り、今日の危機への対処は始まらないと思います。ITシステムは、極めて重要な経営資源であり、社員そのものでもあり、会社そのものを支えるものであり、決して他人に任せるようなものではないということです。現在ITシステムを任せているSIerの協力を得ながら、企業の経営者は、ITシステムの主権を取り戻さなくてはならないのです。

もう一つの大きな致命的な課題は、ユーザー企業側がこのことを正しく認識できない点にあります。これまで効率化・省力化と称して様々な業務をITシステムに隠蔽してきたことで、それらの業務の存在が着実に忘れられ、代わりにITシステムが自律神経系のように、無意識下の中で活動範囲を着実に広げています。つまり、ITシステムの課題・問題は、自律神経失調症のように企業活動を妨げてしまう。ユーザー企業からすると、ITシステムの課題・問題はあくまで無意識下の出来事であり、原因の特定も対応方法も分かりません。状況を正確に認識できるのは、SIerしかいないのではないかという結論に至ったわけです。

SIerは、顧客の企業・団体の命を預かる顧客の体の一部なのであり、その責任を自覚し、長い間、収益をもたらしていただいた顧客の命を守る行動をとる責任があると考えたわけです。その責任は、最終的には顧客がとるべきことであることをSIerも自覚し、顧客がIT主権を持てるように大政奉還すべきだと思います。本書では、大政奉還までの道のりを、十分に筋道を立てて説明できていないと思います。書きたいことは多々あるのですが、これ以上の論理展開は、一度には困難と考えたからです。

本書では様々な問題を提起していますが、それはSIerの奮起を期待してのことです。ソフトウエアが中心となる世の中において、IT技術者としての責任はますます重くなり、社会を本当の意味で支えていく存在になると思います。IT技術者の志を高く掲げ、技術者としての高みをそれぞれのIT技術者が追求し続けることが、日本の競争力と世界の人々への貢献だと思います。日本人が古来より持ち続けてきた、「神様は、いつも見ている。悪いことをすると罰が当たる」という表裏の無い行動をとり続けてきたからこそ、現状の日本のITシステムが、厳しい状況の中にもかかわらず動いているのです。この精神が、世界最高の品質を生み出してきた日本の力の源泉だと思います。

今後の世界は、デジタル技術を中心に進んでいくことは間違いないと思います。その中心はソフトウエアにあり、ソフトウエアを最適化するためにハードウエアも進歩し続けると思います。デジタル技術はソフトウエアとハードウエアの総合技術です。そして現状では、その技術がクラウド事業者に集中し、それも米国と中国の2つの超大国に集中しているというのが問題です。日本は、これまでのクラウドの利便性とは異なる、安心で安全な主権を持てるクラウドとして、第三の選択肢を提供できる唯一の国だと思います。

デジタル技術の世界での健全な発展のためにも、民主的で開かれたクラウドが必要だと思います。そして、日本自身がデジタル産業で復活しない限り、没落への道は避けて通れないと思います。日本企業、特にデジタル産業に属する企業の皆さんは、何も無いところから産業を立ち上げた自動車産業など多くの先輩たちの志を引き継ぎ、立ち上がっていただければと思います。そして、今後中心となるソフトウエアをなりわいとするすべてのIT企業は、志を高く、日本を先導していく必要があると考えます。そして、高い志を維持しながらIT技術者の方々の技術の研鑽とたゆまない努力を期待します。

本書を出版するに当たり、多くの方々のご支援を賜りました。ここに厚くお礼申し上げます。特に、4度目の担当をしていただいた日経BPの松山貴之様には、多大なご無理をしていただきました。いつものことながら感謝申し上げます。また、会社の意思とは必ずしも一致しない本書に対して、温かく見守っていただいたSCSK広報部の大友秀晃部長、様々な資料の作成を手伝っていただいた広報部の栗岡直子さん、長年の友人であり、様々な相談に乗っていただいたSE＋センター長の堀江旬一業務役員、資料作成などで支援していただいたIPAでの同僚でもあったSE＋センターの半田芳樹さん、スケジュール管理、資料整備を手伝っていただいた秘書の黒星直子さんに感謝します。また、様々な情報を交換させていただいた、経済産業省の商務情報政策局、情報産業課、ソフトウエア・情報サービス戦略室長の渡辺琢也様には大変感謝します。また、IPAの元同僚の池元貴哉さんには、質問に丁寧に答えていただき感謝しております。

その他、私の家族をはじめたくさんの方のご協力を得て書き終えることができ感謝しております。

ありがとうございました。

2022年8月自宅にて

参考文献

・『リーン開発の現場 カンバンによる大規模プロジェクトの運営』（オーム社／ Henrik Kniberg 著／角谷信太郎 監訳／市谷聡啓、藤原大 訳）
・『改訂３版 P2M プログラム＆プロジェクトマネジメント標準ガイドブック』（日本能率協会マネジメントセンター／日本プロジェクトマネジメント協会 編著）
・『宮大工棟梁・西岡常一「口伝」の重み』（日本経済新聞出版社／西岡常一 著）
・『ソフトウエア要求 第３版』（日経BP ／ Karl Wiegers、Joy Beatty 著／渡部洋子 訳）
・『カンバン ソフトウエア開発の変革』（リックテレコム／ David J. Anderson 著／長瀬嘉秀・永田渉 監訳／テクノロジックアート 訳）
・『デザインパターンとともに学ぶ オブジェクト指向のこころ』（丸善出版／アラン・シャロウェイ、ジェームズ・R・トロット 著）
・『図解入門よくわかる最新 PMBOK第5版の基本』（秀和システム／鈴木安而 著）
・『図解入門よくわかる最新 PMBOKソフトウエア拡張版』（秀和システム 鈴木安而 著）
・『システム再構築を成功に導くユーザーガイド』（独立行政法人情報処理推進機構　技術本部ソフトウエア高信頼化センター 編）
・『テストから見えてくる グーグルのソフトウエア開発』（日経BP ／ James A. Whittaker、Jason Arbon、Jeff Carollo 著／長尾高弘 訳）
・『マイクロサービスアーキテクチャ』（オライリー・ジャパン、オーム社／ Sam Newman 著／佐藤直生 監訳／木下哲也 訳）
・『プロダクションレディ マイクロサービス』（オライリー・ジャパン、オーム社／ Susan J. Fowler 著／佐藤直生 監訳／長尾高弘 訳）

・『マイクロサービスパターン』(インプレス/Chris Richardson 著/樽澤広亨 監修/長尾高広 訳)
・『デジタル・ファシズム』(NHK出版/堤未果 著)
・『ソフトウエアファースト』(日経BP/及川卓也 著)
・『P2Mプログラム&プロジェクトマネジメント 標準ガイドブック』(日本能率協会マネジメントセンター/日本プロジェクトマネジメント協会 編著)
・『IT分野のためのP2Mプログラム&プロジェクトマネジメント ハンドブック』(日本能率協会マネジメントセンター/日本プロジェクトマネジメント協会 編/PMAJ IT-SIG 著)
・『サピエンス全史(上)(下)』(河出書房新社/ユヴァル・ノア・ハラリ 著/柴田裕之 訳)
・『対デジタル・ディスラプター戦略』(日本経済新聞出版社/マイケル・ウェイド、ジェフ・ルークス、ジェイムス・マコーレー、アンディ・ノロニャ 著/根来龍之 監訳/武藤陽生、デジタルビジネス・イノベーションセンター 訳)
・『アジャイル開発とスクラム 第2版』(翔泳社/平鍋健児、野中郁次郎、及部敬雄 著)
・『脳の話』(岩波新書/時実利彦 著)
・『脳の可塑性と記憶』(岩波現代文庫/塚原仲晃 著)
・『DXレポート ~ITシステム「2025年の崖」克服とDXの本格的な展開~』(経済産業省、平成30年9月7日発表)
・『DXレポート2.1(DX レポート 2 追補版)』(経済産業省、令和3年8月31日発表)
・『デジタルトランスフォーメーションを推進するためのガイドライン』(経済産業省、平成30年12月発表)
・「DX推進指標 自己診断結果 分析レポート(2021版)」(独立行政法人

情報処理推進機構（IPA）のホームページより）
・「PFデジタル化指標（利用ガイド）」（独立行政法人情報処理推進機構（IPA）のホームページより）
・「DX実践手引書 IT システム構築編 レガシーシステム刷新ハンドブック」（独立行政法人情報処理推進機構（IPA）のホームページより）
・『失敗しないITマネジャーが語る プロフェッショナルPMの神髄』（日経BP／室脇慶彦 著）
・『PMの哲学』（日経BP／室脇慶彦 著）
・『IT負債 基幹系システム「2025年の崖」を飛び越えろ』（日経BP／室脇慶彦 著）

著者プロフィール

室脇 慶彦（むろわき よしひこ）

SCSK株式会社　顧問

1982年野村コンピュータシステム株式会社（現株式会社野村総合研究所）入社。金融、産業などの大規模システム開発のプロジェクトマネージャーを行う。2007年執行役員金融システム本部副本部長、以降、常務執行役員 品質・生産革新本部長などを歴任。2019年退任後、独立行政法人情報処理推進機構（IPA）参与就任、2021年退職。2019年より現職。専門は、ITプロジェクトマネジメント（PM）、IT生産技術、年金制度など。情報サービス産業協会理事、日本情報システム・ユーザー協会監事、ITコーディネータ協会評議員等を歴任。総務省・経済産業省・内閣府等の委員など歴任。著書に『プロフェッショナルPMの神髄』『IT負債 基幹系システム「2025年の崖」を飛び越えろ』などがある。

SI企業の進む道

業界歴40年のSEが現役世代に託すバトン

2022年12月12日　第1版第1刷発行

著　者	室脇 慶彦
発行者	戸川 尚樹
発　行	株式会社日経BP
発　売	株式会社日経BPマーケティング 〒105-8308 東京都港区虎ノ門4-3-12
装　丁	bookwall
制　作	マップス
編　集	松山 貴之
印刷・製本	図書印刷

ISBN978-4-296-20083-2

本書の無断複写・複製（コピー等）は著作権法上の例外を除き、禁じられています。購入者以外の第三者による電子データ化及び電子書籍化は、私的使用を含め一切認められておりません。

本書籍に関するお問い合わせ、ご連絡は下記にて承ります。
https://nkbp.jp/booksQA